기초편

신편 알고 싶은 유압

不二越油壓硏究그룹 저

공학박사 **이 징구** 역

기전연구사

SHIRITAI YUATSU KISOHEN
©FUJIKOSHI YUATSU KENKYUU GROUP 1988
Originally published in JAPAN in 1988
by JAPAN MACHANIST Co.,LTD
Korean translation right arranged through
TOHAN CORPORATION, TOKYO

머 리 말

"알고 싶은 유압 시리즈"는 우리들이 유압 제조부에 배속되어서, 여러 선배들로부터 '우선 읽어 보라'고 건네받은 책이었습니다. 그 내용이 단순한 PR이 아니고 평이한 기술(記述)로 실제적인 유압 기술을 마치 이야기하는 것처럼 씌여져 있어, 독습서로서 가장 적합한 것이었습니다. 그리고 집필한 선배의 노고는 어느 정도였을까 하는 놀라움으로 추측했던 것입니다. 초판 이래 30만 부를 넘는다고 하는 발행 부수를 보더라도 그 호평은 가히 짐작할 수 있습니다.

그러나 그 호평에 마음을 놓아서는 발전은 있을 수 없습니다. 항상 내용을 신선하게 한다는 것을 게을리해서는 안 된다고 생각합니다. 기술의 진보는 일진월보하는 것이므로, 그것에 매치된 신선함을 유지하는 것은 발행 책임자로서도 사회적 책임을 져야 하는 것으로 생각합니다. 이번에 알고 싶은 유압 기초편을 다시 고쳐서 간행했습니다.

그 골자는, 첫째로 종래의 "알고 싶은 유압"의 기본 개념을 답습해서 기능 향상을 위한 메카트로화 신기술, 유압 펌프, 밸브의 신기술 제품을 추가하고, 동시에 실용면에서 거의 사용하지 않는 것을 삭제하였습나다.

둘째로, 단위 표시를 SI 단위(구 단위 병기)로 해서, 보다 범용성을 지니게 했으며, 셋째로는 사진이나 그림에 대해서는 모두 새로운 것으로 하였고, 넷째로 회로를 만들기 위한 실제의 계산 방법, 회로를 그리는 방법을 초보자용으로 상세하게 설명했습니다.

앞으로도 독자 여러분의 좌우의 서적이 될 것을 기원하는 바입니다.

저　자

목   차

1. 유압과 그 작용

1.1   압력과 파스칼의 원리
액체로 힘을 전달한다
    1·1·1   힘의 전달 방법 ……………………………………………… 2
    1·1·2   압력의 의미와 단위에 대하여 ……………………… 3
    1·1·3   파스칼의 원리 …………………………………………… 6

1.2   유압 실리더가 움직이는 이유
유압 실린더의 제어
    1·2·1   실린더의 출력 …………………………………………… 8
    1·2·2   실리더의 방향 제어 …………………………………… 10
    1·2·3   실린더의 속도 제어 …………………………………… 11

1.3   유압의 회로 구성
유압의 5요소
    1·3·1   유압 엑추에이터 ………………………………………… 12
    1·3·2   유압 밸브 ………………………………………………… 12
    1·3·3   유압 펌프 ………………………………………………… 14
    1·3·4   유압 탱크 ………………………………………………… 14
    1·3·5   부속품 …………………………………………………… 15

1.4   유압의 특징
왜 기름인가, 왜 유압을 사용하는가
    1·4·1   기름을 사용하는 이유 ………………………………… 16

1·4·2　유압의 장점 ·· 17

1·4·3　유압의 단점 ·· 18

2. 유압 펌프

2.1　유압 펌프란

유압 펌프는 유압 장치의 심장

2·1·1　유압 펌프의 작동 원리 ································· 22

2·1·2　유압 펌프의 성능 계산을 위하여 ················· 24

2.2　유압 펌프의 종류와 특징

(1) 피스톤 펌프

2·2·1　고압에 사용하는 피스톤 펌프 ······················ 26

2·2·2　액셜형 피스톤 펌프 ····································· 26

2·2·3　레이디얼형 피스톤 펌프 ······························ 30

2·2·4　리시프로형 피스톤 펌프 ······························ 31

(2) 베인·펌프

2·2·5　베인 펌프와 그 작용 ·································· 33

2·2·6　고압 베인 펌프 ··· 35

2·2·7　2단 베인 펌프 ·· 36

2·2·8　그 밖의 베인 펌프 ····································· 38

(3) 기어 펌프

2·2·9　외접형 기어 펌프 ······································ 40

2·2·10　내접형 기어 펌프 ····································· 42

2·2·11　나사 펌프 ·· 44

2.3　가변 토출량형 유압 펌프

편리한 가변 토출량 펌프

2·3·1　정토출량형 펌프와 가변 토출량형 펌프 ············ 45

2·3·2 가변 토출량형 피스톤 펌프 ·························46

2·3·3 가변 토출량형 베인 펌프 ·····················48

2·3·4 압력 보상형이 유효한 이유 ·················50

2·3·5 제어 장치에 대하여 ·······················51

2.4 펌프의 보수
펌프의 고장과 그 대책

2·4·1 펌프의 고장이란 ························58

2·4·2 고장의 원인과 그 대책 ····················58

3. 밸 브 (1)

3.1 유압 밸브의 분류
기본은 단지 3종류

3·1·1 일의 크기를 결정하는 압력 제어 밸브 ···············62

3·1·2 일의 속도를 결정하는 유압 제어 밸브 ···············63

3·1·3 일의 방향을 결정하는 방향 제어 밸브 ···············63

3·1·4 전기와 공생하여 사용하기 쉽게 한 밸브 ············64

3·1·5 사용하기 편리함을 추구한 밸브 ···················64

3.2 압력 제어 밸브
(1) 릴리프 밸브(안전 밸브)의 작용

3·2·1 회로 전체의 압력을 규제한다 ···················65

3·2·2 서지 압력을 흡수한다 ·······················66

3·2·3 실린더의 파괴 방지 ·······················67

3·2·4 릴리프 밸브의 기본 작동 ·····················68

3·2·5 릴리프 밸브의 JIS기호 ·····················72

(2) 더욱 사용하기 쉬운 릴리프 밸브

3·2·6 릴리프 밸브의 종류 ·······················73

3·2·7   차동형 릴리프 밸브 ……………………………………………… 73

3·2·8   밸런스 피스톤형 릴리프 밸브 ………………………………… 74

3·2·9   밸런스 피스톤형 릴리프 밸브의 특징 ……………………… 77

3·2·10   릴리프 밸브의 고장과 그 대책 ……………………………… 82

(3) 리듀싱 밸브의 작용

3·2·11   감압한다는 것은 ……………………………………………… 84

3·2·12   직동형 리듀싱 밸브 …………………………………………… 85

3·2·13   밸런스 피스톤형 리듀싱 밸브 ……………………………… 87

(4) 시퀀스 밸브의 작용

3·2·14   파일럿 압력과 드레인이, 내부냐 외부냐로 작용도 틀린다 …… 88

3·2·15   시퀀스 밸브의 구조 …………………………………………… 90

3·2·16   릴리프 밸브로서의 작용 ……………………………………… 93

3·2·17   시퀀스 밸브로서의 작용 ……………………………………… 93

3·2·18   무부하 밸브로서의 작용 ……………………………………… 95

3·2·19   카운터 밸런스 밸브(배압 유지 밸브)로서의 작용 ……………… 96

3·2·20   시퀀스 밸브의 고장과 그 대책 ……………………………… 97

3.3   유량 제어 밸브의 작용과 특성

(1) 유량 제어 밸브의 역할

3·3·1   유량을 바꾸려면 ……………………………………………… 98

3·3·2   초크와 오리피스 ……………………………………………… 99

(2) 교축 밸브의 종류와 특성

3·3·3   스톱 밸브 ……………………………………………………… 102

3·3·4   스로틀 밸브 …………………………………………………… 103

3·3·5   스로틀 앤드 체크 밸브 ……………………………………… 103

3·3·6   교축 밸브를 사용한 회로예 ………………………………… 104

(3) 압력 보상과 온도 보상에 대하여

3·3·7   압력 보상형 유량 제어 밸브 ………………………………… 106

3·3·8   온도(점도) 보상형 유량 제어 밸브 ………………………… 108

3·3·9   유량 제어 밸브의 사용 방법 ………………………………… 110

3·3·10 유량 제어 밸브의 고장과 그 대책 ·······························113

3.4 방향 제어 밸브의 작용
방향 제어 밸브란 무엇인가

3·4·1 방향 제어 밸브란 ···116

3·4·2 체크 밸브(역류 방지 밸브) ····································118

3·4·3 파일럿 체크 밸브 ··121

3·4·4 셔틀 밸브 ··125

3·4·5 전환 밸브(매뉴얼 밸브) ·······································128

4. 밸   브 (2)

4.1 솔레노이드 밸브
(1) 솔레노이드 밸브의 원리와 종류

4·1·1 전환에 전자석을 사용한다·····································134

4·1·2 솔레노이드 밸브의 스풀을 움직이려면 ·····················135

4·1·3 건식 솔레노이드 밸브 ··136

4·1·4 습식 솔레노이드 밸브 ··137

4·1·5 전자 파일럿 전환 밸브 ···138

(2) 중립 상태에도 여러가지가 있다

4·1·6 클로즈드 센터 ···141

4·1·7 ABT 접속···143

4·1·8 탠덤 센터(PT접속형) ··144

4·1·9 오픈 센터형 ··146

(3) 솔레노이드 밸브의 사용에 임하여

4·1·10 교류 솔레노이드와 직류 솔레노이드 ·······················148

4·1·11 서지 전압 ··149

4·1·12 솔레노이드 밸브의 고장과 대책 ····························151

4.2 전자 비례 밸브
전기 신호에 비례하여 압력·유량을 제어

4·2·1 비례 밸브용 솔레노이드를 만든다 ··156

4·2·2 전자 비례 릴리프 밸브 ··158

4·2·3 전자 비례 감압 밸브 ··160

4·2·4 전자 비례 시퀀스 밸브 ··161

4·2·5 전자 비례 유량 제어 밸브 ··161

4·2·6 전자 비례 방향 유량 제어 밸브 ··162

4·2·7 전자 비례 제어 밸브용 컨트롤러 ··164

4·2·8 전자 비례 제어 밸브의 고장과 대책 ··166

4.3 전기·유압 서보 밸브
전기·유압 서보 기구의 원리와 응용

4·3·1 다시 고응답 비례 밸브를 만든다 ··168

4·3·2 전기·유압 서보 밸브의 대표적 특징 ··172

4·3·3 전기·유압 서보계의 구성 ··172

4·3·4 전기·유압 서보 밸브의 응용 ··174

4·3·5 전자 비례 밸브와 전기·유압 서보 밸브의 비교 ························174

4.4 파이프 없는 시스템
보다 사용하기 쉬움을 요구하는 파이프 없는 시스템

4·4·1 파이프를 추방할 수 없는가 ··175

4·4·2 매니폴드 방식 ··176

4·4·3 모듈러 방식 ··177

4·4·4 하이드로 로직 방식 ··178

4.5 로직 밸브
로직 밸브의 구성

4·5·1 로직 요소 밸브의 기본과 작용 ··179

4·5·2 로직 요소 밸브의 종류 ··181

4·5·3 로직 요소 밸브의 유압 기호 ……………………………182'

4·5·4 파일럿 밸브와 로직 요소 밸브 ……………………………183

4·5·5 2방 밸브 회로예 — 왜 로직 밸브를 사용하는가 ………………186

4·5·6 실린더를 움직이려면 …………………………………188

4·5·7 실제로 로직으로 구성하려면 …………………………192

5. 액추에이터

5.1 실린더
왕복 운동은 실린더의 독무대

5·1·1 유압 실린더의 작동 원리 ……………………………196

5·1·2 직선 왕복 실린더의 분류 ……………………………198

5·1·3 센서 붙이 실린더 ……………………………………199

5·1·4 실린더의 쇼크와 그 대책 기구 …………………………201

5·1·5 실린더의 스트로크에 대하여 …………………………202

5.2 실린더의 부착과 보수 유지
실린더의 부착 방법

5·2·1 푸트형 ………………………………………………205

5·2·2 플랜지형 ……………………………………………207

5·2·3 클레비스형 …………………………………………208

5·2·4 트러니온형 …………………………………………209

5·2·5 유압 실린더의 고상과 그 대책 …………………………209

5.3 오일 모터
(1) 회전 작용은 오일 모터로

5·3·1 오일 모터란 ………………………………………212

5·3·2 출력 토크와 출력 회전수 ……………………………212

5·3·3 오일 모터의 분류 ……………………………………214

(2) 오일 모터를 알고, 바르게 사용한다

5·3·4　피스톤 모터 ……………………………… 217

5·3·5　기어 모터 …………………………………… 223

5·3·6　베인 모터 …………………………………… 226

5·3·7　오일 모터의 쇼크에 대하여 ……………… 228

5·3·8　그 밖의 오일 모터 ………………………… 229

5·3·9　오일 모터의 고장과 그 대책 …………… 230

5.4 요동 실린더

요동 실린더의 작동과 종류

5·4·1　요동 실린더란 ……………………………… 233

5·4·2　베인형 요동 실린더 ……………………… 233

5·4·3　피스톤형 요동 실린더 …………………… 234

5·4·4　나사식 요동 실린더 ……………………… 234

6. 기름 탱크

6.1 기름 탱크의 역할

기름 탱크의 작용

6·1·1　작동유의 정화 작용 ……………………… 238

6·1·2　실린더의 움직임에 맞춘 기름량의 확보 ……………… 240

6·1·3　작동유의 냉각 작용 ……………………… 243

6·1·4　유압 장치의 건강 수첩으로서의 역할 …………… 245

6.2 기름 탱크의 구조

기름 탱크의 구조와 필요한 조건

6·2·1　기름 탱크에 필요한 조건 ………………… 247

6·2·2　기름 탱크의 녹막이 ……………………… 248

7. 작 동 유

7.1　우선은 기름에 대해서 알자
작동유로 적정한 기름이란

7·1·1　기름의 성질을 알자 ···250

7·1·2　비중에 대하여 ···250

7·1·3　인화점에 대하여 ···251

7·1·4　저온에서의 유동성 ···253

7·1·5　점도에 대하여 ···253

7·1·6　점도와 온도에 대하여 ···255

7·1·7　산화에 대하여 ···256

7·1·8　압축성에 대하여 ···257

7·1·9　유압에 적정한 기름의 조건 ···259

7.2　작동유의 종류
작동유의 분류와 연소하기 어려운 기름

7·2·1　작동유의 분류 ···260

7·2·2　W/O에멀전계 작동유 ···262

7·2·3　물·글라이콜계 작동유 ···262

7·2·4　인산에스테르계 작동유 ···263

7·2·5　지방산에스테르계 작동유 ···263

7.3　작동유의 유지
작동유의 열화를 판정한다

7·3·1　눈으로 보고 열화를 아는 방법 ···266

7·3·2　작동유의 성상 시험 ···267

7·3·3　작동유의 청정도 시험 ···268

8. 액세서리

8.1 필터류
먼지의 침입을 막기 위하여

8·1·1 필터가 필요한 이유 ……………………………………… 273

8·1·2 스트레이너 …………………………………………………… 274

8·1·3 흡입 필터 ……………………………………………………… 275

8·1·4 라인 필터 ……………………………………………………… 275

8·1·5 리턴 필터 ……………………………………………………… 277

8·1·6 순환 필터 ……………………………………………………… 277

8·1·7 에어 블리저 …………………………………………………… 277

8·1·8 필터의 선정에 임해서 ……………………………………… 277

8·1·9 마그넷 분리기 ………………………………………………… 278

8.2 유온의 관리
적정 유온으로 사용하기 위하여

8·2·1 온도계 …………………………………………………………… 280

8·2·2 서모스탯 ………………………………………………………… 280

8·2·3 쿨러(셸 앤드 튜브식) ……………………………………… 281

8·2·4 히터 ………………………………………………………………… 282

8.3 압력계
기름의 압력을 알기 위하여

8·3·1 압력계 …………………………………………………………… 284

8·3·2 프레셔 스위치 ………………………………………………… 286

8·3·3 맥동이나 쇼크를 막는 게이지 콕과 댐퍼 ………………… 288

8.4　기름의 양의 검지
기름의 적량을 알기 위하여

8·4·1　유면계 ……………………………………… 290

8·4·2　액면 스위치 ……………………………… 291

8.5　어큐뮬레이터
어큐뮬레이터의 작용과 종류

8·5·1　어큐뮬레이터의 역할 …………………… 294

8·5·2　에너지 보조로서의 어큐뮬레이터 ……… 295

8·5·3　블래더형 어큐뮬레이터 ………………… 297

8.6　배관·이음매
유압 기기를 연결하기 위하여

8·6·1　금속제 배관과 용도 ……………………… 299

8·6·2　플렉시블 호스와 용도 …………………… 301

8·6·3　배관 이음쇠 ……………………………… 304

8·6·4　배관의 선정에 임하여 …………………… 305

8·6·5　전동기와 펌프의 결합에는 커플링 ……… 308

8.7　패킹
기름 누출을 막기 위하여

8·7·1　고정용 패킹(O링) ……………………… 310

8·7·2　왕복 운동용 패킹 ………………………… 311

8·7·3　패킹의 사용에 임하여 …………………… 315

8·7·4　오일 시일 ………………………………… 318

9. JIS기호로 짜는 회로와 기기의 선정

9.1 JIS기호
편리한 JIS기호
9·1·1 유압의 JIS기호 ······················ 324

9·1·2 우선, 기본이 중요 ·················· 325

8·1·3 각종 JIS기호 ······················ 326

9.2 기본 회로의 작성
실제로 회로도를 그려 보자
9·2·1 우선은, 실린더와 밸브 ················ 336

9·2·2 다음에, 펌프와 탱크 ················ 338

8·2·3 쿨러는 필요한가 ···················· 339

9.3 기기의 선정
안전하고 적정한 기기의 선정을 위하여
9·3·1 어떤 일을 시킬 것인가(전제 조건) ········ 342

9·3·2 실린더 크기의 결정 ·················· 342

9·3·3 다음에, 유압 밸브 ·················· 343

9·3·4 유압 펌프의 크기는 ·················· 344

9·3·5 전동기와 출력은 ···················· 344

9·3·6 탱크 용량은 ························ 344

유압 용어
(1) 기본 용어 ·························· 346

(2) 유압 펌프에 관한 용어 ················ 351

(3) 유압 모터 및 유압 실린더에 관한 용어 ······ 353

(4) 유압 제어 밸브에 관한 용어 ············ 355

(5) 부속 기기 및 그 밖의 기기에 관한 용어 ······ 360

1. 유압과 그 작용

유압 구동이란, 기름이라는 매체를 사용하여 힘(에너지)을 전달하여, 요구된 일에 가장 적합한 액추에이터의 움직임을 얻는 것을 말합니다. 구체적으로는 전동기 또는 엔진의 동력으로 펌프를 돌려, 고압의 기름(압유)을 만들어, 그 압유를 유압 밸브로 자유로이 제어하여 액추에이터에 보내, 액추에이터를 움직여 유압 장치 및 기계를 자유자재로 가동시킵니다.

에너지의 흐름에서는 다음과 같이 표시됩니다.

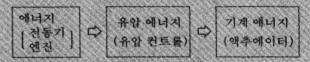

왜, 일단 기름을 압축하여 압력을 발생시키는 것일까요. 왜, 직접 에너지를 액추에이터에 주지 못하는 것일까요.

왜, 유압을 사용하는 것일까요.

왜, 유압은 힘이 크다고 말하는 것일까요……
의문(알고 싶은 것)은 많이 나옵니다.

여기서는 우선, 유압이란 어떤 것인가, 대충 생각해 보기로 합시다.

1·1 압력과 파스칼의 원리

액체로 힘을 전달한다

유압화한다는 것은, 기름이라는 매체를 사용하여 힘을 전달하고, 그 힘을 잘 제어하여 인간의 힘의 몇 배나 작용을 시키는 것입니다. 기름의 힘으로 왜 그와 같은 일이 가능할까요? 유압의 원리에 대해 설명을 시작합니다.

1·1·1 힘의 전달 방법

힘을 전달하는 데는 몇가지 방법이 있지만, 액체에 의한 방법과 고체에 의한 방법에 대하여 생각해 봅시다. **그림 1-1**을 보십시오. (a)는 맥주병을 힘 98[N] (≒10[kgf])로 누른 경우이고, (b)는 맥주병의 밑바닥을 뺀 용기를 생각하고, 주입구의 액체에 힘 98[N](≒10[kgf])을 가한 경우를 나타내고 있는 것입니다.

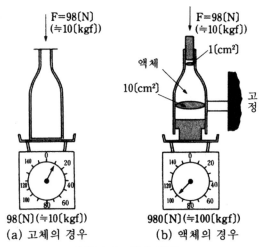

그림 1-1 힘의 전달

(a)의 경우는 맥주병의 무게를 무시하면 아래의 스프링 저울은 98[N](≒10 [kgf])을 가리키는 것은 쉽게 알 수 있습니다. 그러나, (b)의 경우는 조금 복잡하게 되어, 주입구와 바닥 면적을 모르면 풀 수 없습니다. 만약 주입구 면적을 1[cm²], 바닥 면적을 10[cm²]라고 하면, (b)에서의 스프링 저울은 980[N](≒

100[kgf])을 가리키게 됩니다.

(a)의 경우가 고체의 힘의 전달을 나타내고, 준 힘은 면적이 어떻게 바뀌어도, 준 힘 자체를 전합니다. (b)의 경우가 액체의 힘의 전달로, 준 힘이 면적에 따라서 변해 버립니다. 여기에 액체에서의 힘의 전달의 특징이 있고, 그것을 이해하기 위해서는 "압력"이라는 사고 방식이 필요하게 됩니다. 즉, 고체는 힘 자체를 전하고, 액체는 압력을 전하고 있다고 바꾸어 말할 수 있습니다.

1·1·2 압력의 의미와 단위에 대하여

압력이란 단위 면적당의 힘으로 표시되고, 다음식으로 나타냅니다.

$$압력(P) = \frac{힘(F)}{면적(A)} \quad \text{..} ①$$

식 ①에는 단위가 기록되어 있지 않습니다.. 여기서, 단위에 대하여 약간 설명해 둡니다.

역학에 관한 단위에는 절대단위와 중력단위가 있습니다. 공학상은 종래 중력단위로 표시되어 왔지만, 여러 가지 이유로 부득이 통일할 필요로 해서, 학교에서의 교육과 기술 논문 등은 모두 절대단위에서의 표시로 바뀌고 있습니다. 이 책에서도 절대단위를 우선하지만, ( )에 중력단위도 병기합니다. 절대단위와 중력단위의 큰 차이는, 질량을 기준 단위로 하느냐 중량을 기준 단위로 하느냐입니다.

절대단위 : 길이[m], 질량[kg], 시간[s]

중력단위 : 길이[m], 중량[kgf], 시간[s]

가 됩니다. 상세한 것은 전문서에 양보하고 결과만으로 말하면, 무게는 질량에 작용하는 중력 가속도 g로 발생하고 있으므로, $1[kgf] = 1[kg] \times g[m/s^2]$ ($g \fallingdotseq 9.8$)의 관계가 됩니다.

절대단위에서는, 힘은 뉴튼[N]의 단위를 사용하고, 단위 질량 1[kg]을 가속도 $1[m/s^2]$로 움직일 때의 힘으로 표시합니다.

$1[N] = [kg] \cdot [m/s^2]$ 공학단위에서 말하는 1[kgf]은 질량 1[kg]에 걸리는 중력가속도에 의한 힘을 의미하고 있으므로,

$$1[kgf]=g \cdot [kg]$$
$$=9.80665 \times [kg] \cdot [m/s^2]$$
$$=9.80665[N]$$

　　g: 중력가속도=9.80665[m/s²]

로 됩니다. 소숫점 이하 5자리나 표시하는 것은 번거로우므로, 이 책에서는 1
[kgf]≒9.8[N]으로 설명을 진행합니다.

　　또, 압력도 중량(힘)을 사용한 단위이므로, 절대단위와 공학단위의 2종류로
됩니다. 즉, 압력=힘/면적의 관계는 같지만, 사용 단위로서 절대단위에서는 파
스칼[Pa], 공학단위에서는 [kgf/cm²]를 사용합니다. 마찬가지로, 변환값을 생
각하여 보면,

$$1[Pa]=\frac{1 \cdot N}{1 \cdot m^2}=\frac{N}{m^2}$$

으로 표시됩니다.

　　앞에서 설명한 1[kgf]=g·[N]의 식을 대입하면

$$1[Pa]=\frac{1}{g} \cdot \frac{[kgf]}{10^4[cm^2]}$$ 　(1[m]=100[cm]의 단위 변환도 동시에 하고 있다)

$$=\frac{1}{g} \times 10^{-4} \cdot [\frac{kgf}{cm^2}] \fallingdotseq \frac{10^{-4}}{9.8} \cdot [\frac{kgf}{cm^2}]$$

1[MPa]=10⁶[Pa]의 큰 단위로 표시하면,

$$1[MPa] \fallingdotseq \frac{10^2}{9.8} \cdot [\frac{kgf}{cm^2}],$$

반대로 쓰면

$$1[kgf/cm^2] \fallingdotseq 9.8 \times 10^{-2}[MPa]$$

이상을 정리하면, 다음과 같이 됩니다.

　　힘　　$1[N] \fallingdotseq \frac{1}{9.8}[kgf]$　　$1[kgf] \fallingdotseq 9.8[N]$

　　압력　$1[MPa] \fallingdotseq \frac{10^2}{9.8}[kgf/cm^2]$　　$1[kgf/cm^2] \fallingdotseq 9.8 \times 10^{-2}[MPa]$

　　유압 관계에서는 종래부터 70[kgf/cm²], 140[kgf/cm²]이라는 단위계로 제
품 체계가 만들어지고 있지만, 이것을 [MPa]로 표시하면,

　　　70[kgf/cm²]=6.86[MPa]　　140[kgf/cm²]=13.72[MPa]

로 되어, 종래의 이미지에서 크게 동떨어져 버립니다. 그 때문에, 이 책에서는

특히 엄밀성을 수반하는 설명 부분은 $1[MPa] \fallingdotseq 10[kgf/cm^2]$, $1[kgf/cm^2] \fallingdotseq 10^{-1}[MPa]$로 표기합니다. 즉, $70[kgf/cm^2] \fallingdotseq 7[MPa]$, $140[kgf/cm^2] \fallingdotseq 14[MPa]$로 합니다.

　단위에 대한 설명은 이 정도로 하고, 압력의 설명으로 돌아갑니다. **그림 1-2**를 예로 하여, 간단한 압력을 계산해 봅니다. (a)에서는 $980[N](\fallingdotseq 100[kgf])$의 힘을 수압 면적 $10[cm^2]$로 받고 있고, (b)에서는 똑같이 $980[N](\fallingdotseq 100[kgf])$의 힘을 수압 면적 $1[cm^2]$로 받고 있습니다. 같은 힘이므로 (a)도 (b)도 같은 압력이라고 생각될 것 같지만, 실제로는 틀립니다.

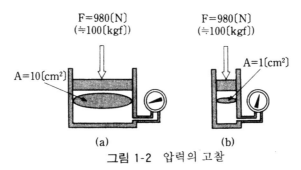

그림 1-2　압력의 고찰

　식 ①에 의거하여 계산하면, (a), (b) 각각에 발생하는 압력은 다음과 같이 됩니다.

　(a) : $P = 980[N]/10[cm^2](\fallingdotseq 100[kgf]/10[cm^2])$

　　　　$= 0.98[MPa](\fallingdotseq 10[kgf/cm^2])$

　(b) : $P = 980[N]/1[cm^2](\fallingdotseq 100[kgf]/1[cm^2])$

　　　　$= 9.8[MPa](\fallingdotseq 100[kgf/cm^2])$

같은 힘을 받을 경우에는, 면적이 작으면 압력은 커지는 것입니다. 예를 들면, 만원 전차에서 하이힐을 신은 여성에게 발을 밟히면, 겨우 40kg 정도의 체중밖에 안나가는 여성이라도 굉장히 아프게 느낍니다. 그것은 하이힐의 발꿈치의 면적(A)이 작으므로, 밟힌 쪽의 아픔(압력)이 커지는 것과 같은 것입니다. 당연히, 더욱 큰 여성에서는, 더욱 힘(F)이 커지므로 심한 아픔이 됩니다.

　그런데, 이제까지는 외력이 있어서 발생하는 압력을 생각했지만, 이번에는 반대로 압력(P)이 있고, 출력(F)을 생각해 봅니다. 식 ①을 변형하면 다음 식으로 됩니다.

$$힘(F) = 압력(P) \times 면적(A) \quad \text{······················} ②$$

즉, 압력에 면적을 곱하면 힘이 됩니다. 그림 1-3에서 마찬가지로 계산해 봅시다.

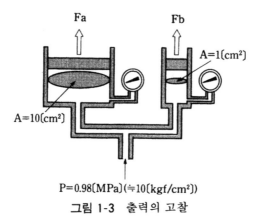

그림 1-3 출력의 고찰

식 ②에 각각 수치를 대입하면

왼쪽 피스톤의 출력: $F_a = 0.98[\text{MPa}] \times 10[\text{cm}^2] (\fallingdotseq 10[\text{kgf}/\text{cm}^2] \times 10[\text{cm}^2])$
$$= 980[\text{N}] (\fallingdotseq 100[\text{kgf}])$$

오른쪽 피스톤의 출력: $F_b = 0.98[\text{MPa}] \times 1[\text{cm}^2] (\fallingdotseq 10[\text{kgf}/\text{cm}^2] \times 1[\text{cm}^2])$
$$= 98[\text{N}] (\fallingdotseq 10[\text{kgf}])$$

로 되어, 면적이 큰 쪽이 얻어지는 출력도 커집니다. 유압 실린더로 밖으로 힘을 뽑아내는 것의 원리는 그림 1-3과 같이 행해지는 것입니다.

1·1·3 파스칼의 원리

파스칼의 원리란, 액체의 압력 전파에 관한 법칙을 말하고, 물리학적으로는 "밀폐되고, 그리고 정지한 액체의 일부에 가해진 압력은 액체의 모든 부분에 그대로 전해진다"로 됩니다. 쉽게 말하면, 다음과 같이 표시됩니다.

① 압력은 면에 직각으로 작용한다.

② 각 점의 압력은 모든 방향에 같다.

③ 밀폐 용기 중의 정지 유체의 압력은 같다.

　　그림 1-3의 출력 계산에서, 좌우의 피스톤 모두 같은 압력이 작용하고 있다는 생각으로 산출했는데, 위의 파스칼의 원리 ③에 의거하고 있는 것입니다.

　　그리고 **그림** 1-1(b)의 이유이지만, 맥주병 속의 압력은 주입구, 바닥 모두 같은 것이므로(파스칼의 원리 ③), 다음과 같이 설명할 수 있습니다.

　　주입구에서의 압력: $P = 98[N]/1[cm^2] (\doteqdot 10[kgf]/1[cm^2])$

　　　　　　　　　　　$= 0.98[MPa] (\doteqdot 10[kgf/cm^2])$

　　병바닥에서의 출력: $F = 0.98[MPa] \times 10[cm^2] (\doteqdot 10[kgf/cm^2] \times 10[cm^2])$

　　　　　　　　　　　$= 980[N] (\doteqdot 100[kgf])$

　　액체의 힘의 전달은 압력이라는 형태로 전해지는 것을 알 수 있을 것입니다. 최종적으로 바라는 힘을 얻는 데는 $F = P \times A$의 식으로 압력을 바꾸든가, 수압 면적을 바꾸든가 하면 쉽게 힘의 제어를 할 수 있게 됩니다.

　　유압으로 일을 하는 유압 실린더 등은, 한번 결정해 버리면 간단히는 변경이나 제작을 다시 할 수 없지만, 압력은 간단히 바꿀 수 있습니다. 압력을 여러가지로 바꾸는 밸브를 압력 제어 밸브라 하고, 회로내에 설치하여 무단계로 압력을 제어할 수 있습니다(자세한 것은 나중에 설명합니다). 이 압력을 쉽게, 다시 원격 조작할 수 있는 것도 유압의 큰 메릿의 하나이기도 합니다.

1·2 유압 실린더가 움직이는 이유

유압 실린더의 제어

파스칼(Pascal Blaise ; 1623~1662)은 프랑스의 수학자, 물리학자, 철학자로서 알려져 있습니다. 파스칼의 원리의 발견은 1650년, 27세로 젊어서부터 활약하고 있었습니다. 유압으로 실린더가 움직이는 것도, 마음대로 제어할 수 있는 것도 이 파스칼의 원리에 의한 것입니다.

1·2·1 실린더의 출력

그림 1-4는 실린더의 출력이 얻어지는 모양을 나타낸 것입니다. 우선, 실린더의 캡 쪽에 압유(P)를 공급하면, 캡실 내의 압력은, ① 압력은 면에 직각으로 작용한다, ② 각 점의 압력은 모든 방향에 같다, ③ 밀폐 용기 중의 정지 유체의 압력은 같다, 라는 파스칼의 원리에 의해서 압력의 발생에 의한 출력이 얻어집니다. 그림 1-4의 예에서 실린더에 작용하는 힘에 대해 생각해 보기로 합니다.

로드를 밀어내는 힘 : $F_{push} = \pi/4 \cdot \underset{\uparrow}{D^2} \cdot P$
$\qquad\qquad\qquad\qquad\qquad$ └── 수압 면적

튜브를 왼쪽 방향으로 움직이려고 하는 힘 : $F_B = \pi/4 \cdot \underset{\uparrow}{D^2} \cdot P$
$\qquad\qquad\qquad\qquad\qquad\qquad\qquad$ └── 수압 면적

튜브를 팽창시키려고 하는 힘 : $F = \underset{\uparrow}{D \cdot L} \cdot P$
$\qquad\qquad\qquad\qquad\qquad$ └── 수압 면적

여기서, D: 튜브 내경

$\qquad$ P: 작용 압력

$\qquad$ L: 캡 내의 축방향 길이

이 때, 튜브를 고정하고, F_B의 힘을 지탱하면 로드는 F_{push}의 힘으로 그림의 오른쪽 방향으로 움직이게 됩니다. 튜브를 팽창시키려고 하는 힘(F)은 튜브 자체로 지탱되고 있으므로 밖으로 나가는 일은 없고, 최종적으로 F_{push}만이 출력으로서 꺼내지게 됩니다.

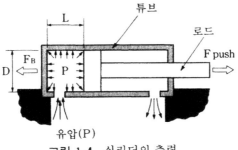

그림 1-4 실린더의 출력

그림 1-5를 표시했는데, (a)는 그림 1-4와는 반대로 로드를 고정한 경우로, 그림의 왼쪽 방향으로 $F_B = \pi/4 \cdot D^2 \cdot P$의 힘을 내면서 튜브가 움직이게 됩니다.

$F_{push} = F_B$이므로 실린더의 캡 쪽에 압유를 넣으면, 출력의 방향은 틀리지만 같은 출력이 얻어지는 것을 알아두기 바랍니다.

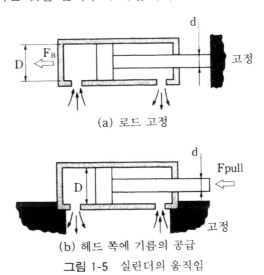

(a) 로드 고정

(b) 헤드 쪽에 기름의 공급

그림 1-5 실린더의 움직임

그림 1-5(b)는 실린더의 헤드 쪽에 압유를 공급한 경우로, 출력 즉 로드를 줄이는 힘 F_{pull}은 다음과 같이 표시됩니다.

$$F_{pull} = \underset{\uparrow \text{—— 수압 면적}}{\pi/4 \cdot (D^2 - d^2) \cdot P}$$

여기서, D: 튜브 내경

d: 로드 지름

로드는 그림 (b)에서는 왼쪽 방향으로 줄어들게 됩니다.

이들로부터, 튜브를 고정한 경우, 캡 쪽으로 압유를 공급하여 로드를 늘리고 (F~pull~ 힘의 발생), 로드 쪽으로 압유를 공급하여 로드를 줄이는(F~pull~ 힘의 **발생**) 것으로, 출력을 내면서 로드를 왕복 운동시킬 수가 있습니다. 이 때의 출력은 공급하는 압력(P)에 의해서 임의로 바뀝니다.

1·2·2 실린더의 방향 제어

로드를 늘리거나 줄이는 것은 압유를 캡 쪽으로 보내느냐, 로드 쪽으로 보내느냐를 전환해 주면 좋은 것을 알았습니다. 이 전환을 하는 밸브가 방향 제어 밸브입니다. 그림 1-6에 방향 제어 밸브를 사용한, 실린더 왕복 운동의 원리도를 나타냈습니다. 그림의 ①~④는 기름을 멈추거나 흘리는 수도꼭지와 같은 밸브라도 상관없습니다.

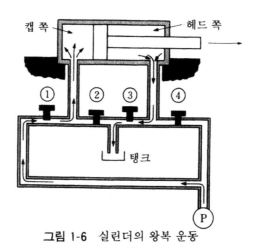

그림 1-6 실린더의 왕복 운동

①과 ③을 열면, 압유(P)는 밸브 ①을 통해 캡 쪽으로, 헤드 쪽의 기름은 밸브 ③을 통해 탱크로 돌아오게 되어, 실린더의 로드는 전진하게 됩니다. 반대로 ②와 ④를 열고, ①과 ③을 닫으면 밸브 ④를 통해 압유가 실린더의 헤드 쪽에 공급되어, 캡 쪽의 기름은 밸브 ②를 통해서 탱크로 돌아와, 로드는 후퇴하게 됩니다.

이 ①~④의 밸브의 작용을 1개의 밸브로 하는 것을 4방향 제어 밸브라고 하고, 이 밸브에 의해서 실린더를 전진, 후퇴, 정지로 자유로이 조작할 수 있게 됩니다. 자세한 것은 밸브의 장에서 설명합니다.

1·2·3 실린더의 속도 제어

그런데, 실린더의 출력이 얻어지고, 그 방향이 제어되면, 다음에 바라고 싶어지는 기능으로서는 빠르게 움직이거나 늦게 움직이는 속도의 제어입니다. 속도의 제어는 실린더에 보내는 압유의 양을 크게 하거나 작게 하면 되는 것으로, 이 작용을 하는 밸브를 유량 제어 밸브라고 합니다.

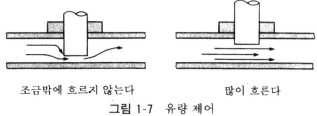

조금밖에 흐르지 않는다   많이 흐른다
그림 1-7 유량 제어

우리들 가까이에 있는 유량 제어 밸브로서는 수도꼭지가 있습니다. 물과 기름에 차이가 있을 뿐이고, 기름이 흐르는 부분의 면적을 작게 하거나 크게 하는 것으로 유량을 간단히 제어할 수 있습니다. 그림 1-7은 그 모양을 나타낸 것으로, 뒤에 설명하는 복잡하게 보이는 어떤 유압의 유량 제어 밸브도 그림과 같이 기름이 통하는 부분의 면적을 바꾸어 제어하고 있습니다.

1·3 유압의 회로 구성

유압의 5요소

실제로 일을 하는 실린더의 제어 원리는 이해했을 것으로 생각합니다. 실린더에 요구되는 것은, 출력의 크기, 방향, 속도의 3가지로, 이것을 일의 3요소라고 합니다. 그러나 실린더만으로는 일을 할 수 없습니다. 기름을 보내는 펌프와 기름을 저장해 두는 탱크도 필요합니다. 그렇게 분류를 하면, 유압 장치에는 이제부터 설명하는 5개의 요소가 빠져서는 안됩니다. 반대로 말하면, 5요소가 있으면 유압으로 일을 할 수 있게 됩니다.

그림 1-8은 유압 장치의 구성을 기름의 흐름에 따라서 정리한 것입니다. 이것을 보면서 유압의 5요소에 대해서 설명합니다.

1·3·1 유압 액추에이터

유압 액추에이터는 유압을 일로 바꾸는 작용을 하는 것입니다. 종류로서는 왕복 운동(직선 운동)을 하는 유압 실린더와, 회전 운동을 하는 오일 모터가 있습니다.

인간의 신체에 비유하면, 손과 발에 상당한다고 말할 수 있습니다. 손과 발이 뇌로부터의 신호와 근육의 작용 등에 의해서 움직이는 것처럼 유압 액추에이터도 독자적으로는 움직이지 않습니다. 유압 액추에이터를 어떻게 움직이는가를 제어하는 것이, 다음의 유압 밸브입니다.

1·3·2 유압 밸브

액추에이터의 출력, 방향, 속도를 제어하기 위해, 기름의 압력, 방향, 유량을 제어하는 것입니다. 인간의 신체로 말하면 근육에 상당하며, 적당한 운동과 훈련으로 근육을 단련할 필요가 있는 것과 마찬가지로, 유압의 회로를 살리는 것

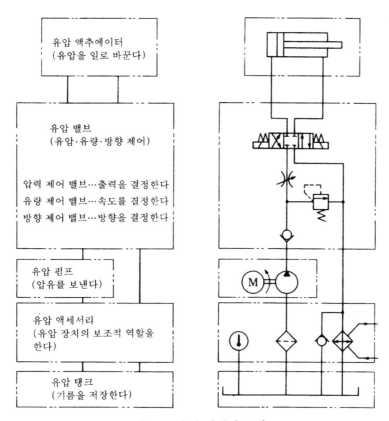

유압 액추에이터
(유압을 일로 바꾼다)

유압 밸브
(유압·유량·방향 제어)

압력 제어 밸브…출력을 결정한다
유량 제어 밸브…속도를 결정한다
방향 제어 밸브…방향을 결정한다

유압 펌프
(압유를 보낸다)

유압 액세서리
(유압 장치의 보조적 역할을
한다)

유압 탱크
(기름을 저장한다)

그림 1-8   유압 장치의 구성

도 죽이는 것도 이 유압 밸브에 달려 있다고 해도 과언은 아닙니다.

유압 밸브의 종류에는, 뒤에 설명하는 것처럼 많이 있어서 기억하는 것이 싫어질 정도이지만, 실은 다음의 3종류밖에 없습니다.

(1) 압력 제어 밸브

일의 크기(출력)를 결정합니다. 액추에이터는 기름에 따라서 움직일 뿐이므로 필요한 압력으로 제어하여 필요한 출력을 뽑아내야 합니다. 그 압력을 제어하는 것이 압력 제어 밸브입니다. 출력 부족이 되어서는 곤란하지만, 필요 이상의 출력을 내어 장치의 파괴 등으로 연결되지 않도록 하는 것도 중요한 일입니다.

(2) 유량 제어 밸브

일의 속도를 결정합니다. 액추에이터의 속도와 회전수를 제어하기 위해 필요한 유량을 액추에이터에 보내도록 제어하는 밸브입니다. 차의 운전에서도 급발진·급정지는 위험하듯이, 부드러운 발진, 충격이 없는 감속, 정지를 하도록 **액추에이터를** 제어하기 위해서는 아무래도 필요한 밸브입니다.

(3) 방향 제어 밸브

일의 방향을 결정합니다. 유압 실린더에서는 전진이냐 후퇴이냐, 오일 모터에서는 우회전이냐 좌회전이냐를 결정합니다. 또 액추에이터를 멈추어 두는 작용도 방향 제어 밸브의 중요한 역할입니다. 차로 말하면 사이드 브레이크로, 세운 셈이지만 어느 사이엔가 움직이면 위험하고, 제어되고 있다고는 말할 수 없습니다.

1·3·3 유압 펌프

유압 탱크에서 기름을 빨아 유압 밸브로 압유를 보내는 역할을 합니다. 인간으로 말하면 심장에 상당합니다.

유압 펌프는 액추에이터가 필요로 하는 최대 유량, 최대 압력의 기름을 보내는 능력을 가진 것을 선택해야 합니다. 특히, 유량은 펌프를 추가하면 덧셈으로 증가하지만, 압력은 덧셈할 수 없으므로 충분히 여유를 갖고 선택합니다. 펌프에는 일정 유량을 내는 정토출량형 펌프(기어 펌프, 베인 펌프 등)와 토출량을 바꿀 수 있는 가변토출량형 펌프(피스톤 펌프, 베인 펌프 등)의 2종류가 있습니다.

1·3·4 유압 탱크

인간은 혈액을 스스로 만들 수가 있지만, 기계와 장치에서는 그렇게는 할 수 없습니다. 그러므로 아무래도 기름을 저장하는 탱크가 필요하게 됩니다. 탱크는 기름 누설로 부족해진 기름을 보급할 뿐만이 아니고, 일을 해온 기름 중의 먼지와 녹 등을 가라앉히는 작용도 합니다.

또, 기름을 냉각시키는 중요한 작용을 가지고 있고, 그 때문에 표면적을 크게 잡는 등의 연구도 되고 있습니다. 탱크는 기름을 쉬게 하여 다음 일을 향하여 준비를 하는 곳이라고도 할 수 있습니다.

1·3·5 부속품

유압에 있어서는 피할 수 없는 발열에 대해 기름을 냉각시키기 위한 쿨러, 기름 중의 먼지를 제거하는 필터, 압력을 표시하는 압력계와 기름 온도를 나타내는 온도계 등 주변 기기가 필요하게 됩니다. 이들을 부속품이라고 말하는데, 유압을 보다 사용하기 쉽게 하기 위한 심부름 역할을 하는 것입니다.

1·4 유압의 특징

왜 기름인가, 왜 유압을 사용하는가

인간의 혈액에 상당하는 것이 유압에서의 기름입니다. 액체이면 파스칼의 원리는 통용되므로, 기름이 아니라도 **좋습**니다. 그러나, 기름을 사용하는 것에는 그 나름의 이유가 **있**습니다. 또, 유압이 오늘날 이렇게 널리 사용되고 있는 것에도 확실한 이유가 있습니다. 여기서는 유압의 특징으로서 「고작 기름, 하지만 기름」「고작 유압, 하지만 유압」의 설명을 진행합니다.

1·4·1 기름을 사용하는 이유

액체라고 했을 때, 술, 맥주를 연상하는 사람은 어쨌든, 일반적으로는 액체의 대표라고 하면 무한히 존재하는 물 혹은 바닷물일 것입니다. 원리적으로는 물이라도 같은 작용을 하는 것으로, 현실로 물을 사용한 수압 기기가 지금의 유압의 원점이기도 한 것입니다. 그러나, 물에서는 곤란한 일이 많이 있습니다. 그래서, 왜 액체 중에서 기름을 사용하는가를 생각해 봅니다.

물은 100℃가 되면 끓어서 증기로 되어 버립니다. 또, 0℃가 되면 얼음으로 되어 흐르지 않게 됩니다. 100℃가 되지 않더라도 상온에서 자꾸 증발도 합니다. 다시, 물은 금속을 산화시키는(녹을 발생하는) 해가 있어, 짧은 기간에 장치 자체를 열화시키기도 합니다. 점도가 낮고, 또 윤활성도 나쁘기 때문에 기계 부품의 마모가 빨리 된다는 결점도 있습니다. 이와 같이 생각하면, 압력 전달용 액체로서 필요한 항목은 다음과 같이 정리할 수 있습니다.

① 윤활성이 좋을 것

② 충분한 유동성을 갖고 있을 것

③ 충분한 비압축성이 있을 것

④ 화학적으로 안정할 것

⑤ 녹과 부식의 발생을 방지할 것

⑥ 시일(seal)재와의 적합성이 좋을 것

이들의 전항목을 만족하는 액체가 기름이라는 것은 아니지만, 지구상에 존재하고 값싸고 풍부한 액체의 하나로서 기름이 사용되고 있는 것입니다.

그러나 기름도 좋은 것만은 아닙니다. 200℃ 가까이서 인화하여 타버린다는 최대의 결점을 갖고 있습니다. 그렇지만, 기름의 결점을 커버하는 타기 어려운 기름(난연성 작동유)이 개발되어, 사용되고 있습니다. 자세한 것은 7장에서 설명합니다.

1·4·2 유압의 장점

유압에는 다음과 같은 많은 장점이 있으므로 넓은 분야의 기계나 장치에 많이 사용되어, 활약하고 있습니다.

(1) 소형으로 강력하다

출력은 〈압력〉×〈면적〉으로, 압력을 올리면 올릴수록, 같은 출력을 얻는 데에도 면적은 작아도 되어, 소형화를 진행하기 쉽게 됩니다. 또, 고압으로 해도 공기와 같이 폭발의 위험이 없어, 공기압 사용(약 $0.6 \sim 0.7$[MPa]$\fallingdotseq 6 \sim 7$[kgf/cm^2])의 것에 비해 훨씬 소형으로 할 수 있고, 또한 강력합니다. 이제까지의 유압의 압력은 기껏 14[MPa]($\fallingdotseq 140$[kgf/cm^2])였던 것이 21[MPa]($\fallingdotseq 210$[kgf/cm^2], 35[MPa]($\fallingdotseq 350$[kgf/cm^2])로, 점점 고압으로 되고 있습니다.

(2) 과부하(오버로드) 방지가 간단하고 정확하게 된다

전기에서는 퓨즈와 오버로드 릴레이 등을 넣어, 과부하로 되면 전기를 끊든가, 기계에서는 슬립을 일으키는 안전 장치를 넣어 기계 본체와 모터가 고장나는 것을 방지하고 있습니다. 여하튼 퓨즈의 교환과 오버로드 릴레이의 갈아넣기라는 비용이 들고 과부하의 값도 벗어나는 결점도 있습니다.

그 점, 유압에서는 압력 제어 밸브로 규정 이상의 압력으로 되면, 자동적으로 기름은 도피하여, 수고도 비용도 일체 들지 않고, 또 임의의 압력으로 조정됩니다.

(3) 힘의 조정이 쉽고 정확하게 된다

공작물을 잡는다든가 밀어넣을 경우, 기계적으로 힘을 조정하게 되면, **상당히**

복**잡**하게 되어 쉽게 되지 않습니다. 유압에서는 미는 기름의 압력을 조정하면 **힘**을 쉽게 바꿀 수 있습니다. 압력 제어 밸브의 핸들 한 개로 자유롭게, 그리고 정확하게 힘을 조정할 수 있습니다.

(4) 무단 변속이 간단하고, 작동도 원활하다

자동차의 변속기와 같이 기어의 사용에서는 아무래도 변속에 단계가 생깁니다. 유압에서의 속도 조정은 수도꼭지를 트는 감각으로 쉽게 할 수 있습니다. 즉, 무단 변속이 간단히 되는 것입니다. 또, 유량을 천천히 증가시키거나, 천천히 감소시키거나 하면, 실린더도 그것에 따라서 움직이는 것이므로, 부드러운 발진, 충격이 없는 정지도 간단히 됩니다.

(5) 진동이 적고, 작동이 원활하게 된다

전동기와 많은 기어를 사용한 장치에서는, 관성이 커서 급격한 발진·정지·역전에는 충격이 따르기 마련입니다. 유압은 가벼운 기름을 사용하고, 게다가 기기 전체가 소형으로 관성력이 작기 때문에, 충격도 비교적 작고, 동작도 원활하게 할 수 있습니다.

(6) 원격 조작을 할 수 있다

기름은 파이프만 이어 주면 어디든지 흘러갑니다. **그림 1-9**에 표시한 것과 같이, 멀리 떨어진 장소의 기계라도 조작할 수 있습니다. 이것을 고체(금속)로 힘을 전달하려고 하면, 어느 정도일까는 상상할 수 있을 것입니다. 단, 기름에는 점도가 있으므로, 파이프를 지날 때에 마찰을 일으켜서 압력 손실이 발생하기 때문에 그 점에서의 주의는 필요합니다.

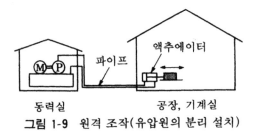

그림 1-9 원격 조작(유압원의 분리 설치)

1·4·3 유압의 단점

유압도 좋은 것만은 아니고, 다음과 같은 단점도 있습니다. 이 단점을 충분히 알아 두는 것도 중요한 일입니다.

(1) 배관이 번거롭고, 기름의 누설이 귀찮다

많은 유압 기기를 사용하면, 그것을 연결하는 파이프와 이음류가 많아져 배관이 번거롭게 됩니다. 공기와 달라서 기름 누설은 귀찮고, 특히 클린 룸 등에서는 엄금입니다. 또, 고압의 배관 용접에는 상당한 기술이 필요하게 됩니다.

최근에는 배관을 없애거나, 혹은 적게 하기 위해 여러가지 파이프 없는 밸브나 복합 밸브가 상품화되고, 배관도 쉬운 것이 많아지고 있습니다.

(2) 화재의 위험성이 있다

기름은 인화점이 약 200℃의 가연성이므로, 주위에 고온의 것이 있으면 기름이 분출했을 경우 화재의 위험성이 있습니다. 특히 분무 모양으로 된 기름은 인화하기 쉬우므로 충분한 주의가 필요합니다. 공장과 주택이 인접해 있는 지구에서는 지방 조례에 의해 소방법이 적용되는 경우도 있습니다. 화재의 위험성에 대응하여 합성유와 물첨가의 기름이 난연성 작동유로서 사용되지만, 시일재와 유압 기기 자체의 재질을 바꿀 필요가 있는 경우도 있습니다.

(3) 기름 온도가 변화하면, 속도가 변한다

기름은 온도가 올라가면 점도가 저하하고, 온도가 내려가면 점도가 높아집니다. 유량 제어 밸브로 교축할 경우, 같은 교축 면적이라도 점도에 따라서 유량이 다릅니다. 그 때문에 온도가 바뀌어도 유량이 변화하지 않는 온도 보상 붙이 유량 제어 밸브도 만들어지고 있지만, 역시 한계가 있습니다. 특히 기계와 장치의 사이클 타임이 짧아지는 데 따라서, 약간의 속도 변화도 1사이클 중에서의 중요함은 커지고 있습니다.

(4) 전동기의 마력이 커진다

전동기의 회전 에너지를 유압의 압력 에너지로 변환해서 사용하므로, 전체로서의 에너지 효율은 기어로 직접 에너지를 전하는 것보다 나빠집니다. 또, 액추에이터가 일을 하지 않을 때에도 펌프는 가동하고 있으므로, 에너지 손실이 있습니다. 지구 환경 문제에서도 에너지 절약이 필요하고, 그 대응책이 여러가지 생각되고 있습니다. 유압 펌프의 가변 펌프화와 부하압 이상의 압력을 발생시키지 않는 부하 감응형 제어와, 필요한 압력·유량만 토출하는 전자 제어 펌프가 실용되고 있습니다.

표 1-1에 유압 방식, 기계 방식, 전기 방식, 공기압 방식에 의한 제어예의 일반적인 비교를 표시해 둡니다.

표 1-1   각 방식에 의한 제어 항목의 비교

제어 방식 항목	유압 방식	기계 방식	전기 방식	공기압 방식
출력	크다 (100[kN]이상 가)	그다지 크지 않다	그다지 크지 않다	약간 크다 (10[kN]정도)
조작 속도	약간 크다	작다	크다	크다
구조	약간 복잡	보통	약간 복잡	간단
배선·배관	복잡	특히 없다	비교적 간단	간단
온도	70[℃]정도까지	보통	주의 크다	100[℃]정도까지
진동	염려 적다	보통	주의 크다	염려 적다
위치 정하기성	약간 양호	양호	양호	불량
위험성	인화성에 주의	특히 문제 없다	누전에 주의	문제 없다
원격 조작	양호	곤란	특히 양호	양호
설치 위치의 자유도	있다	적다	있다	있다
원격 제어	양호	곤란	특히 양호	양호
무단 변속	양호	약간 곤란	약간 곤란	약간 양호
속도 조정	쉬움	약간 곤란	양호	약간 곤란
보수	간단	간단	기술을 요함	간단
가격	약간 높다	보통	약간 높다	보통

2. 유압 펌프

유압 장치의 기름의 흐름으로부터 생각하면, 아뭏든 최초는 펌프의 등장이 됩니다. 탱크에서 기름을 빨아 벨브로 기름을 보내 주는 작용을 합니다. 기본 원리는 자전거 펌프나 주사기 등과 같아, 별로 어려운 것은 아닙니다. 빨아 들여서, 내보내는 일입니다.

펌프는 인간의 신체로 말하면, 심장에 상당합니다. 혈액(기름)을 상시 신체 속의 혈관에 보낼 필요가 있습니다. 정지하는 일은 허용되지 않습니다. 또, 심장의 소리가 너무 커지거나, 이상음이 나는 것은 병입니다. 조용히 움직이는 일도 중요합니다.

펌프는 얼마만큼의 압력(P)을 발생할 수 있는가, 얼마만큼의 유량(Q)이 나오는가로 그 능력을 판단합니다. 유압의 심장부이므로, 이상적인 펌프를 찾아 여러가지 종류의 것이 만들어지고 있습니다. 그러나 압력(P)과 유량(Q)의 수준이 틀릴 뿐이고 원리는 같으므로 어렵게 생각하지 말고 설명을 듣기 바랍니다.

2·1 유압 펌프란

유압 펌프는 유압 장치의 심장

유압 장치를 사용하여 물체를 움직여서 일을 하기 위해서는 기름을 탱크에서 빨아들여 유압 회로에 공급하는 유압 펌프가 필요하게 됩니다. 그러므로 유압 장치에는 반드시 1개 이상의 유압 펌프가 설치되어 있습니다. 인간으로 말하면 심장에도 비유되는 유압 펌프이지만, 어떻게 해서 기름을 빨아들이고, 어떻게 해서 토출할 수 있는 것일까요. 우선, 유압 펌프의 기본적인 것부터 설명을 시작합니다.

2·1·1 유압 펌프의 작동 원리

유압 펌프의 원리를 국민학생에게 가르치기 위해 주사기를 1개만 갖고서 설명한 사람이 있습니다. 그림 2-1은 그 주사기의 바늘 부분을 없앤 것이라고 생각하기 바랍니다. 물총을 상상해도 상관없지만, 이것이 피스톤 펌프가 기름을 빨아들이고 토출하는 기본 작동 원리인 것입니다.

주사기의 입을 물탱크 속에 넣습니다. 이대로는 아무것도 일어나지 않지만, (b)와 같이 피스톤을 당기면 물은 위로 올라가 통 속으로 들어갑니다. 이것은 피스톤을 당김으로써 통 속의 용적이 V_0에서 V_1으로 커져서, 통 속의 압력이 내려가 대기압 P_0에 밀린 물이 들어오는 것입니다. 피스톤에 끌려서 물이 올라가는 것같이 보이지만, 실은 용적의 V_0에서 V_1으로의 증가(압력의 저하)가 그 원인인

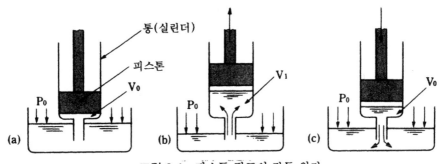

그림 2-1 피스톤 펌프의 작동 원리

것입니다. (c)와 같이 피스톤을 아래로 밀어 주면, 다시 통 안의 용적이 감소하여 물은 물탱크 속으로 밀어내집니다. 이와 같이 통 속의 용적을 변화시키는 것으로 물을 빨아들이고 토출할 수 있는 것입니다.

이 작동을 기계적으로 연구하여 연속적으로 할 수 있도록 한 것이 유압 펌프입니다. 유압 펌프에는 많은 종류가 있고, 각각의 상세한 구조에 대해서는 뒤에 설명하지만, 유압 펌프란 **그림 2-1**의 손으로 행한 피스톤의 상하 운동을 손 대신에 전동기나 엔진을 사용하여, 그 기계적인 에너지를 유압 에너지의 압력과 유량으로 변환하는 기기라고 할 수 있습니다.

유압 펌프의 종류는 많고, 성능상으로는 정토출량형, 가변토출량형으로 분류되지만, 구조상으로 분류하면 **표 2-1**과 같이 되고, 그 성능 비교는 **표 2-2**와 같

표 2-1 유압 펌프의 분류

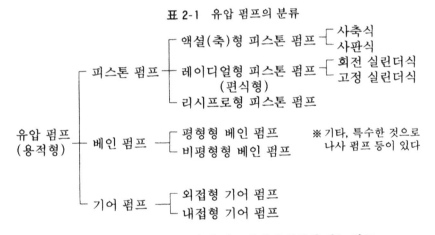

표 2-2 유압 펌프 형식의 분류와 성능 비교

성능 ＼ 형식	피스톤 펌프			베인 펌프		기어 펌프	
	축 형	레이디얼형	레시프로형	평 형 형	비평형형	외 접 형	내 접 형
배수량 [cm³/rev]	5~1000	5~500	1~80	1~370	10~230	1~500	1~500
최고압력[MPa] ([kgf/cm²])	21~42 (210~420)	14~25 (140~250)	30~50 (300~500)	3.5~21 (35~210)	3.5~14 (35~140)	1.0~21 (10~210)	0.5~30 (5~300)
최고회전수 [rpm]	750~ 5000	1000~ 1800	1000~ 1800	1200~ 2500	1200~ 1800	900~ 4000	1200~ 3000
용적효율 [%]	92~98	90~98	92~98	88~95	80~90	85~95	75~95
전 효 율 [%]	85~95	80~90	85~95	70~90	60~70	70~85	65~90

이 됩니다. 어쨌든, 모든 유압 펌프가 기름을 빨아들여서 토출하는 것은, 그 내부에 용적이 변화하는 방을 갖고, 그 용적을 연속적으로 증감시킴으로써 하고 있는 것입니다.

유압 펌프의 성능은, 각각 구조는 달라도 압력이 높아졌을 때의 펌프 내부의 토출측에서 저압의 흡입측 또는 케이스 내로의 누설의 대소가 결정적인 수단입니다. 누설이 커지면 펌프로부터의 토출 유량이 감소하여, 예정하고 있던 일을 하지 못하게도 됩니다. 성능이 좋은 펌프란, 적어도 다음의 조건을 만족하고 있어야 합니다.

① 토출 압력이 변해도 토출량의 변화가 적을 것 : 무거운 하중이 걸려도 액추에이터의 속도가 떨어지지 않는 것입니다.

② 토출량의 맥동이 적을 것 : 맥동이란, 정상적인 작동 조건에서 발생하는 주기적인 변화를 말하는데, 사람의 맥박과 같다고 생각해도 좋을 것입니다. 즉, 거의 일정한 유량을 항상 토출하는 것입니다. 예를 들면, 피스톤 펌프에서는 피스톤 갯수를 많게 하여 맥동을 작게 하고 있습니다.

이와 같은 것으로부터, 유압 펌프의 성능은 사용하는 압력과 그 때의 토출량으로 표시됩니다.

2·1·2 유압 펌프의 성능 계산을 위하여

유압 펌프의 성능을 나타내는 토출량 $Q[l/\text{min}]$는 다음 식으로 표시됩니다.

$$Q = \frac{\eta_v \cdot q_p \cdot N}{1000}$$

여기서, η_v : 유압 펌프의 용적 효율

q_p : 유압 펌프의 1회전당의 배기량$[\text{cm}^3/\text{rev}]$

N : 입력 회전수$[\text{rpm}]$

η_v는 유압 펌프의 용적 효율이라고 불리는 계수로, 유압 펌프의 내부 누설이 없으면 1.0(100[%])이 됩니다. 일반적으로 압력이 높을수록 작은 값이 되고, 그 값은 유압 펌프의 종류에 따라서 다릅니다(**표 2-2** 참조).

유압 펌프에 일을 시키기 위해 필요한 입력, 즉 전동기나 엔진의 출력 L_N

[kW]은 토출 압력을 P[MPa], 토출량을 Q[l/min]라고 하면, 펌프의 종류에 관계 없이 다음 식으로 계산할 수 있습니다.

$$L_N = \frac{P \cdot Q}{60 \cdot \eta}$$

여기서, P: 토출 압력[MPa]($= \frac{100}{9.8}$[kgf/cm^2])

η: 전효율(펌프 효율)

Q: 토출량[l/min]

중력 단위 사용의 경우

$$L_N = \frac{P \cdot Q}{612 \cdot \eta}$$

L$_N$: 입력[kW]

P: 압력[kgf/cm^2] .

η: 전효율

Q: 토출량 [l/min]

η는 전효율(펌프 효율)이라고 불리며, 펌프에 주어진 입력이 유효하게 사용된 비율[%]을 표시합니다. 이 효율에는 앞서 설명한 용적 효율 η_v외에 유압 펌프 내부의 미끄럼 부분의 마찰 등에 의한 기계 효율 η_m도 관계하고 있습니다. 실은 이들의 효율에는 $\eta = \eta_v \cdot \eta_m$의 관계가 있는 것입니다. 그러므로 이 값도 사용하는 압력이나 펌프의 종류에 따라서 다른 값이 됩니다. 유압 장치를 설계할 때에 중요한 포인트가 되고 있으므로 주의해야 합니다(**표 2-2** 참조).

2·2 유압 펌프의 종류와 특징

(1) 피스톤 펌프

피스톤 펌프는 **표 2-1**과 같이 구조상의 분류에서, 액셜**형**, 레이디얼형, 리시프로형으로 크게 나누어집니다. 이들의 설명에 들어가기 전에, 피스톤 펌프의 특징부터 설명합니다.

2·2·1 고압에 사용하는 피스톤 펌프

건설기계와 농업기계를 보면, 이전에 비해 소형으로 된 데다 힘은 보다 커진 것이 많습니다. 이 실현을 위해서는 유압 장치의 소형화와 동시에, 유압 펌프의 고압화가 크게 기여하고 있습니다.

일반적으로 압력이 $21\sim35[\text{MPa}](\fallingdotseq210\sim350[\text{kgf}/\text{cm}^2])$로 되면, 피스톤 펌프가 많이 사용됩니다. 그 이유는, 피스톤 펌프는 피스톤의 왕복 운동에 의해서 펌프 작용을 할 수 있으므로, 기름을 시일하는 길이를 다른 종류의 펌프에 **비해** 길게 할 수 있는 것, 구조상 압유가 작용하는 부분에는 그 작용 방향과 반대 방향으로 압유를 유도하고, 부품 단위로 압력 밸런스를 잡는 것으로 작용하는 하중을 작게 하는 것이 비교적 쉬운 것 등으로 고압 펌프에 적당한 것입니다.

또, 고압에서도 사용할 수 있는 용적 효율이 좋은 간결한 가변토출량 펌프로 하는 것도 쉽습니다. 더우기 제어 방법도 유압, 전기, 수동식으로 선택할 수 있으므로, 다른 종류의 펌프에 비해 비싼데도 불구하고 많이 사용되고 있습니다.

그러면, 피스톤 펌프의 종류에 대하여 설명하기로 합니다.

2·2·2 액셜형 피스톤 펌프

액셜형 피스톤 펌프는 사축식(斜軸式)과 사판식(斜板式)으로 크게 나누어집니다.

(1) 사축식(벤트 액시스식) 피스톤 펌프

그림 2-2는 사축식 피스톤 펌프의 작동 원리도, **그림 2-3**은 그 단면 구조도를

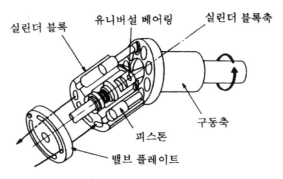

실린더 블록   유니버설 베어링   실린더 블록축

구동축

피스톤

밸브 플레이트

그림 2-2 사축식의 작동 원리

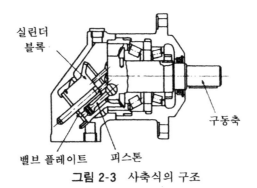

실린더
블록

구동축

밸브 플레이트   피스톤

그림 2-3 사축식의 구조

표시한 것입니다.

그림 **2-2**에서, 구동축이 회전되면 피스톤과 실린더 블록이 동시에 회전합니다. 구동축과 실린더 블록은 유니버설 베어링 등으로 달라 붙여져 있으므로, 어떤 각도(약 22~40°) 기울어져 있고, 구동축의 회전에 따라서 피스톤은 실린더 블록 안에서 왕복 운동을 합니다. 그 결과, 실린더 블록과 피스톤으로 만드는 용적이 증가하는 영역에서 기름을 흡입하고, 용적이 감소하는 영역에서 기름을 토출합니다. 이 2개의 영역은 **그림 2-4**의 밸브 플레이트로 구분되고, 각각의 포트

그림 2-4 밸브 플레이트

가 **흡입·토출 포트에 연결되어 있습니다.**

이 펌프를 가변토출량형으로 하려면, 피스톤의 스트로크를 바꾸어 주면 되며, **사축식에서는** 실린더 블록의 경사 각도를 바꾸어서 합니다. 그림 **2-5**는 그 실제의 예로, 압력도 $21 \sim 35[\mathrm{MPa}]$($\fallingdotseq 210 \sim 350[\mathrm{kgf}/\mathrm{cm}^2]$) 정도이며, 오일 모터와 **조합해서** 유압 변속기(H.S.T.)로서 자주 사용됩니다.

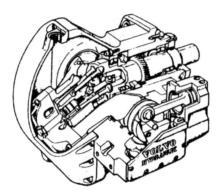

그림 2-5 가변 토출량형 사축식

가변토출량형 유압 펌프에 대한 자세한 설명은 따로 항목을 설정하여 뒤에 설명하기로 하고, 「가변토출량형 유압 펌프」라는 명칭은 기억해 두기 바랍니다.

(2) 사판식(swash plate식) 피스톤 펌프

사판식 피스톤 펌프의 단면 구조도를 **그림 2-6**에 표시합니다. 원리적으로는 **사축식과** 마찬가지로 피스톤이 실린더 블록 안을 왕복 운동하여 펌프 작용하지만, 사축식과 틀리는 것은 피스톤이 축의 회전에 의해 사판에 따라서 움직여, 왕복 운동하는 것입니다.

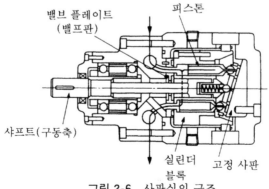

밸브 플레이트
(밸브판)
피스톤
샤프트(구동축)
실린더
블록
고정 사판

그림 2-6 사판식의 구조

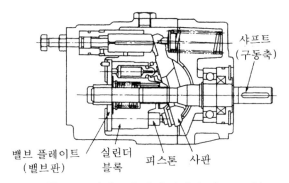

그림 2-7 가변 토출량형 사판식 피스톤 펌프

사판식은 사축식에 비해 부품수도 적고, 기구도 간단하며, 가변토출량형으로 하는 데도 사판의 기울기를 바꾸는 것만으로 가능합니다. 또 가변토출량형은 사축식보다 소형으로 할 수 있으므로, 최근에는 대부분의 분야에서 사용되고 있습니다. 그림 2-7에 그 일례를 표시합니다.

(3) 회전 사판식 피스톤 펌프

사판형의 응용으로서 회전 사판식 피스톤 펌프가 있습니다. 그림 2-8에 작동 원리를, 그림 2-9에 그 실제예를 표시합니다.

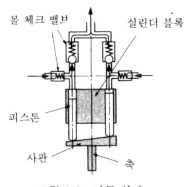

그림 2-8 작동 원리

구조는 피스톤과 흡입·토출의 볼 체크 밸브, 사판(캠 플레이트)뿐인 간단한 것으로, 피스톤의 왕복 운동에 따라서 볼 체크 밸브에서 흡입·토출을 합니다. 이 회전 사판식은 압유의 시일을 볼 체크 밸브로 하고 있으므로 누설도 적고, $50 \sim 70[\text{MPa}](\fallingdotseq 500 \sim 700[\text{kgf}/\text{cm}^2])$의 초고압의 것도 만들어지고 있습니다.

이 타입의 펌프에서는 토출측 체크 밸브에서 나온 기름을 1군데에 모으는 것

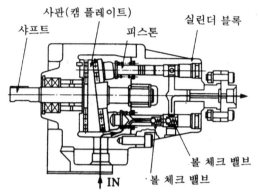

사판(캠 플레이트)

샤프트

피스톤

실린더 블록

볼 체크 밸브

볼 체크 밸브

IN

그림 2-9 회전 사판식 피스톤 펌프

이 아니고, 2~3군데에 나누어서 뽑아낼 수도 있습니다. 즉, 1대의 펌프로 2~3
대의 펌프로서 사용할 수 있다는 메릿이 있습니다. 그러나, 1대의 펌프당 피스톤
수가 적어져 맥동이 커져 버린다는 결점에도 연결되므로, 사용에 있어서는 주의
가 필요합니다.

2·2·3 레이디얼형 피스톤 펌프

(1) 회전 실린더식(핀톨식) 피스톤 펌프

레이디얼형 피스톤 펌프의 원리도를 그림 2-10에, 그 실제예를 그림 2-11에
표시합니다. 회전하는 실린더 블록에 방사상으로 다수의 피스톤을 배열하여, 스
러스트 링의 편심량 e에 의해서 피스톤이 왕복 운동을 하여, 핀톨 밸브의 포트에
서 기름을 흡입·토출합니다.

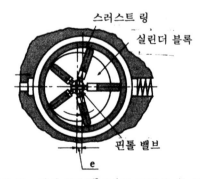

스러스트 링

실린더 블록

핀톨 밸브

e

그림 2-10 레이디얼형 피스톤 펌프의 원리

이 편심량 e를 바꿈으로써, 1회전당의 기름의 토출량이 바뀌므로 가변토출량

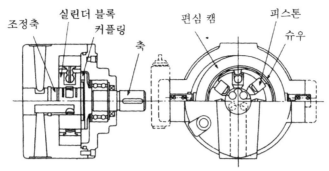

그림 2-11 레이디얼형 피스톤 펌프의 구조예

형 펌프로 되지만, 압력은 별로 높게 할 수 없습니다. 고작 $21 \sim 25$[MPa]($\fallingdotseq$ $210 \sim 250$[kgf/cm^2]) 정도로, 토출량에 비해서는 펌프가 크고, 고속 회전에는 적당하지 않다는 결점도 있습니다. 그러나, 기구가 비교적 단순하고 다소의 과부하는 펌프의 관성으로 커버할 수 있다는 특징에서, 사출성형기, 프레스, 선박의 조타용 등에 옛날부터 사용되고 있습니다.

(2) 고정 실린더식(볼 밸브식) 피스톤 펌프

작동 원리는 액셜형의 회전 사판식과 같습니다. 최고 압력 50[MPa]($\fallingdotseq$500 [kgf/cm^2]) 이상의 초고압으로 사용할 수 있는 것도 있습니다. 그림 2-12는 그 실제예입니다.

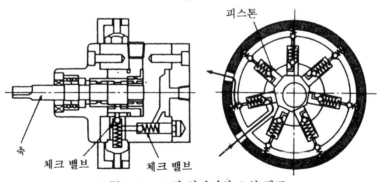

그림 2-12 고정 실린더식 오일 펌프

2·2·4 리시프로형 피스톤 펌프

그림 2-13에 리시프로형 피스톤 펌프의 원리와 그 구조를 표시합니다. 이 피스톤 펌프는 가장 오래된 것으로, 그림과 같이 흡입·토출용 체크 밸브를 설치한

구조이며, 피스톤을 크랭크 또는 캠으로 왕복 운동시켜 펌프 작용을 시킵니다. 그러나 피스톤 갯수가 3개 정도로 적어, 맥동이 크다는 결점이 있습니다. 작동 압력은 일반적으로 고압으로, 50〔MPa〕(≒500〔kgf/cm²〕) 정도의 것도 있고, 강한 힘을 필요로 하는 중차량, 토목기계에 사용되고 있습니다.

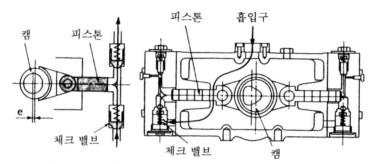

그림 2-13 리시프로형 피스톤 펌프의 작동 원리와 구조

2·2 유압 펌프의 종류와 특징

(2) 베인 펌프

베인 펌프는 정토출량형 및 가변토출량형으로서, 공작기계, 프레스 기계, 사출성형기 등의 산업기계와 차량용에 사용되는 펌프입니다. 고압화가 진행되는 유압 중에서, 어느쪽이냐 하면 저압용부터 중압용에 널리 활약하고 있습니다.

2·2·5 베인 펌프와 그 작용

베인 펌프는 어떻게 해서 펌프 작용을 하는 것일까요. 그림 2-14를 봅시다. 그림의 A, B 2개의 원이 편심되어 있고, B는 고정되고 A가 회전하는 것으로 합니다. A에는 V라는 베인이 중심에서 바깥을 향해 원주상에 몇개 붙어 있고, A의 홈 속에서 움직이도록 되어 있습니다. A가 베인과 함께 회전하면, 베인은 원심력으로 외측 방향(원 B로 향하여)으로 튀어나가므로 B의 내벽을 따라 회전하는 것입니다.

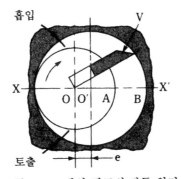

그림 2-14 베인 펌프의 작동 원리

그림 2-14의 회전 방향에 있어서는 X−X′보다 윗쪽 반에서는 베인과 A, B 내부의 용적은 회전하는데 따라서 증가하기 때문에 기름을 흡입합니다. X−X′보다 아래에서는 용적이 차츰 작아지므로 빨아들인 기름을 토출하게 됩니다. 그런데, 바깥원의 B(링)를 왼쪽 방향으로 이동하여 편심량 e를 작게 하면 토출량은 작아집니다. 이것으로부터 B를 좌우로 움직여 토출량을 바꿀 수 있으므로 베인

펌프는 가변토출량형으로서 이용할 수 있습니다.

그림 2-15가 그림 2-14의 원리에 합리적인 개량을 가한 1단 베인 펌프로, 비커스형 펌프라고 불리는 것입니다. 그림 2-14에서는 X−X´의 위의 반이 흡입 압력, 아래의 반이 토출 압력으로 되기 때문에 축을 지지하는 베어링에 상향의 큰 하중이 걸려 버리는 결점이 있었습니다. 또 1회전 중에 한번밖에 펌프 작용(흡입·토출 작용)을 하지 않으므로 공간적으로는 비경제적이고 간결하게는 되지 않습니다.

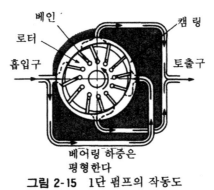

그림 2-15 1단 펌프의 작동도

그래서 그림 2-15와 같이 흡입과 토출부를 각각 2개씩 축의 중심에 대칭적으로 배치하면 베어링에의 힘도 평형되고, 1회전 중에 2회의 펌프 작용을 하게 되므로 외관에 비해서 토출량도 크게 할 수 있는 이점이 있습니다. 이 타입의 것을 밸런스 타입이라고도 부릅니다. 그림 2-16에 1단 베인 펌프의 단면 구조를 나타내고 있습니다.

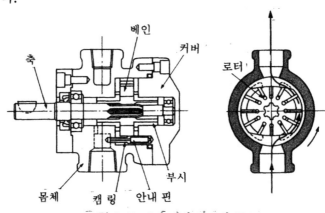

그림 2-16 1단 베인 펌프의 구조

이것은 로터보다 작은 폭의 큰 캠 링의 측면에 커버와 함께 부시를 밀어 **붙여** 고정하여 로터 측면의 틈새를 일정하게 유지하는 고정측판 방식으로 되어 있습니다. 이 때문에 고압이 되면 틈새에서의 누설이 많아져 용적 효율이 저하하므로 사용에 있어서는 주의가 필요합니다. 최고 사용 압력도 7[MPa] ($\fallingdotseq$ 70[kgf / cm^2]) 정도까지지만 베인 펌프의 특징으로서 베인의 선단이 조금 마모하여도 베인은 원심력과 베인 밑면에 유도된 토출 압력에 의해서 항상 캠 링 내면에 밀어붙여져 있기 때문에 효율에의 영향이 적은 것을 들 수 있습니다. 또 이 타입의 펌프는 캠 링 곡선을 잘 연구하는 것으로 토출량의 맥동을 대단히 적게 할 수 있어, 맥동과 소음이 작은 펌프로 하는 것이 가능하게 됩니다.

2·2·6 고압 베인 펌프

종래의 1단 베인 펌프에서는 최고 압력은 7~15[MPa] ($\fallingdotseq$ 70~150[kgf / cm^2]) 정도까지인데, 그것은 베인의 밑부분에 항상 토출 압력을 유도하고 있기 때문에 고압이 되면 될수록 베인과 캠 링 내면의 접촉 압력이 커져, 흡입 행정 중에 마모가 심해지기 때문입니다.

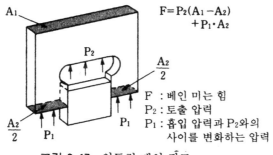

그림 2-17 인트럴 베인 펌프

이 베인 선단의 접촉 압력을 작게 하려면 베인 밑면에 끌어들이는 토출 압력을 적정한 수준까지 내려주면 좋을 것입니다. 이 착상으로부터 여러가지 특수한 베인 기구가 고안되어 있습니다. **그림 2-17**은 비커스사(미국)의 인트럴 베인 펌프이고, **그림 2-18**은 데니슨사(미국)의 밸런스드 베인 펌프의 예입니다. 아무래도 베인을 연구하여 베인의 밀어붙이는 힘을 적정값에 가깝게 되도록 하고 있습니다.

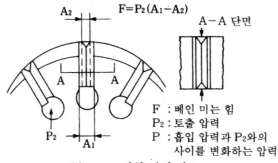

F : 베인 미는 힘
P_2 : 토출 압력
P : 흡입 압력과 P_2와의
     사이를 변화하는 압력

그림 2-18 평형 베인 펌프

또 고압시의 고정 측판의 틈새에서의 기름 누설은 **그림 2-19**와 같이 측판에 토출 압력에 응하여 최적의 측면 틈새를 자동 조정하는 프레셔 로딩(가압) 기구를 가지게 하는 것으로 기름 누설을 적게 하고 있습니다. 압력이 작을 때에는 O 링 또는 스프링에 의해서 압력판(측판)을 캠 링 측면에 밀어붙이고, 압력이 높아지면 토출측의 압력이 직접 압력판의 뒷면을 적정한 힘으로 밀어붙여 **누설**을 **적게** 하여 용적 효율을 높게 유지하고 있습니다.

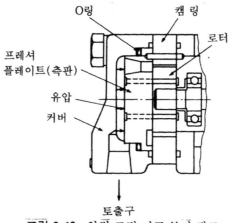

그림 2-19 압력 로딩 기구 붙이 펌프

2·2·7 2단 베인 펌프

2개의 베인 펌프와 압력 분배 밸브를 사용하고 토출 압력을 고압으로 하는 2 단 베인 펌프가 이전에는 사용되고 있었습니다. 고압을 얻는 방법으로서는, 단 순하지만 좋은 방법이므로 그 기구에 대하여 소개하여 둡니다. 압력을 덧셈으로 만드는 방법이라고도 할 수 있습니다.

이 펌프는 1개의 케이스 안에 펌프 작용을 하는 2개의 펌프 카트리지가 같은 구동축 위에 짜넣어진 것입니다(그림 2-20). 1단째 펌프의 토출구가 2단째 펌프의 흡입구에 통해 있고, 2개의 펌프 카트리지를 지나 기름을 토출하는 구조로 되어 있습니다.

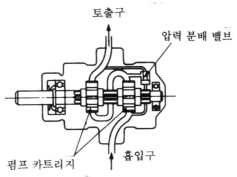

그림 2-20   2단 베인 펌프의 구조

1단 펌프와 구조상으로 큰 차이는 없지만, 압력 분배 밸브라는 특수한 밸브가 짜넣어져, 각 단의 펌프 카트리지에 걸리는 부하를 동일하게 함과 동시에 각단으로부터의 유량의 근소한 변동마저도 수정하는 작용을 하고 있습니다. 이 펌프는 최고 압력 14[MPa]($\fallingdotseq 140$[kgf/cm^2])로 연속 운전이 가능하고, 프레스 기계나 사출성형기에 널리 사용되었습니다.

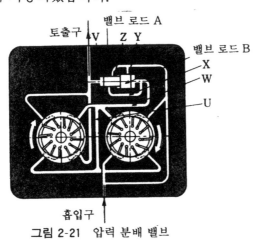

그림 2-21   압력 분배 밸브

그림 2-21에서 압력 분배 밸브의 작용을 봅시다. 이것은 2개의 밸브 로드 A, B로 되어 있으며, 서로의 단면적비는 1:2이고, 밸브 로드 A는 통로 V를 지나서

2단째 펌프 토출측에, B는 통로 W에 의해 1단째의 토출구측에 통해 있습니다. 이 때문에 밸브 로드 A, B는 1단째의 펌프 압력이 2단째의 펌프 압력의 1/2이 되도록 작동하는 것입니다. 1단째의 펌프 토출량이 2단째 펌프 흡입량보다 많을 경우는 통로 W의 압력이 올라가고, 밸브 로드 B는 왼쪽으로 움직여 남는 기름은 통로 Y를 통해서 1단째 펌프의 흡입측으로 돌아가며, 통로 W의 압력을 2단째 펌프 토출력의 1/2이 되도록 작동합니다.

반대의 경우는 W의 압력이 저하하여 밸브 로드 A는 오른쪽으로 움직여 토출측 기름의 일부를 통로 W쪽으로 도피시켜 평형을 취하고 있습니다. 이와 같이 밸브 로드 A, B는 2개의 펌프 카트리지 사이의 부하가 똑같이 되도록 작동하여, 펌프의 성능 향상과 내구성을 높이고 있는 셈입니다.

2·2·8 그 밖의 베인 펌프

그림 2-22는 더블 펌프라고 불리며, 2개의 펌프가 1개의 구동축으로 연결되어 있습니다. 2대의 펌프를 1대의 모터로 구동할 수 있도록 하여, 사용하기 쉽도록 생각한 것입니다.

그림 2-22   더블 펌프

또 그림 2-23은 캠 로터형 베인 펌프라고 불리는 것입니다. 이제까지 설명한 베인 펌프가 베인이 회전하여 캠 링이 고정인 것에 대해, 캠 로터형 베인 펌프에서는 캠의 작용을 하는 로터가 회전하고 베인이 고정(회전하지 않음)으로 되어 있습니다. 2개의 캠 로터의 위상을 90° 어긋나게 함으로써, 서로 흡입·토출을 반복하기 때문에 토출량을 회전 중 항상 일정하게 하는 것이 가능하여 저소음의 펌프가 됩니다.

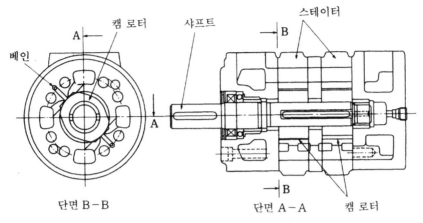

단면 B-B   단면 A-A

그림 2-23 캠 로터형 베인 펌프

2·2 유압 펌프의 종류와 특징

(3) 기어 펌프

기어 펌프는 구조가 간단하고 값싼 펌프로서 차량, 건설기계, 운반기계 등에 널리 사용되고 있습니다. 이제까지 기어 펌프는 저압용으로 여겨져 왔었지만 압력 평형형(프레셔 로딩형)도 만들어져서 성능도 향상되고 30[MPa](≒300[kgf/cm²])로 연속 운전할 수 있는 것도 등장하고 있습니다.

또 유압 엘리베이터용에 사용되는 나사 펌프에 대해서도 여기서 설명해 둡니다.

2·2·9 외접형 기어 펌프

외접형 기어 펌프는 그림 2-24와 같이 1쌍의 외접 기어가 그 바깥둘레와 옆면이 딱 들어맞는 케이싱 속에서 회전되도록 되어 있습니다. 기어가 회전할 때에 기어의 맞물림이 떨어지는 부분에 발생하는 진공 부분(공간)에 의해서 흡입 작용을 하여 흡입구의 기어 홈을 기름으로 채웁니다. 이 기어 홈에 고인 기름을 기어의 회전에 의해 토출구까지 운반하여, 토출구의 기어의 맞물림에 의한 용적의 감소에 의해 밀어내는 것입니다.

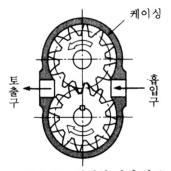

그림 2-24 외접형 기어 펌프

치형은 특수 치형도 있지만 기어 펌프의 고속·고압화에 따라 기어에 요구되는 고정밀도·고강도로부터 기어 절삭 가공이 쉬운 인볼류트 치형의 평기어가 제일 많이 쓰이고 있습니다. 토출량은 일반적으로 톱니수가 10개 전후로 결정되어 있는 것도 있고, 기어의 모듈과 잇폭이 클수록 커집니다.

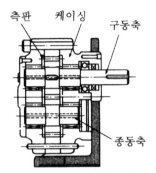

그림 2-25 고정 측판식 기어 펌프

외접형 기어 펌프에도 베인 펌프와 같이 기어 측면의 틈새가 항상 일정한 고정 측판식(**그림 2-25**)인 것과 토출 압력에 의해서 부시를 기어로 밀어붙여 틈새를 조절하는 프레셔 로딩형(가동 측판식; **그림 2-26**)인 것이 있습니다. 전자는 케이스폭보다 기어의 폭이 약간 작고, 거기에 틈새가 있기 때문에 기어 옆면에서의 기름의 누설은 토출 압력이 높아지면 증가하여 용적 효율이 낮아지므로 최고 압력도 $10[\mathrm{MPa}](\fallingdotseq100[\mathrm{kgf}/\mathrm{cm}^2])$ 정도가 됩니다.

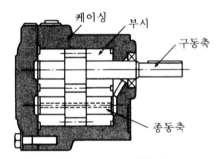

그림 2-26 가변 측판식 기어 펌프

이에 대해 후자는 기어가 부시에 의해 지지되고, 부시는 케이싱 속에서 축 방향으로 이동할 수 있도록 되어 있습니다. 토출 압력이 높아지면 부시 측면에 토출 압력이 작용하여 부시를 기어 측면에 밀어붙이는 기구로 되어 있습니다. 그 때문에 토출 압력에 의해서 틈새는 자동적으로 조정되므로, 고압으로 되어도 누설은 많아지지 않으며 최고 압력 $25[\mathrm{MPa}](\fallingdotseq250[\mathrm{kgf}/\mathrm{cm}^2])$인 것도 만들어지고 있습니다.

2·2·10   내접형 기어 펌프

내접형 기어 펌프는 **그림 2-27**과 같이 외접 기어와 내접 기어 각각 1개로 구성
됩니다. 치형은 인볼류트 치형, 트로코이드 치형이 많이 사용되고 있습니다.

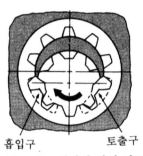

흡입구   토출구
그림 2-27   내접형 기어 펌프

그림 2-28은 트로코이드 치형을 사용한 내접형 기어 펌프로, 저압용(약 2
[MPa] ≒ 20[kgf /cm²])에 사용되고 있습니다. 최근에는 기어의 가공 정밀도와
열처리 기술의 향상으로 7[MPa](≒ 70[kgf /cm²])의 것도 개발되고 있습니다.

고정 구멍   O링
아우터 로터
축
녹 핀   이너 로터
그림 2-28   트로코이드 펌프

그림 2-29는 간막이판 붙이 고정 측판식 내접형 기어 펌프의 작동을 표시한
것입니다. 이 Y−Y′보다 왼쪽에서는 내접 기어와 외접 기어의 맞물림 부분은 회
전에 따라 그 용적이 증가하여 기름을 흡입합니다. 흡입된 기름은 2개의 기어의
이홈과 초승달 모양의 간막이판에 가두어져, 토출구에 회전에 의해서 운반됩니
다. Y−Y′보다 오른쪽에서는 기어의 맞물림 부분의 용적이 회전과 함께 감소해

가기 때문에 밖으로 토출됩니다. 이 타입의 펌프도 고정 측판식 외접형 기어 펌프와 마찬가지로 고압은 바람직하지 않고, 최고 압력은 15[MPa]($\fallingdotseq$150[kgf/cm^2]) 정도입니다.

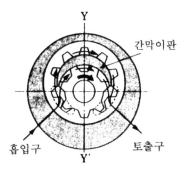

그림 2-29 간막이판 붙이 고정 측판식 내접형 기어 펌프

그림 2-30을 봅시다. 이것은 간막이판 붙이 가변 측판식 내접형 기어 펌프를 표시한 것입니다. 그림(a)에 나타낸 바와 같이 고압실과 저압실(흡입측)은 **필러 피스**라고 불리는 간막이판의 일종에 의해 시일되어 있습니다. 또 인터널 기어를 지지하는 레이디얼 피스톤은 토출된 압력 P에 의해 자동적으로 화살표 방향으로 밀어붙여져, 반지름 방향의 가압을 하고 있습니다. 다시, 그림(b)와 같이 토출된 압력 P를 액셜 플레이트의 뒷쪽에도 인도하여 힘 P$_A$를 발생하도록 하여 측판 방향에도 가압을 합니다. 30[MPa]($\fallingdotseq$300[kgf/cm^2])의 고압 때에도 기름의 누설을 적게 하여 효율을 좋게 하고 있습니다.

내접형 기어 펌프의 특징은 외접형 기어 펌프에 비해 토출 압력의 맥동이 이론적으로 적고, 그 결과 운전음이 조용한 것입니다.

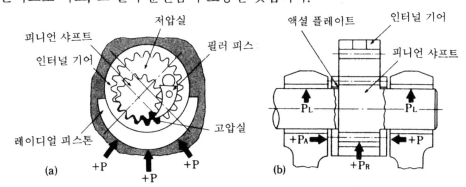

그림 2-30 간막이판 붙이 가변 측판식 내접형 기어 펌프

2·2·11 나사 펌프

나사 펌프란 **그림 2-31**에 나타낸 간단한 구조의 것입니다. 3개의 스크류 로터의 조합으로, 이들의 로터에는 2줄 나사가 절삭되어 있으며, 서로 맞물리고 있습니다. 흡입된 기름은 나사의 맞물림 부분의 골을 통해 항상 일정량의 기름이 토출됩니다.

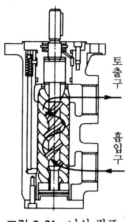

토출구

흡입구

그림 2-31   나사 펌프

나사 펌프의 대표적인 것으로서 IMO 펌프가 잘 알려져 있습니다. 이것은 저압용으로서 윤활유 펌프·연료 펌프에 이용된 것이지만, 최근에는 압력도 높아져 $13 \sim 17.5[\text{MPa}] (\fallingdotseq 130 \sim 175[\text{kgf}/\text{cm}^2])$, $75[l/\text{min}]$ 정도인 것도 있습니다.

나사 펌프의 특징은 운전음이 낮은 것, 맥동이 없는 안정한 토출량이 얻어지는 것입니다. 그 때문에 유압 펌프로서도 사용되고, 특히 유압 엘리베이터용 유압 펌프로서 많이 사용됩니다.

2·3 가변 토출량형 유압 펌프

편리한 가변 토출량 펌프

가변 토출량 펌프에 대해서는 이제까지 간단히 설명했지만, 여기서도 조금 자세하게 살펴 봅시다. 유압 펌프의 분류 방법은 몇가지가 있다는 것은 앞서 설명했지만, 토출량이 일정한가, 변경할 수 있는가에 따라 나누면, 가변 토출량형 펌프가 클로즈업됩니다.

2·3·1 정토출량형 펌프와 가변 토출량형 펌프

유압 펌프를 구조상으로 분류하여 설명했지만 기능상으로 분류하면 유압 펌프는 다음의 두 가지로 분류할 수 있습니다.

① 정토출량형 펌프……1회전당의 배기량[cm^3/rev]이 일정하고 변경할 수 없는 타입의 유압 펌프입니다. 필요한 토출량을 얻기 위해서는 펌프의 회전수를 바꾸든가, 회로 안에 유량 제어 밸브를 넣어 주어야 합니다.

② 가변 토출량형 펌프……1회전당의 배기량[cm^3/rev]이 바뀌는 것으로, 필요한 토출량을 얻기 위해서는 펌프의 배기량을 바꿔 주면 좋게 됩니다.

가변 토출량형 펌프는 토출량을 바꿈으로써 필요한 일에 가장 가까운 에너지를 회로에 줄 수 있는 펌프라고 할 수 있습니다.

정토출량형 펌프의 경우, 항상 일정한 기름을 토출하므로 기름이 조금밖에 필요하지 않을 때에는 펌프로부터 토출된 기름의 불필요한 양(일을 하지 않는 양)은 제어 밸브를 통해 탱크로 돌아가 버립니다. 이 양은 불필요한 에너지일 뿐만이 아니고 기름의 온도를 올리는 결과가 됩니다. 기름 온도가 너무 올라가면 액추에이터의 제어 정밀도가 나빠집니다. 게다가 펌프, 밸브, 작동유의 수명도 짧아져, 그 방지 대책도 필요하게 됩니다. 이 방지 대책은 원래 불필요한 에너지에 의해 발생한 것을 다시 에너지를 사용하여 대처하는 셈이므로 정말로 비경제적입니다.

그 점에서 보아도 가변 토출량형 펌프는 실제로 필요한 일량에 가장 가까운 에너지를 주기 때문에 합리적이라고 할 수 있습니다. 토출량을 제어하는 방법의 하나로, 압력에 따라서 행하는 압력 보상형 펌프가 있습니다.

자주 사용하는 가변 토출량형 펌프에는 피스톤 펌프와 베인 펌프가 있지만, 우선 사판형 피스톤 펌프를 예로 하여 구조를 설명합니다.

2·3·2 가변 토출량형 피스톤 펌프

피스톤 펌프는 실린더 블록의 속을 왕복 운동하는 피스톤에 의해서 흡입과 토출을 연속적으로 하고 있습니다. 피스톤 펌프의 용량을 바꾸기 위해서는 피스톤의 왕복 운동하는 길이(스트로크)를 바꾸어 주면 좋습니다.

그림 2-32는 사판형 가변 용량 피스톤 펌프의 단면 구조입니다. 이 펌프의 사판(스워시 플레이트)은 그 기울기를 자유로이 바꿀 수 있도록 되어 있습니다. 기울기가 커지면 피스톤의 스트로크가 길어지고, 작아지면 스트로크도 짧아집니다.

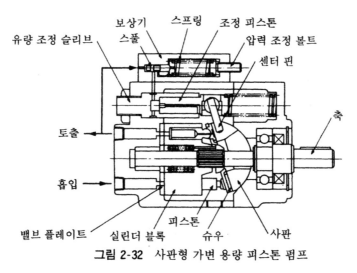

그림 2-32 사판형 가변 용량 피스톤 펌프

그림에서, 전동기와 엔진에 의해서 축이 구동되면 실린더 블록이 회전하여, 가운데에 배열된 9개의 피스톤은 슈를 사이에 두고 사판 위를 미끄럼 운동하고, 사판의 기울기에 부응한 스트로크로 왕복 운동하여 흡입·토출의 펌프 작용을 합니다. 펌프 토출 압력은 보상기 부분에 인도되고, 내부의 스풀에 작용하여 스프링을 밀려고 합니다. 압력 조정 볼트로 세트된 스프링 힘 이상으로 되면 스풀은 오른쪽으로 움직여 압유는 유량 조정 슬리브 안으로 인도되어 제어 피스톤을 오른쪽 방향으로 변위시킵니다.

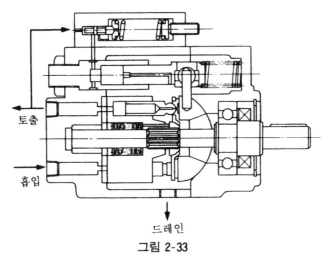

토출

흡입

드레인

그림 2-33

제어 피스톤의 변위에 의해서 센터 핀을 통해 사판이 기울어서 회전하고, 그 경사 회전각은 작아져 토출량을 감소시킵니다. 토출량이 0인 데드 헤드 때에는 **그림 2-33**과 같이 사판은 축과 거의 직각이 됩니다. 데드 헤드 압력의 조정은 압력 조정 볼트로, 최대 토출량의 조정은 유량 조정 슬리브로 각각 설정할 수 있습니다. 그 때의 압력과 토출량의 관계는 **그림 2-34**로 됩니다.

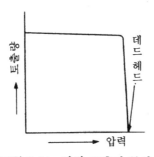

데드 헤드

토출량

압력

그림 2-34 압력·토출량 특성

그림에서도 알 수 있듯이 데드 헤드 압력을 갖고 있으므로 회로 압력은 이 이상으로는 안됩니다. 그 때문에 정토출량형 펌프에서는 필요했던 회로 압력 제어용 릴리프 밸브가 필요없다는 큰 메릿도 있습니다.

2·3·3 가변 토출량형 베인 펌프

베인 펌프는 링이 로터에 대하여 편심해 있는 것으로, 베인과 링으로 만들어 지는 용적이 축의 회전과 함께 변화하여 기름의 흡입·토출을 하는 것이었습니 다. 펌프의 용량[cm^3/rev]은 이 편심량에 비례하여, 편심량을 0으로 하면 용량 도 0으로 됩니다.

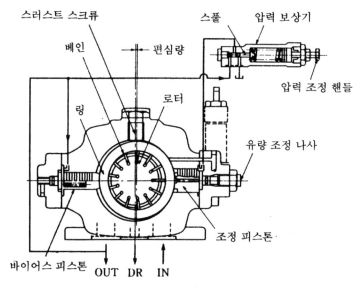

그림 2-35 압력 보상기를 사용한 가변 용량형 베인 펌프

그림 2-35는 피스톤 펌프와 마찬가지로 압력 보상기를 이용한 가변 용량형 베 인 펌프의 구조를 표시한 것입니다. 압력이 보상기의 설정 압력으로 되면 제어 피스톤에 압유가 인도되어, 편심 피스톤 힘에 이겨 링을 왼쪽으로 움직여 편심 량을 0으로 합니다. 링이 왼쪽으로 움직이면 토출량도 감소하므로 편심량이 0보 다 왼쪽으로 가려고 하여도 제어 피스톤을 움직이기 위한 유량이 없어지게 됩니 다. 그 때문에 링은 거의 편심량이 0(기름의 토출량이 0)인 곳에서 멈추는 것입 니다.

이제까지 설명한 압력 보상기 방식 외에, 베인 펌프에는 스프링 보상기 방식 이 있습니다. 이 방법은 베인 펌프에서도 최고 압력이 비교적 낮은(7~14[MPa] ≒70~140[kgf/cm²]) 범위의 것에 사용됩니다. 스프링 보상기 방식의 예를 그

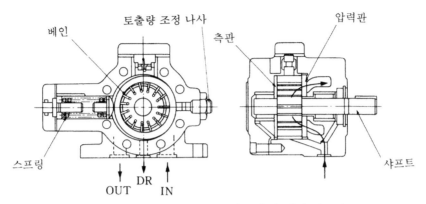

그림 2-36 스프링 보상기 방식 가변 토출량 베인 펌프의 구조

림 2-36에 표시합니다. 이 경우의 제어 방법, 펌프의 특성에 대하여 설명합니다.

펌프에 들어온 기름은 **그림 2-37**과 같이 링에는 F_1, 로터에는 F_2라는 힘을 줍니다. 로터에 작용하는 힘은 베어링으로 받으므로 로터는 이동하지 않지만, 링에 작용하는 힘 F_1은 F_x와 F_y로 나누어져, F_y는 스러스트 베어링으로 받고 F_x는 스프링 힘(S)에 대항합니다. 이 F_x가 S 이상으로 되었을 경우, 링은 X−X의 왼쪽 방향으로 이동합니다.

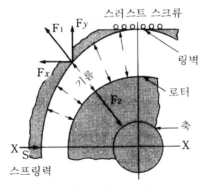

그림 2-37 압력과 링의 관계

즉, 압력 조정용 스프링을 소정의 힘 S에 세트해 두면, 압력이 올라가서 F_x가 S를 넘으면 토출량이 감소하기 시작합니다. S는 링 이동량에 따라 조금씩 커지지만, F_x가 다시 커지면 토출량은 완전히 0이 됩니다. 이 상태를 데드 헤드라고 부릅니다.

이와 같이 토출량을 작게 하려면, 발생한 압력으로 링을 이동시키는 것이지만, 스프링의 특성을 적당히 선택함으로써 토출량이 감소하기 시작하는 압력과 토출량이 0으로 되는 압력을 결정할 수 있습니다. 그림 2-38을 봅시다. 압력이 올라간 다음 급격히 토출량이 감소하는 A형, 저압에서 서서히 토출량이 감소하는 C형, 중간의 B형 등, 펌프의 특성이 바뀌고 있습니다. 이들은 유압 장치의 사용 목적에 맞추어 각각의 타입을 선택하면 좋습니다.

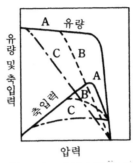

그림 2-38 커트오프 특성

2·3·4 압력 보상형이 유효한 이유

압력이 올라가는 데에 따라 펌프의 토출량이 변하는 것은 알았으리라고 생각합니다. 그 특성이 어떻게 해서 유효한가에 대하여 설명합니다.

우리들이 보통 일을 할 경우에, 힘이 작을 때는 빠르게 움직이고, 힘이 클 때는 천천히 움직이는 일이 흔히 있습니다. 예를 들면, 자전거를 타고 평탄한 길을 달릴 때와 언덕길을 오를 때의 속도를 상상해 봅니다.

이것을 동력면에서 생각해 보면, 동력은 〈힘×속도〉가 됩니다. 언덕길을 오를 때는 〈큰 힘×느린 속도〉, 평탄한 길일 때에는 〈작은 힘×빠른 속도〉가 되어, 다음의 생각이 성립합니다.

〈큰 힘×느린 속도〉=〈작은 힘×빠른 속도〉=일정한 동력

이 일정한 동력은 인간이 낼 수 있는 일정한 동력입니다. 즉, 한정된 동력을 얼마나 유효하게 사용하는가를 생각하면 당연히 이 생각에 귀착합니다.

기계에서도 똑같이, 그 동력원은 전동기이고, 엔진입니다. 이들은 모두 어떤 최고 출력이 정해진 동력원으로, 최고 출력을 넘어서 사용할 수는 없습니다. 기계의 움직임은 동력원의 최고 출력에 가깝고, 또 일정한 에너지로 움직이게 하는 것이 가장 좋은 사용법이 됩니다.

그림 2-39(a)를 봅시다. 드릴로 공작물에 구멍을 뚫는 기계 장치의 예입니다. 테이블의 이동량 st_1의 사이는 드릴 헤드를 움직일 만큼의 작은 힘으로 족하고, st_2는 공작물에 구멍뚫기를 하는 큰 힘을 필요로 하는 부분입니다. 에너지를 유효하게 사용하려면 st_1을 빠르게 st_2를 느리게 하는 일입니다. 이것은 또 가공 사이클 타임의 단축이라는 효과도 가져 옵니다. 이것을 유압으로 움직이려고 하면 그림(b)와 같이 드릴 헤드를 움직이는 실린더와 유압원을 부착해 주면 좋게 됩니다. 이때 유압원으로서 어떠한 특성의 것이 유효한 것일까요.

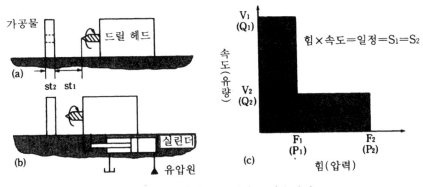

그림 2-39 에너지를 최대로 이용한다

에너지를 최대로 이용하는 것, S_1에서는 힘은 작고 속도가 큽니다＝유압에서는 저압이고 유량이 큽니다, S_2에서는 힘이 크고 속도가 작습니다＝유압에서는 고압이고 유량이 작게 됩니다(그림 2-39(c)). 이 펌프의 특성은 앞서 설명한 펌프의 압력 보상형의 특성 자체입니다. 압력이 오르면 자동적으로 유량이 적어지는 특성을 펌프에 갖게 하면 전동기가 갖고 있는 에너지를 낭비 없이 사용합니다.

이와 같이 펌프에 압력 보상 기구를 붙이면 대단히 유효하게 에너지를 사용한다는 것을 알고 있을 것입니다. 유압 장치로 행하는 일의 내용에 따라 유압 펌프의 압력－유량 특성은 여러 가지의 것이 생각되고 있습니다. 그림 2-40에 피스톤 펌프를 예로 하여 대표적인 것을 정리하여 표시해 둡니다.

2·3·5 제어 장치에 대하여

가변 토출량형 펌프의 편심량과, 구동축과 실린더 블록 또는 사판의 기울기를

	구　　　조	특징과 압력·유량 특성	회　　　로
압력 보상형 (리모트 컨트롤 방식)	유량 조정　파일럿구	매뉴얼 방식과 같은 특성을 나타낸다. 토출압은 외부 파일럿압으로, 토출량은 매뉴얼 조작으로 조정 가능.	파일럿구　토출구
2압 2류 제어형	q_1 유량 조정　P_2압 조정 / q_2 유량 조정 / P_1압 조정	펌프에 짜붙인 시퀀스 밸브에 의해 토출량이 2단으로 변화하여 고·저압 제어가 1대로 가능하고, 회로의 에너지 절약화가 가능.	토출구
솔레노이드 컨트 오프 제어 밸브	압력 조정 / 유량 조정	펌프 출력 불필요시에 손실 에너지를 극소로 하기 위해 압력 보상형에 무부하용 솔레노이드 밸브를 짜붙인 것. 열발생은 극히 미소.	토출구
2압 제어형	P_2압 조정 / P_1압 조정 / 유량 조정	솔레노이드 밸브의 ON·OFF에 의해 2종류의 압력 보상형을 얻을 수 있다. 액추에이터의 속도를 일정하게 한 채 2종류의 출력 제어가 가능.	토출구

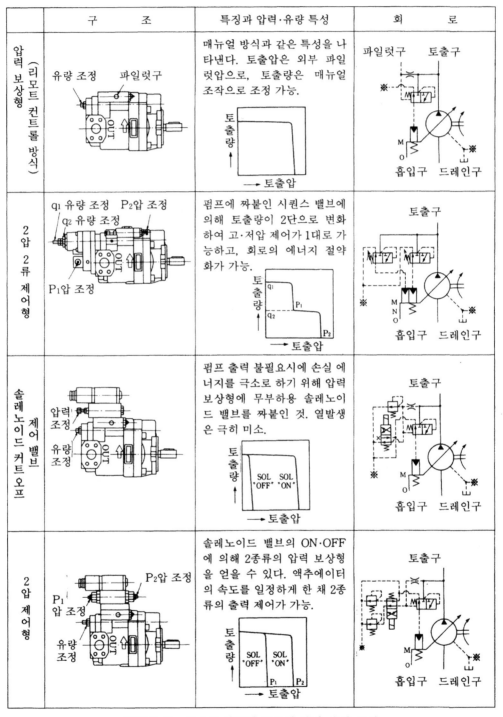

그림 2-40　피스톤 펌프의 종류와 압력·유량 특성

바꾸는 장치, 즉 제어 장치의 종류에 대해 간단히 설명합니다.

(1) 압력 보상 장치

토출 압력이 어떤 값에 이르면 자동적으로 편심량 또는 경사각을 바꾸는 장치로, 다음과 같은 종류가 있습니다(그림 2-41).

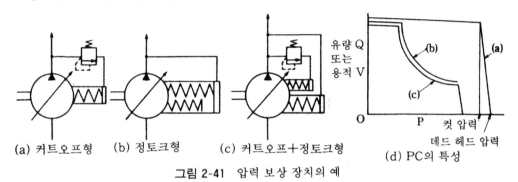

(a) 커트오프형 (b) 정토크형 (c) 커트오프＋정토크형 (d) PC의 특성

그림 2-41 압력 보상 장치의 예

(a) 커트오프형: 그림 2-41(a)에 표시한 것과 같이 펌프로부터 토출되는 기름의 압력이 어느 값에 이르면 밸브가 열려 압유를 통하게 하여 펌프 토출량을 바꾸는 방식입니다. 압력·동력의 제한이나 동력의 절약에 사용됩니다.

(b) 정토크형: 그림(b)에 나타낸 것과 같이 펌프에서 토출된 기름의 압력에 의해서 스프링을 휘게 해서 토출량을 바꿉니다. 고압으로 되면 유량을 감소하는 제어입니다. 입력 동력(입력 토크)을 유효하게 활용하고 싶을 때에 사용합니다.

(c) 커트오프＋정토크형: 그림(c)에 표시한 것과 같이 커트오프형과 정토크형을 조합한 특성을 갖게 하도록 한 것입니다.

(2) 서보 제어

서보 제어의 종류는 많은데, 그 예를 **그림 2-42**에 표시합니다. 유량과 방향을 임의로, 더우기 동적으로 제어하는 방법으로서 사용되고 있습니다.

(a) 유압 서보(기계 입력식): 그림(a)와 같이 스템에 넣은 위치의 신호에 대하여 유압 서보가 작용하여, 대단히 가벼운 조작력으로 펌프 토출량의 제어를 할 수 있습니다. 구조가 간단하고 비교적 싼 값이지만, 정밀도도 기대할 수 있습니다.

(b) 유압 원격 서보(기계 입력식): 그림(b)와 같이 펌프를 원격 조작할 수 있습니다. 오른쪽의 지렛대에 의해 상하의 밸브를 움직여 P_1과 P_2의 압력을 변화

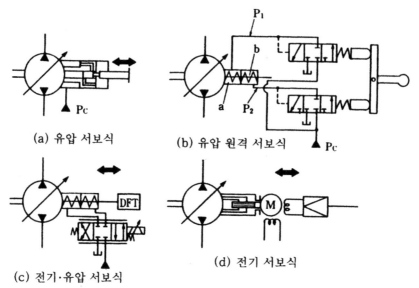

(a) 유압 서보식   (b) 유압 원격 서보식

(c) 전기·유압 서보식   (d) 전기 서보식

그림 2-42 서보 제어의 예

시킵니다. P₁, P₂와 펌프 제어용 스프링 a, b가 평형하는 것으로 위치 결정하는 간단한 것입니다. 정밀도적으로는 그다지 높지는 않습니다.

(c) 전기·유압 서보: 그림(c)와 같이 전기·유압 서보 밸브를 사용합니다. 수 10[mA]의 전류에 의해 기름의 흐름을 제어하고, 그 기름으로 펌프의 사판과 실린더 블록을 경사 회전시킵니다. 변위한 위치는 LED(차동 트랜스)로 보충하고 정확한 위치를 피드백하면서 하는 제어 방식으로, 정밀도도 고정밀도를 얻을 수 있습니다.

(d) 전기 서보: 2상 유도 서보로 그림(d)와 같이 방향과 속도를 제어하는 전기적인 방법입니다.

(3) 수동 조정

수동 또는 전동기에 의해 스템, 나사 혹은 웜을 조작하여 편심량 또는 경사각

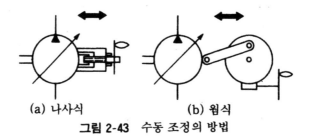

(a) 나사식   (b) 웜식

그림 2-43 수동 조정의 방법

을 바꾸는 장치를 가진 것입니다.

그림 2-43(a)에 나사식, (b)에 웜식을 표시합니다. 각종 설비나 시험 장치 등에서 정적인 유량 조정을 하는 데에 사용됩니다.

(4) 복합형

설명한 (1)~(3)을 조합한 형의 것으로, 그 종류는 대단히 많습니다. 사용 목적이나 제어량 등에 부응하여 여러가지 조합을 하고 있습니다.

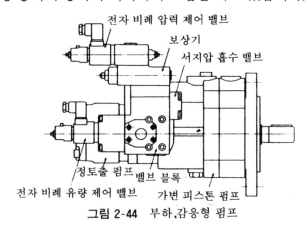

그림 2-44 부하 감응형 펌프

이 복합형 제어의 예로서 부하 감응형 펌프가 있습니다. 현재로는 가장 생력화를 도모한 제어로, 펌프와 전자 비례 압력 제어 밸브와 전자 비례 유량 제어 밸브를 조합하고 있습니다.

그림 2-44에 외관을, 그림 2-45에 제어 회로를 표시합니다.

그림 2-46에 회로 효율의 비교를 표시했는데, 이것으로부터 토출량과 압력을 항상 일에 필요한 값에 가까운 곳으로 제어하기 위해 큰 에너지 절약이 꾀해지는 것을 알 수 있습니다. 반면에 펌프는 비싸게 되므로, 1사이클 중의 압력이나 유량의 변화가 크고 부하 감응 제어를 하는 것으로 원가적으로도 큰 메릿이 있는 유압 장치에 사용하는 것이 포인트입니다.

전자 비례 압력 제어 밸브, 전자 비례 유량 제어 밸브에 대하여는 뒤에 설명합니다.

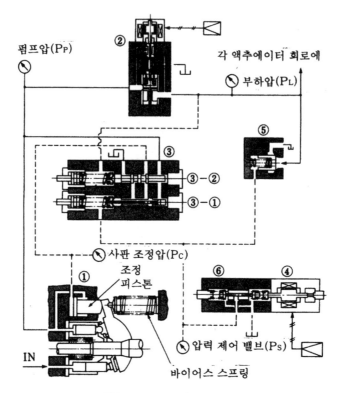

펌프압(P_P)

각 액추에이터 회로에

부하압(P_L)

② ③ ⑤

③-②
③-①

사판 조정압(Pc)

조정
피스톤

① ⑥ ④

IN

바이어스 스프링

압력 제어 밸브(Ps)

① 가변 용량 피스톤 펌프
② 전자 비례 유량 제어 밸브
③ 압력·유량 보상기 밸브
④ 안전 밸브 붙이 전자 비례 파일럿 릴리프 밸브
⑤ 서지압 흡수 밸브
⑥ 매뉴얼 릴리프 밸브

그림 2-45

제어 방식	유압 회로	특 징	에너지 특성	손실 에너지 제어 회로 효율 ηu
정토출량 펌프 (일정압 제어)	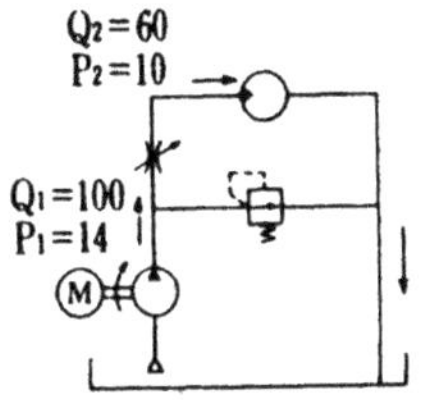$Q_2=60$ $P_2=10$ $Q_1=100$ $P_1=14$ M	최대 부하 조건에 맞추어 펌프 토출량, 토출압을 설정하고 있기 때문에 에너지 손실은 크다.	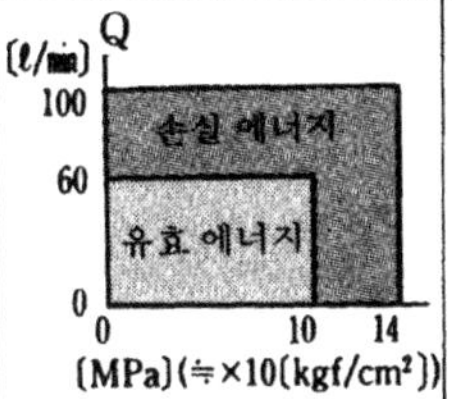(ℓ/min) Q 100 60 0 손실 에너지 유효 에너지 0 10 14 (MPa)(≒×10(kgf/cm²))	△1=13.3[kW] ηu=42.8[%]
정토출량 펌프 (부하압 피드백)	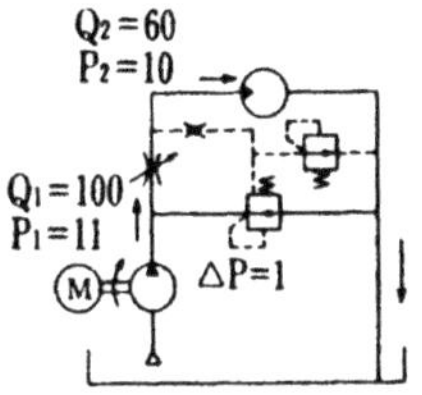$Q_2=60$ $P_2=10$ $Q_1=100$ $P_1=11$ ΔP=1 M	부하압을 피드백하여 펌프 토출압을 설정하기 때문에 압력면에서의 에너지 손실 절감이 도모된다.	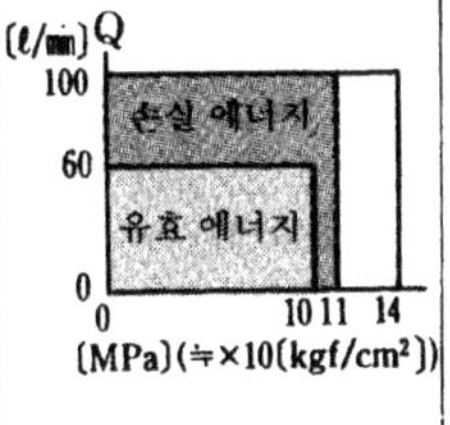(ℓ/min) Q 100 60 0 손실 에너지 유효 에너지 0 10 11 14 (MPa)(≒×10(kgf/cm²))	△1=8.3[kW] ηu=54.5[%]
가변 토출량 펌프 (압력 보상 제어)	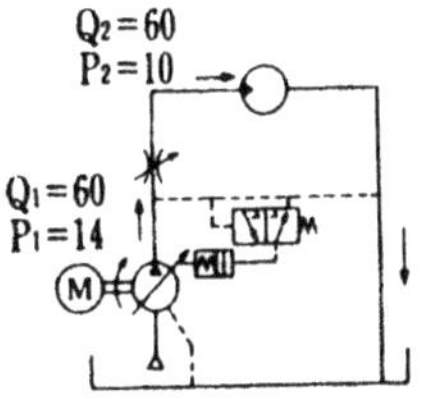$Q_2=60$ $P_2=10$ $Q_1=60$ $P_1=14$ M	토출량이 부하유량에 추종하기 때문에 유량면에서의 에너지 손실 절감이 도모된다.	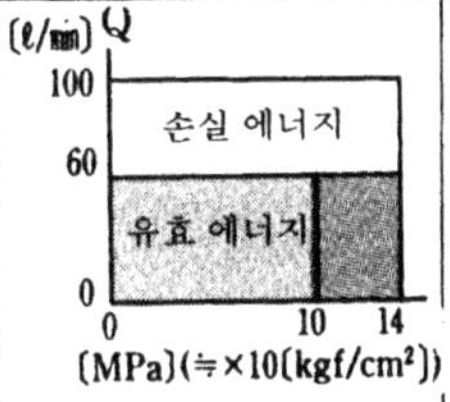(ℓ/min) Q 100 60 0 손실 에너지 유효 에너지 0 10 14 (MPa)(≒×10(kgf/cm²))	△1=4.0[kW] ηu=71.4[%]
가변 토출량 펌프 (부하 감응 제어)	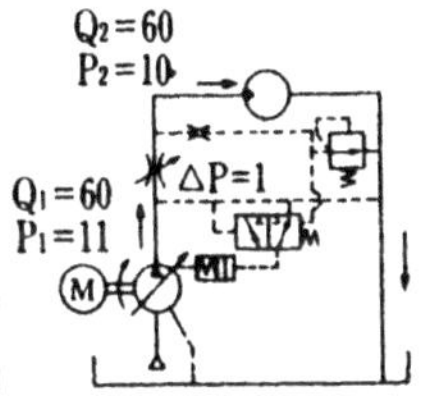$Q_2=60$ $P_2=10$ ΔP=1 $Q_1=60$ $P_1=11$ M	부하압을 피드백하고 또 가변 펌프를 사용하고 있기 때문에 압력, 유량 양면에서 에너지 손실 절감이 도모되고 대폭적인 에너지 절약화가 실현된다.	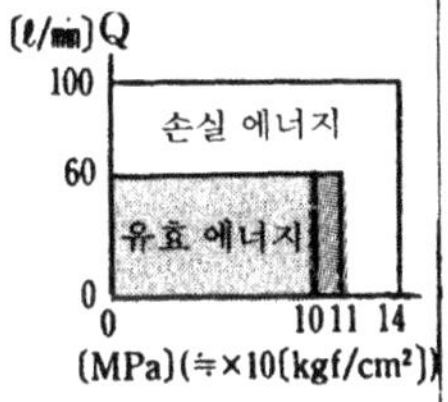(ℓ/min) Q 100 60 0 손실 에너지 유효 에너지 0 10 11 14 (MPa)(≒×10(kgf/cm²))	△1=1.0[kW] ηu=90.9[%]

그림 2-46 제어 방식과 회로 효율

2·4 펌프의 보수

펌프의 고장과 그 대책

실제로 펌프를 사용하고 있으면서, 어떠한 문제에 직면했을 때, 그것이 펌프에 원인이 있는 것인지, 아니면 펌프 이외에 원인이 있는 것인지, 그것을 판정하는 데는 상당한 경험이 필요할 때가 많이 있습니다. 여기서는 분명히 펌프에 원인이 있다고 판별되었을 때의 고장 원인과 그 대책에 대해서 설명합니다.

2·4·1 펌프의 고장이란

유압 펌프의 고장시에는 대표적인 것으로서 다음 4가지의 현상이 나타납니다.
① 기름을 토출하지 않는다
② 소음이 크다
③ 유량과 압력이 부족하다
④ 샤프트 시일에서의 기름 누설
이들에 대하여 그 현상마다 설명합니다.

2·4·2 고장의 원인과 그 대책

유압 펌프의 4개의 큰 고장시의 현상과 그 대책을 표 2-3에 표시합니다.

표 2-3 유압 펌프의 고장과 그 대책

현 상	원 인	그 대 책
기름을 토출 하지 않는다	펌프의 축회전 방향이 본체의 회전 화살표 방향과 반대이다	펌프 본체의 화살표 방향으로 축을 돌린다
	흡입관의 기밀(氣密) 불량	관 및 관이음 등을 잘 조사해서, 풀려 있으면 조인다
	흡입 필터가 기름 속에 가라앉아 있지 않거나, 또는 필터가 막혀 있다	기름 탱크의 레벨 게이지 기준 깊이까지 기름을 넣는다. 필터를 깨끗이 한다
	펌프의 파손	펌프의 교환
소음이 크다	흡입관이 가늘거나, 막혀 있다	흡입 진공도를 200mm·Hg 이하로 한다
	흡입 필터의 막힘, 또는 용량 부족	필터의 청소 또는 용량이 큰 것을 사용(일반적으로 펌프 토출량의 2배 이상)
	흡입관 또는 다른 데를 통해 공기를 빨아들이고 있다	흡입관에 기름을 넣고 불량한 곳을 조사하고 패킹, 시일의 교환을 한다
	탱크 안에 기포가 있다	탱크 안의 복귀 배관, 드레인 배관을 조사한다
	커플링에서 소리가 난다	축심(軸心)이 잘 맞지 않는지, 또는 커플링이 파손되어 있지 않은지 조사한다
	미끄럼 운동 부분이 마모되어 있다	비정상으로 마모할 때에는, 기름의 오염, 점도, 기름 속에 있는 수분, 사용시의 유온을 조사한다
	베어링이 마모되어 있다	펌프 수리, 축심의 동심도를 조사한다
유량 부족	미끄럼 운동 부분이 마모되어 내부 누출이 많다	펌프 수리, 또는 교환
	뒷덮개의 조임이 덜 되어 있다	펌프를 재조립한다
샤프트 시일 의 기름 누출	샤프트 시일의 파손	샤프트 시일을 교환한다. 이 때 축심의 동심도를 조사한다. 또 외부 드레인형 펌프의 경우, 드레인의 막힘도 조사한다
	드레인 또는 내부 누설이 너무 많다	펌프 수리, 기름의 점도를 조사한다
	드레인 배관의 막힘	드레인의 니플, 파이프를 깨끗이 한다

3. 밸 브 (1)

펌프는 기름을 빨아들여 토출하고 있습니다. 소방자동차와 같이 토출된 것을 그대로 방출하면 좋은 것이라면 설명은 간단하지만, 기계를 움직이는 경우에는 그렇지 않습니다. 어떤 때는 액추에이터를 멈추어 두는 일도 있고, 움직이려고 해도 동시에 움직이기도 하고 차례로 작동시키기도 하는 일도 필요하게 됩니다.

또, 액추에이터를 빠르게 혹은 느리게 움직이기도 하고, 여러 가지 조합이 나옵니다. 이들의 움직임에 맞춰서 기름을 보내기도 하고 멈추기도 하고, 많이 보내기도 하고 조금 보내기도 하며, 더우기 실수하여도 기름이 역류하지 않도록 안전을 확보할 필요도 있습니다. 이와 같은 여러가지 동작을 제어하는 것이 유압 밸브의 작용입니다.

설명이 어렵다고 생각할지도 모르지만 밸브는 스프링과 스풀(포핏)로 만들어져 있다고 하여도 과언이 아니며, 이 2개의 힘의 평형을 생각하면 대부분 밸브는 이해할 수 있으므로 안심하기 바랍니다. 또 비례 제어 밸브와 서보 밸브라는 것도 있지만, 전기 에너지(전기 신호)를 어떻게 힘으로 변환하고 있는가가 일반 밸브에 추가로 되어 있을 뿐이고 기본 작동 원리는 같습니다.

3·1 유압 밸브의 분류

기본은 단지 3종류

유압 기기 메이커의 카탈로그를 보면 밸브의 종류로서는 형식, 사이즈, 접속 방식 등으로 나누어져서 셀 수 없을 정도로 많이 만들어지고 있는 데에 놀랍니다. 그들은 사용 목적에 맞추어 이용되고 있는 것이지만, 잘 생각해 보면 액추에이터를 기능시키기 위한 밸브의 기본은 압력 제어 밸브, 유량 제어 밸브, 방향 제어 밸브의 세 가지밖에 없는 것입니다.

1장에서 간단히 설명했지만, 복습의 의미도 있어, 우선은 밸브의 분류입니다.

3·1·1 일의 크기를 결정하는 압력 제어 밸브

액추에이터의 출력(F)은, F=압력(P)×실린더 사이즈(A)로 결정됩니다. 실린더의 크기는 한번 설치하면 간단히는 변경할 수 없지만, 압력은 조정 핸들로 자유로이 바꿀 수 있습니다. 유압의 장점의 하나이지만, 액추에이터에 얼마만큼의 출력을 내게 하든가, 일의 크기를 결정하는 작용을 하는 밸브가 압력 제어 밸브입니다.

이 압력 제어 밸브를 용도별로 나누면 다음과 같이 됩니다.

압력 제어 밸브
- 릴리프 밸브: 회로 전체의 압력을 결정하는 경우
- 리듀싱 밸브: 회로의 일부만 낮은 압력을 만드는 경우
- 시퀀스 밸브: 어떤 압력이 되면 열려서 기름을 흘리는 경우
- 압력 스위치: 어떤 압력이 된 것을 검출하는 것

이들의 각각에 포핏 타입이든가 스풀 타입, 파일럿 방식, 1차압과 2차압의 관계, 사용 방법 등의 조합 방법에 의해서 몇개인가의 명칭이 붙여져, 밸브의 종류가 대단히 많아진다는 착각을 불러 일으키게 됩니다. 각각의 상세에 대해서는 뒤에 설명하지만, 위의 밸브는 액추에이터의 출력을 결정하는 압력 제어 밸브인 것입니다.

3·1·2 일의 속도를 결정하는 유량 제어 밸브

어느만큼의 속도로 액추에이터를 움직이는가, 즉 기름의 흐르는 양을 제어하여 일의 속도를 결정하는 것이 유량 제어 밸브입니다. 유량을 제어하는 방법과 그 제어 정밀도에 따라서 유량 제어 밸브는 다음과 같이 분류되어, 구분 사용되고 있습니다.

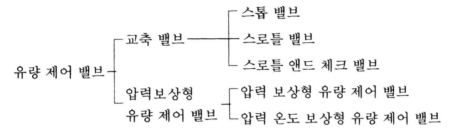

어느 것으로 하여도 수도꼭지의 개폐에 의해 물의 양을 조절하는 것처럼, 기름의 유량을 간단히 제어하여 일의 속도를 결정하는 것이 유량 제어 밸브입니다.

3·1·3 일의 방향을 결정하는 방향 제어 밸브

열차는 사람과 화물을 운반하는 액추에이터라고 할 수 있는데, 그 진행 방향은 레일 포인트가 전환해 줍니다. 그것과 마찬가지로 기름의 흐름을 전환하여 액추에이터의 움직임 방향을 제어하는 것이 이 방향 제어 밸브입니다. 그러나 레일 포인트는 열차가 오기 전에 전환해 두면 좋은 것이지만 유압에서는 그렇게는 안됩니다. 열차가 달리고 있을 때에 전환해야 하는 것이 유압입니다.

레일 포인트는 고체이지만 기름은 액체입니다. 열차와 틀려 어디서 전환하여도 관계없습니다. 또 어디서 계속해도 액체는 변하지 않습니다. 액체(유압)의 최대의 특징입니다. 기름을 진행시키고, 정지시키고, 방향을 정하는 방향 제어 밸브는 다음과 같이 분류됩니다.

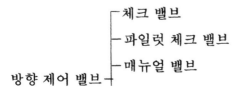

├─ 솔리노이드 오퍼레이트 밸브
├─ 파일럿 오퍼레이트 밸브
└─ 기타(셔틀 밸브)

3·1·4 전기와 공생하여 사용하기 쉽게 한 밸브

밸브의 기본은 설명한 바와 같이 단지 3가지입니다. 1장에서 유압, 기계, 전기, 공기압의 제어 방식의 비교를 표시하였지만, 현실로는 순수하게 하나만의 방식으로 일을 하는 것은 거의 없고, 전기와 유압, 공기압과 유압 등의 조합에 의해 제어하고 있습니다.

단지 3개밖에 없는 밸브의 작용을, 더 간단히, 더 정밀도 좋게, 더 쉽게 하기 위해 전기의 힘을 빌려서 제어하는 밸브, 예를 들면 전자 비례 제어 밸브와 전기·유압 서보 밸브 등이 널리 사용되도록 되어 있습니다. 이들의 밸브에 대해서도 자세히 설명합니다. 또 솔리노이드 밸브는 방향 제어 밸브의 하나이지만, 내용도 볼륨도 많아지므로 4·1로서 항목을 별도로 만들어 뒤에 설명합니다.

3·1·5 사용하기 편리함을 추구한 밸브

배관이 번거롭고, 기름 누설이 있다는 것을 유압의 단점으로서 들고 있습니다. 이들의 단점을 없애기 위해 배관을 적게 한 파이프리스화가 진행되고 있습니다. 또 기계와 장치의 간결화가 요구되고, 그것에 대응하기 위해 밸브의 소형화와 기능의 복합화가 추진되고 있습니다. 로직 밸브라고 불리는 것으로, 이들에 대해서도 4·4, 5에서 설명합니다.

그러면 우선 압력 제어 밸브부터 설명합니다.

3·2 압력 제어 밸브

(1) 릴리프 밸브(안전 밸브)의 작용

릴리프 밸브는 안전 밸브라고도 하고, 전기로 말하면 퓨즈나 브레이커의 작용을 합니다. 유압의 최고 압력을 이 밸브로 결정해 버려, 회로 전체 혹은 기계나 장치의 보호를 합니다. 안전을 유지하기 위한 밸브이므로 그 작동은 빠르고(응답성이 빠르고), 확실할 필요가 있습니다.

3·2·1 회로 전체의 압력을 규제한다

그림 3-1을 봅시다. 회로(a)를 만들었습니다. 펌프는 탱크에서 기름을 흡입하여 토출합니다. 실린더를 중간에서 멈추어 두기 위해, 전환 밸브로 펌프로부터의 기름을 막고 있습니다. 그러므로 펌프로부터의 기름은 갈 장소가 없고 점점 펌프에서 기름이 토출되어 압력도 점점 올라갑니다. 이대로이면 최후에는 제일 약한 부분에서 파괴되어 버립니다.

그렇게 되기 전에 기름을 빼어 줄 필요가 있습니다. 그것도 자동적으로입니다.

(b)와 같이 최초부터 빼어 두는 것을 생각할 수 있습니다. 그런데 이번에는 실린더를 움직이려고 하여도, 계속 빼어 버려 실린더는 움직이지 않습니다.

그림 3-1(a)(b)의 회로에서 생각하면, 어느 압력까지는 기름은 빠지지 않고 어느 압력 이상으로 되었을 때에 탱크로 기름을 빼는 밸브가 필요해집니다. 이것을 하는 것이 릴리프 밸브입니다. 예를 들면 릴리프 밸브의 압력을 21[MPa] ($\fallingdotseq210[kgf/cm^2]$)로 조정하여 세트하면 21[MPa]까지는 릴리프 밸브는 닫힌 채로 기름은 모두 실린더 측으로 보내집니다. 압력이 올라서 21[MPa]로 되면 릴리프 밸브가 열려 탱크 라인으로 펌프의 기름을 빼내 줍니다. 즉, 회로 전체의 최고 압력을 정하여 회로를 보호해 줍니다. 그림(c)의 회로에서 기본 회로가 성립합니다.

어느 압력 이상이 되면 기름을 빼주는, 마치 전기의 퓨즈와 같은 작용을 하는

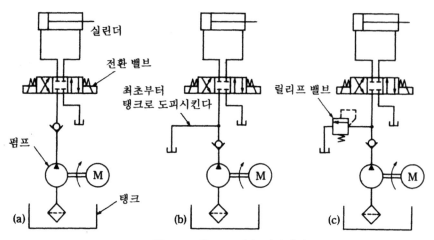

그림 3-1   회로 구성을 생각한다

것입니다. 퓨즈는 녹아 끊어져 회로를 지키지만, 릴리프 밸브를 비롯하여 대부분의 유압 밸브에서는 압력이 설정 압력보다 내려가면 스스로 복귀하여 줍니다. 그러므로 한번 세트하면 릴리프 밸브가 항상 회로를 지켜 주는 것입니다.

3·2·2 서지 압력을 흡수한다

그림 3-2를 봅시다. 가변 토출량형 펌프에 릴리프 밸브를 사용하고 있습니다. 가변 토출량형 펌프는 2장에서 설명한 것과 같이 어느 압력이 되면 펌프가 기름을 토출하지 않았습니다. 왜 릴리프 밸브를 사용하는 것일까요.

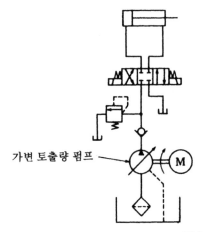

그림 3-2   서지압을 흡수한다

솔레노이드가 중립으로 돌아온 경우를 생각해 봅시다. 이제까지 최대 **토출**하고 있던 펌프가 단숨에 토출량을 거의 0으로 하기 위해서는 가변 베인 펌프에서는 캠 링이, 가변 피스톤 펌프에서는 사판이 움직여야 합니다. 이것이 움직이는 것은, 상승하여 가는 압력에 의해 일어납니다. 그리고 움직이는 거리는 크고, 움직이는 것은 중량이 있고 큰 것이 보통입니다.

그 때문에 토출량이 0이 되도록 움직이는 시간 지연(응답 지연) 사이에 토출된 기름은 도피 장소가 없어 설정압 이상의 고압을 만들어 내게 됩니다. 이것을 서지 압력이라고 합니다. 이 서지 압력을 흡수하기 위해 응답성이 빠른 릴리프 밸브를 설치합니다. 그림 3-2가 그것에 해당합니다. 일반적으로 펌프보다 밸브 쪽이 가동부의 질량은 작으므로 응답성이 빨라집니다. 이와 같은 서지 압력 흡수에서의 사용 방법은 회로의 압력(가변 토출량 펌프에서는 데드 헤드 압력)보다 높은 세트압으로 합니다.

3·2·3 실린더의 파괴 방지

면적비가 큰 실린더를 사용하여 그림 3-3의 회로를 만들었습니다. 세로형 실린더이기 때문에 자중 낙하하지 않도록 일반적으로 파일럿 체크 밸브를 사용합니다. 이 경우는 실린더의 보호 목적으로 릴리프 밸브를 실린더와 파일럿 체크

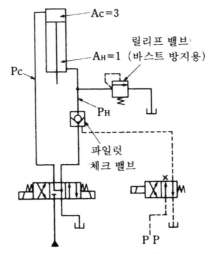

그림 3-3 실린더의 버스트(파괴) 방지

밸브 사이에 설치합니다. 이것은 파일럿 체크 밸브가 만일 고장나거나 파일럿용
솔레노이드가 오작동하거나 한 경우의 실린더의 파괴 방지입니다.

　파일럿 체크 밸브가 열리지 않아 헤드측의 기름의 도피 장소가 없게 된 경우
를 생각하고 간단히 계산해 봅시다. 그림 3-3에 있어서 캡 쪽에 21[MPa](≒
210[kgf/cm²])의 압력이 보내지고 있다고 하면 $P_H × A_H = P_C × A_C$로, 유압 평
형하게 됩니다. 실제로 계산해 보면 다음과 같이 됩니다.

$$P_H = \frac{A_C}{A_H} × P_C = \frac{3}{1} × 21 = 63[MPa]$$

계산에서 약 630[kgf/cm²]의 압력이 실린더 헤드측에 발생하게 됩니다. 63
[MPa](≒630[kgf/cm²])이 되면 큰 일입니다. 최초부터 실린더, 배관, 파일럿
체크 밸브도 63[MPa]에 견딜 수 있는 것을 선정하는 것도 생각할 수 있지만,
대단히 취할 수 없는 이야기가 됩니다. 그래서 릴리프 밸브가 사용되는 것입니
다.

3·2·4　릴리프 밸브의 기본 작동

　릴리프 밸브는 어느 압력까지 닫혀 있고, 어느 압력이 되면 열리는 밸브이므
로, 그림 3-4(a)(b)를 생각해 보았습니다. 양쪽 모두 스프링 힘으로 P포트를 닫
아 T포트에 기름이 흐르지 않도록 막고 있습니다. 힘의 평형을 생각하면 다음과
같이 됩니다.

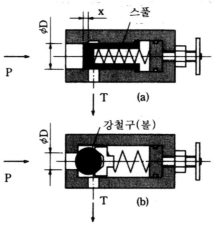

그림 3-4　릴리프 밸브의 힘의 평형

○ 스풀 또는 볼을 열려고 하는 힘 F_P는

$$F_P = \frac{\pi}{4} \cdot D^2 \cdot P$$

     D: 밸브 시트 지름

     P: 압력

○ 스풀 또는 볼을 닫으려고 하는 스프링 힘 F_S는

$$F_S = k \cdot S$$

     k: 스프링 상수

     S: 스프링 처짐량

$F_P < F_S$이면 스프링 힘이 강하게 닫고 있습니다. $F_P = F_S$로 되면 닫는 힘과 여는 힘이 똑같습니다. 이 상태에서 다시 P포트압이 상승하면 (b)의 경우는 곧 열려 P에서 T로 기름이 흐릅니다. (a)의 경우에는 그림 중 x의 스트로크분만큼 움직여 P와 T를 열게 됩니다. 이 x를 오버랩이라고 합니다. (a)(b)의 경우 모두 릴리프 밸브의 기본 작동은 하므로 밸브의 구조로서는 잘못이 아닙니다.

압력이 점점 올라가려고 하면 스풀, 볼은 점점 밀려 P와 T를 잇는 면적을 넓힙니다. 그러므로 P에서 T로 흐르는 양이 많아져, P포트의 기름은 최후에는 전부 이 밸브를 통해서 T포트에 흐릅니다. 즉 펌프 토출량은 릴리프 밸브로부터 전량이 T포트로 흘러, 압력 상승은 멈춥니다.

반대로 펌프 유량이 감소하거나, 다른 라인으로 기름이 흘러 라인의 압력이 내려가면 스프링으로 스풀, 볼은 되밀려 P와 T를 막는 상태를 만듭니다. 이와 같이 자동적으로 압력을 제어해 줍니다.

그런데 **그림 3-4**(a)와 (b)에서는 어느쪽이 구조적으로 우수한 것일까요. 결론부터 말하면 **그림 3-4**에서는 (b) 쪽이 우수합니다. 릴리프 밸브의 기본 작동을 다시 한번 생각해 봅시다. 릴리프 밸브에 요구되는 것은,

① 어느 압력까지 열리지 않는다: 좀더 엄밀히 말하면 "어느 압력까지 1방울이라도 T로 기름을 흘리지 않는다"는 것입니다. 오버랩 부분(X)에는 반드시 움직이기 위한 틈새가 있고, 어느 압력으로 열기 전에 그 틈새로부터 기름이 누설하게 되어, **그림 3-4**(b)의 볼 타입보다 불리하게 됩니다. 틈새가 있는 부분은 반드시 누설이 있다는 것을 생각해 주십시오(**그림 3-5** 왼쪽).

② 확실하다: 틈새가 있으면 조금씩 기름이 흐르려고 합니다. 다량의 기름이 흐르는 경우보다 그 작은 틈새에 먼지가 막히기 쉬운 것입니다. 그 때문에, 만일의 경우에 먼지가 막혀 있어 작동하지 않는다는 위험성을 갖고 있어 확실성이 부족합니다. 틈새의 누설 부분에는 먼지가 막히기 쉬운 것을 생각하십시오(**그림 3-5** 오른쪽).

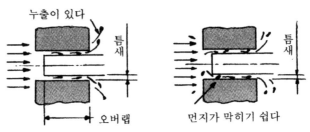

그림 3-5 릴리프 밸브의 틈새(그림 3-4(a)의 경우)

③ 응답성이 빠르다: **그림 3-4**(b)의 볼 타입에서는 오버랩이 없기 때문에 밸런스압으로 된 뒤 1[μm] 움직여도 곧 기름을 T로 흘려 줍니다. 그것에 대하여 (a)에서는 오버랩량만큼 스풀이 움직일 필요가 있습니다. 유압의 서지 압력의 발생 시간이라는 것은 1[ms] 단위의 대단히 짧은 것으로, 이동 거리를 갖고 있는 것은 그 사이에 점점 압력이 올라갑니다. 그 때문에 오버랩이 없는 쪽이 응답성도 빨라집니다. 이상의 ①∼③이 릴리프 밸브에 요구되는 기능입니다.

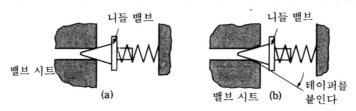

그림 3-6 니들 밸브를 사용한 구조

더욱 개량한 것이 **그림 3-6**(a)(b)에 표시한 구조의 것입니다. 어느것이나 밸브 시트는 원형이고, 자리를 차지하는 니들 밸브도 원뿔 모양을 하고 있습니다. 기하학의 설명이 되지만 원과 원뿔이 접촉하는 것은 원주상의 선 1군데가 됩니다. 그 때문에 오버랩이 없고, 그 위에 선 시일로 되어 누설이 없어집니다. **그림 3-4**(b)의 볼 타입의 응용이라고도 할 수 있습니다. 니들 밸브의 특징은 **그림 3-6**에서도 알 수 있을 것으로 생각하지만, 열린 뒤의 개구 특성(면적)이 볼 타입보

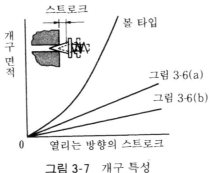

그림 3-7 개구 특성

다 완만하게 됩니다. 개구 특성을 **그림 3-7**에 표시합니다.

이 개구 특성이 급경사를 나타내면(**그림 3-7**의 볼 타입과 같이) 곤란한 경우도 있습니다. 이것은 아주 조금 열린 경우에도 흘릴 수 있는 부분의 면적(개구 면적)이 크기 때문에 P포트압이 내려가는 양은 커집니다. 압력이 너무 내려가면 스프링 힘으로 볼은 되밀립니다. 이 되밀리는 양이 조금이라도 지나치면 이번은 압력이 너무 올라갑니다. 이것을 반복하여 최후에 평형시켜 주면 좋은 것이지만, 유압 펌프의 압력 맥동이 커지거나 하면 멈출 수 없는 트러블(채터링이라고 **합니다**)의 원인으로 됩니다. 이것을 피하기 위해 볼이 아니고 니들 밸브를 사용하고, 밸브 시트에도 테이퍼를 붙이기도 합니다. 간단히 말하면 다소 오버런하여도 압력 변화가 적어지도록 개구 특성을 둔하게 하고 있는 것입니다. 또 볼 타입은 원가가 싸다는 메릿이 있어, 니들 밸브 타입과 같이 흔히 사용되고 있습니다.

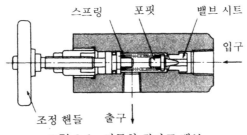

그림 3-8 직동형 릴리프 밸브

그림 3-8에 일반적으로 사용되고 있는 릴리프 밸브(직동형)의 구조를 표시합니다. 릴리프 밸브의 기본 작동으로서 설명했지만, 이것이 직동형 릴리프 밸브입니다. 릴리프 밸브란 어떤 작용을 하는 것인가, 어떤 원리인 것인가, 이해했을

것입니다.

이것으로 릴리프 밸브의 설명이 끝나지는 않습니다. 직동형 외에도 차동형, 밸런스 피스톤형 릴리프 밸브가 있는 것입니다. 그 설명에 들어가기 전에 **유압**의 JIS 기호에 대하여 릴리프 밸브를 예로 하여 설명해 둡니다.

3·2·5 릴리프 밸브의 JIS 기호

그림 3-9에 릴리프 밸브의 직동형 또는 일반 기호로서의 JIS 기호를 나타냅니다. 유압의 JIS 기호는 밸브의 작동을 알 수 있도록 정해져 있습니다.

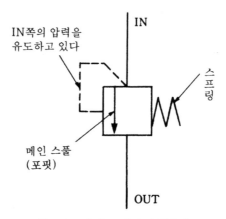

그림 3-9 릴리프 밸브의 JIS기호

그림 3-9에서는 스프링과 인도된 압력이 대항하고 있고, 압력이 낮은 경우는 스프링으로 IN·OUT 사이는 막혀 기름은 흐르지 않습니다. IN 쪽에서 유도된 압력이 높아지면 스프링을 밀어서, 그림에서는 오른쪽 방향으로 메인 스풀을 밀어, IN·OUT 사이를 연결하는 것을 표시하고 있습니다. 즉 스프링과 압력의 관계로 밸브의 개폐 동작이 행해지는 것을 표시하고 있습니다. 실제의 밸브의 움직임 자체가 그려져 있는 것입니다.

이와 같이 유압의 JIS 기호는 기본 동작이 기호에서 읽도록 정해져 있습니다. 도면을 보는 것이 아니고 읽는다고 말해지는 것도 이 때문입니다.

3·2 압력 제어 밸브

(2) 더욱 사용하기 쉬운 릴리프 밸브

실제로 장치를 짜 가면 직동형 릴리프 밸브로는 한계가 있습니다. 예를 들면, 세트압을 바꾸는 데에는 핸들의 어느 곳으로 그 때마다 가야 합니다. 혹은 큰 유량을 흐르게 하려면 형상도 큰 것으로 되어 버립니다. 그런 점을 개량하여 사용하기 쉽게 한 것이 생각되었습니다.

3·2·6 릴리프 밸브의 종류

릴리프 밸브의 작용과 기본 동작을 이해하기 위해 직동형 릴리프 밸브를 예로 하여 설명했습니다. 그러나 직동형 릴리프 밸브의 구조에서는 유량을 흐르게 하려면 밸브 시트 지름을 크게 할 필요가 있습니다. 밸브 시트 지름을 크게 하면 필연적으로 $F = \pi/4 \cdot D^2 \cdot P$의 관계에서 스프링 힘도 커집니다. 만들 수는 있지만 비경제적입니다. 그 의미에서 직동형 이외의 것도 만들어지고 있습니다. 릴리프 밸브를 분류하면 다음 3가지로 됩니다.

릴리프 밸브 ┬ 직동형 릴리프 밸브
　　　　　　├ 차동형 릴리프 밸브
　　　　　　└ 밸런스 피스톤형 릴리프 밸브

직동형 릴리프 밸브의 한계를 극복하고 어느 압력까지는 한 방울도 기름을 누설하지 않는다는 릴리프 밸브의 기능을 조금 희생해도 간소한 것으로 하여 사용하기 편하고 좋은 것을 추구하여 개발한 것이 차동형과 밸런스 피스톤형 릴리프 밸브입니다.

각각에 대하여 설명합니다.

3·2·7 차동형 릴리프 밸브

그림 3-10은 차동형 릴리프 밸브의 구조입니다. 배압실이 설치되어 압력을 받고 있는 것은 지름차 부분이 적은 면적으로 되어 있습니다. 즉 같은 스프링 힘으

로도 밸브 시트 지름을 크게 할 수 있으므로 많은 유량이 흐르게 됩니다.

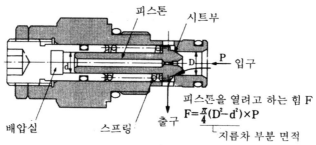

그림 3-10 차동형의 구조

먼저, 입구로부터 들어간 기름은 피스톤 속을 통과하여 배압실에도 들어갑니다. 입구측 시트 지름은 배압실 피스톤 지름보다 조금 크게 되어 있습니다. 입구측 시트 부분에 걸리는 유압력은 피스톤을 밀어 열리는 힘이 되고, 배압실에 걸리는 유압력은 피스톤을 닫는 방향으로 작용합니다. 작용하고 있는 압력은 같으므로 피스톤 시트 지름의 면적에서 피스톤 지름의 면적을 뺀 면적에 걸리는 유압력이 스프링 힘에 대항하여 피스톤을 여는 힘이 됩니다.

예를 들면 시트 지름을 $\phi 30$[mm], 피스톤 지름을 $\phi 28$[mm]라고 하면 실제로 피스톤을 여는 방향으로 환산한 면적 A_1[mm^2]은 다음과 같이 계산할 수 있습니다.

$A_1 = \pi/4 \times (30^2 - 28^2) \fallingdotseq 91.1$[mm^2], 시트 지름 $\phi 30$[mm] 그대로의 수압 면적 A_0[mm^2]은, $A_0 = \pi/4 \times 30^2 \fallingdotseq 707$[mm^2]로 됩니다. 이와 같이 같은 $\phi 30$[mm]의 시트 지름이라도 수압 면적에서 보면,

$A_1/A_0 = 91.1/707 = 1/7.7$로까지 작게 할 수 있습니다. 즉 스프링 힘을 1/7.7로 작게 하여도 $\phi 30$[mm]의 밸브 시트 지름을 가진 릴리프 밸브를 만들 수 있는 것입니다.

단, 앞서 설명한 바와 같이 배압실에서 스프링실로는 포핏이 닫혀 있어도(열기 전에서도) 누설을 허용하게 됩니다.

3·2·8 밸런스 피스톤형 릴리프 밸브

직동형도 차동 피스톤형도 어느 압력까지 닫아 두는 데에 사용하는 힘으로서는 스프링 힘이었습니다. 그것에 대하여 어느 압력까지 닫아 두는 힘으로서 유

압력을 이용한 것이 밸런스 피스톤형 릴리프 밸브입니다. **그림 3-11**에 그 구조를 표시합니다.

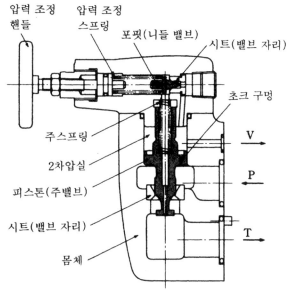

압력 조정 핸들
압력 조정 스프링
포핏(니들 밸브)
시트(밸브 자리)
초크 구멍
주스프링
2차압실
피스톤(주밸브)
시트(밸브 자리)
몸체
V
P
T

그림 3-11 밸런스 피스톤형의 구조

상부에는 **그림 3-8**에 표시한 직동형 릴리프 밸브가 설치되어 있습니다. 하부에는 피스톤(주밸브)이 똑같이 주스프링으로 밸브 시트에 밀어붙여져 있습니다. 피스톤 윗면에는 2차압실이라 불리는 기름 고이는 부분이 있고, 펌프(P)의 유압은 초크(가는 구멍)를 통하여 2차압실로 안내되고 있습니다.

회로 압력이 상부의 직동형 릴리프 밸브의 설정 압력 이하에서는 포핏(니들 밸브)은 닫힌 채이므로 2차압실의 기름은 어디로도 도망가지 않습니다. 그 때문에 주스프링에 의해서 피스톤 주밸브는 닫힌 채로 되어 있습니다. 그 상태에서 펌프압이 높아져 상부의 니들 밸브의 설정 압력으로 된 경우에는 **그림 3-12**의 화살표로 표시한 기름의 흐름이 발생합니다. 니들 밸브가 열리면 2차압실의 기름은 니들 밸브에서 주밸브의 중심부에 설치한 구멍을 통해 T라인으로 도망갑니다.

직동형의 곳에서 설명했듯이 니들 밸브 앞 쪽의 압력은 압력 조정 스프링으로 세트한 압력으로 일정하게 됩니다. 즉 2차압실은 일정해지지만 니들 밸브로부터는 기름이 계속 흐릅니다. 여기서 초크 구멍이 중요한 의미를 갖습니다. 유량 제어 밸브(나중에 설명)의 곳에서 설명하지만, 초크 구멍(교축)을 기름이 흐르면 흐르는 것에 의한 압력 손실이 생깁니다(압력차가 있으므로 흐르는 것이지만).

즉, 초크 앞 쪽의 압력(P라인의 압력)은 초크 통과 후의 압력(2차압실 쪽의 압력)보다 높게 되어 있습니다. P포트의 압력은 주밸브를 밀어 올리려고 하는 힘이고, 2차압실의 압력은 주밸브를 밸브 시트 쪽으로 밀어 붙이려고 하고 있었습니다. 초크 구멍에 기름의 흐름이 없으면 양쪽 모두 같은 압력으로 평형하고 있었습니다. 지금 이 압력에 차가 생긴 것이므로 P포트압 쪽이 높은 상태로 되기 때문에 주밸브는 위로 밀어 올려져 P와 T가 열려 릴리프 작용을 하게 되는 것입니다.

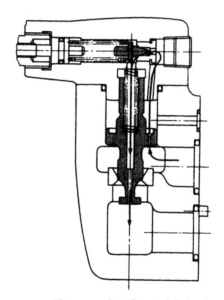

그림 3-12 기름의 흐름(확대도)

실제의 작동에서는, ① 니들 밸브가 열려 조금씩 기름이 초크 구멍을 흐릅니다⇨② 소량의 흐름이라면 초크 앞뒤의 차는 아직 적어 주밸브를 밀어올릴 수가 없습니다⇨③ 다시 P포트압이 높아져서 니들 밸브에서 흐르는 유량이 증가하면 초크 구멍 앞뒤의 압력차가 커집니다⇨④ 초크 앞뒤의 압력차가 주밸브를 밀어올릴 정도로 커지면 주밸브가 열리는 작동이 됩니다.

요는 2차압실의 압력을 제어함으로써 주밸브를 개폐할 수 있게 됩니다. 이것은 그림 3-11에서는 직동형 릴리프 밸브가 주밸브 부분과 일체 구조로 되어 있지만, 위의 직동형 릴리프 밸브만을 분리하여 멀리 떨어진 곳에서도 제어할 수 있는 것을 의미하고 있습니다. **그림 3-11**의 V포트(벤트 포트)는 원격 조작하기 위해 기름을 이끄는 포트 구멍입니다.

3·2·9 밸런스 피스톤형 릴리프 밸브의 특징

밸런스 피스톤형 릴리프 밸브의 강점은, 직동형의 경우에 비하여 큰 유량의 제어가 쉽게 될 수 있다는 것과, 유압으로 밸런스 피스톤을 조작하고 있으므로 릴리프 성능이 좋은 것입니다. 그 밖에도 특징을 가지고 있으므로, 그들을 **구체**적으로 설명합니다.

(1) 고압·대유량에 사용할 수 있다

밸런스 피스톤형에서는 압력 조정부와 유량 제어부가 나누어져 있으므로 **유량**은 피스톤 부분의 크기를 바꾸는 것만으로 압력 조정부와 관계없이 정할 수 **있습니다**(3~3500[l /min]까지). 한편, 압력 조정은 니들 밸브의 스프링 힘만으로, 밸런스 피스톤의 크기에 관계없이 만들 수 있습니다. 더우기, 니들 밸브로 제어하면 좋은 유량은 적으므로(유량은 1~3[l /min]) 스프링은 작아도 되고, 그 작은 스프링으로 충분히 높은 압력이 조정되므로, 저압에서 고압까지(0.5~35[MPa]≒5~350[kgf /cm²]) 대응할 수 있습니다. 따라서 고압으로 대유량, 저압으로 소유량이라는 조합은 물론이고, 고압에서도 소유량, 저압에서도 대**유량**이라는 조합도 자유로이 할 수 있습니다.

(2) 릴리프 성능이 훌륭하다

밸런스 피스톤형 릴리프 밸브의 릴리프 성능을 직동형과 비교해 봅시다. **그림 3-13**이 양쪽의 성능을 겹친 곡선으로, 가로축이 압력, 세로축이 릴리프 유량(T로 도피하는 유량)입니다.

직동형은 설정 압력의 상당히 이전의 압력으로부터 릴리프가 시작됩니다. 이 릴리프 개시 압력을 크래킹 압력이라고 합니다. 이 크래킹 압력과 전량 릴리프 압력의 차가 작을수록 릴리프 성능은 좋다고 되어 있습니다. 직동형에서는 이 **차가 커서**, 압력 제어에는 별로 좋지 않습니다.

이것에 대하여 밸런스 피스톤형에서는 회로 압력이 상승하게 되면 먼저 니들 밸브가 밀려 열려 탱크로 기름을 놓아 줍니다. 그러나 이것은 극소량으로, 그것이 밸런스 피스톤을 밀어 올리는 데 필요한 차압을 발생하게 해서, 설정 압력 가까이에서 밸런스 피스톤이 단숨에 열리기 때문에 크래킹 압력과 전량 릴리프 압력의 차는 적어도 되어, 압력 제어에 알맞는 것입니다.

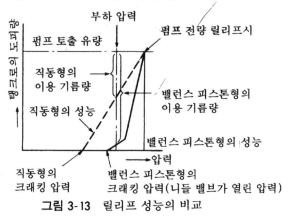

그림 3-13 릴리프 성능의 비교

만약, **그림 3-13**의 부하 압력의 곳에서 생각하면, 직동형에서는 약 반의 펌프 토출 기름이 탱크로 릴리프해 버리고 실린더에서 유효하게 사용하는 것은 나머지 반뿐입니다. 밸런스 피스톤형 릴리프 밸브의 경우에는 거의 전량의 펌프 토출 기름이 실린더를 작동시키는 유효 유량으로 되어 있습니다. 이것을 생각해도 얼마나 밸런스 피스톤형 릴리프 밸브의 릴리프 성능이 우수한지 알 수 있을 것입니다.

(3) 원격 제어를 할 수 있다

릴리프 밸브의 설정 압력을 자주 바꾸고자 할 때에는, 그 때마다 릴리프 밸브의 곳으로 조정하러 가야 합니다. 그러나 이럴 때, 밸런스 피스톤형이면 자신이 조작하고 싶은 곳으로 릴리프의 핸들을 가지고 갈 수 있는 것입니다.

그림 3-14를 봅시다. 왼쪽이 밸런스 피스톤형으로, 이것을 메인 릴리프 밸브라고 합니다. 그리고 벤트구(빠지는 구멍)를 잇습니다. 오른쪽에 있는 것이 직동형 릴리프 밸브로, 이것을 원격 조작 밸브라고 합니다. 즉 메인 밸브의 핸들을 압력이 최대가 되도록 완전히 닫고, 원격 조작 밸브 쪽을 설정 압력으로 세트하면, 동시에 메인 릴리프 밸브의 설정 압력이 됩니다. 그림의 벤트를 가는 파이프로 이으면 원격 조작할 수 있습니다. 이것이 밸런스 피스톤형 릴리프 밸브의 큰

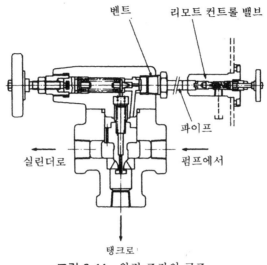

벤트   리모트 컨트롤 밸브

파이프

실린더로   펌프에서

탱크로

그림 3-14 원격 조작의 구조

특징입니다.

또 벤트구에 접속한 파이프를 원격 조작 밸브에 잇지 않고 그대로 탱크로 빠지게 했을 경우, 메인 릴리프 밸브의 2차압실의 압유는 압력 조정부의 니들 밸브에 저해받지 않고, 아무런 저항도 없이 탱크로 빠져 가기 때문에 릴리프 밸브의 압력은 거의 0으로 돼 버립니다. 이것을 이용하여 릴리프 밸브의 벤트구로부터 탱크로 빼내는 도중에, 통로를 개폐하는 전환 밸브를 넣어서 실린더가 휴지 상태일 때(아무런 압유를 보낼 필요가 없을 때), 벤트의 통로를 열어 주면 릴리프 밸브는 압력을 거의 0으로 하여 펌프에서 토출되는 압유 전량을 그대로 릴리프 밸브를 통해서 탱크로 빼내게 됩니다. 펌프에 부하를 걸지 않고 불필요한 동력을 쓰는 것을 막음과 동시에 기름의 온도 상승을 방지할 수 있습니다.

그림 3-15(a)는 이 회로를 JIS기호로 표시한 것입니다. 펌프에 부하를 걸지 않는 회로를 무부하 회로(언로드 회로)라고 부르며, 밸런스 피스톤형 릴리프 밸브는 벤트를 이용해서 원격 조작을 할 수 있는 외에 무부하 회로도 할 수 있게 됩니다.

(4) 압력 강하 때의 충격을 부드럽게 한다

그림 3-15(a)의 무부하 회로에서, 고압으로 유지되고 있는 회로를 전자 전환 밸브로 급격히 압력을 빼서 무부하로 전환할 때에는 충격음과 진동이 발생합니

다. 이것은 고압에 의해서 회로내의 기름이 압축되어 배관이 팽창하고 있는 상태에서 갑자기 압력을 뺌으로써 기름의 압축이 해방되어 배관의 팽창이 없어지는(수축하는) 것에서 일어나는 것입니다. 흐르는 유량이 많을수록, 압력이 높을수록 충격이 커져 장치의 수명을 줄이고, 기계 장치의 파괴로도 연결됩니다.

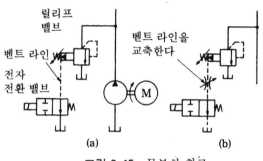

그림 3-15 무부하 회로

일반적으로 이 충격음과 진동을 감소시키는 방법으로서 릴리프 밸브의 **벤트**와 전자기 전환 밸브 사이에 장치에 대응한 교축을 넣고(그림 3-15(b)), 저항을 주어 무부하로 될 때까지의 압력 강하 시간을 길게 합니다. 그러나 이 경우는 교축에 의해 충격을 감소시키는 효과는 나타나지만, 교축의 저항에 따라 무부하 때에 잔압(무부하 압력이 높아지는)이 나오는 결점이 있습니다.

그림 3-16에 표시한 무충격 붙이 릴리프 밸브에서는 무부하 때의 잔압도 높아지지 않고, 임의로 교축 밸브를 조정하면 압력 강하 시간을 바꿀 수 있으므로 충

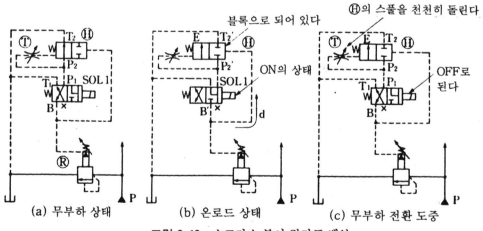

그림 3-16 쇼크리스 붙이 릴리프 밸브

격음과 진동의 발생을 억제할 수가 있습니다. 그러면 이 움직임을 봅시다. (a)는 무부하 상태로, 릴리프 밸브의 벤트 회로는 솔레노이드 1의 B에서 P_1을 통해 무 **충격** 밸브 P_2, T_2를 통하여 탱크 포트에 접속되어 있습니다. 그러므로 메인 압력 P는 무부하로 되어 있습니다. 솔레노이드 1에 전류가 흐르면 B는 B′로 되어 릴리프의 벤트 회로가 막히게 됩니다. 벤트 회로가 막히게 되면 메인 압력 P는 릴리프 세트 압력으로까지 올라갑니다.

또, 이 때에 발생하는 압력에 의해서 유로(流路) d에 압력이 발생하여, 무충격 밸브의 스프링 힘 E의 힘에 이겨 무충격 밸브 Ⓗ를 블록 상태로 합니다(그림 (b)). 다음에 솔레노이드 1의 전류를 끊으면 벤트 회로는 B′에서 B에 연결**됩니** 다. 그런데 무충격 밸브 Ⓗ는 블록 상태로 되어 있으므로 릴리프압은 바로는 내려가지 않습니다. 여기서 무충격 밸브의 파일럿이 좌우 같은 압력으로 되므로 무충격 밸브의 왼쪽의 스프링 힘 E에 의해서 P_2로부터 T_2로 전환하려고 합니다.

이 때에 교축 밸브 Ⓣ가 그 전환 속도를 제어하도록 작용합니다. 즉 스프링 쪽에 들어가는 유량을 조정하여 스풀의 전환 속도를 제어하게 됩니다. 그리고 이 교축부 Ⓣ에 의해서 천천히 전환되고 어느 시간을 들여 압력을 내려가게 할 수가 있는 것입니다. 이와 같은 작동을 하는 것으로, 압력의 급격한 강하에 의한 **충격**을 방지할 수가 있습니다(**그림 3**-16(c)).

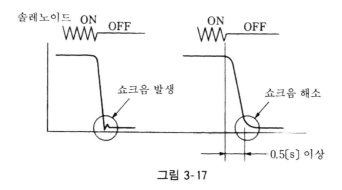

그림 3-17

이것을 간단히 그림으로 표시하면 **그림 3-17**이 됩니다. (a)와 같이 무충격 밸브가 없을 때는 전자 전환 밸브를 OFF로 하면 급격히 압력이 강하하여 충격이 발생하고 있습니다. 또 무충격 밸브를 설치한 경우는 그림(b)와 같이 압력 강하

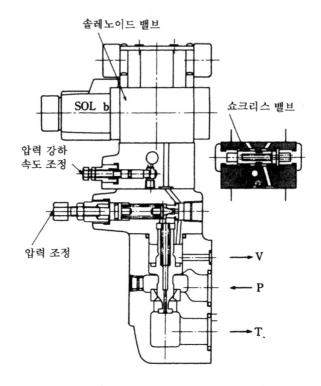

솔레노이드 밸브

SOL b

쇼크리스 밸브

압력 강하
속도 조정

압력 조정

→ V

← P

→ T.

그림 3-18 쇼크리스 기구 붙이 릴리프 밸브

시간을 교축 밸브로 조정하는 것으로 충격을 부드럽게 할 수가 있는 것입니다.

참고로 그림 3-18에 무충격 기구 붙이 릴리프 밸브의 구조를 표시합니다.

3·2·10 릴리프 밸브의 고장과 그 대책

제일 많이 사용되는 밸런스 피스톤형 릴리프 밸브를 예로 하여 릴리프 밸브의 고장과 대책에 대하여 표 3-1에 표시합니다.

표 3-1 밸런스 피스톤형 릴리프 밸브의 불량 현상·원인·대책

현 상	원 인	대책과 방법
압력이 너무 높아지거나 또는 너무 낮아진다	스프링이 적절하지 않다	조정부나 밸런스 피스톤부 스프링의 점검, 교환
	니들 밸브가 바르게 닿아 있지 않거나 또는 밸브 시트와의 사이에 이물이 있다	니들 밸브를 **빼**내어 세정하여, 다시 조립한다
	밸런스 피스톤의 작동 불량	분해하여 밸런스 피스톤의 미끄럼 운동부, 밸브 시트부의 이물질, 끼워맞춤을 확인, 윗덮개 볼트를 균등하게 조인다 (※1)
	밸런스 피스톤의 초크 구멍에의 먼지 막힘	분해 점검, 세정, 재조립
압력이 불안정하고, 변동한다	니들 밸브의 이상 마모, 한쪽 접촉, 작동유의 오염	니들 밸브의 교환, 필터의 점검, 작동유의 교환(※2)
	밸런스 피스톤의 작동 불량	(※1)과 같음
	탱크 배관의 압력 변동의 영향을 받고 있다	탱크 배관의 압력 측정을 하고, 필요하다면 별도 배관으로 한다
	작동유에 공기가 혼입해 있다	탱크 기름면의 확인, 작동유 보충, 펌프 흡입 배관의 시일 점검(※3)
압력이 미세하게 진동한다	니들 밸브의 이상 마모, 한쪽 접촉, 작동유의 오염	(※2)와 같음
	밸런스 피스톤의 작동 불량	(※1)과 같음
	작동유에 공기가 혼입해 있다	(※3)과 같음

3·2 압력 제어 밸브

(3) 리듀싱 밸브의 작용

리듀싱 밸브는 감압 밸브라고도 하고, 릴리프 밸브와 대칭적인 작용을 합니다. 즉, 릴리프 밸브는 IN쪽 압력(1차압이라고 함)을 제어하기 위해서 나머지 기름을 탱크로 빼 돌리는 작용을 하는 데 대하여, 리듀싱 밸브는 OUT쪽 압력(2차압이라고 함)을 제어하기 위해 나머지 기름을 흐르지 않게 하는 작용을 하는 밸브입니다.

3·2·11 감압(減壓)한다는 것은…

우리들이 물체를 잡을 때, 단단한 것은 강하게, 계란과 같이 깨지기 쉬운 것은 약한 힘으로 잡습니다. 그 물체에 따라서 힘을 바꿉니다. 기계와 장치에서도 큰 힘을 확실하게 작용시키고 싶은 부분과, 큰 힘으로는 파손되어 버리기 때문에 약한 힘을 작용시키고 싶은 부분이 반드시 나옵니다. 릴리프 밸브는 핸들 하나로 자유로이 압력을 바꿀 수 있었습니다. 그러므로·약한 힘(낮은 압력)과 강한 힘(높은 압력)은 릴리프 밸브로 간단히 만들 수 있습니다. 그런데 유압 회로를 편성하면 릴리프·밸브로는 아무래도 좋지 않은 경우가 나옵니다.

그림 3-19의 회로를 편성했습니다. Ⓐ, Ⓑ 실린더의 압력은 각각의 릴리프 밸

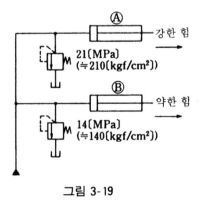

그림 3-19

브에서 21[MPa]($\doteqdot$210[kgf/cm^2]), 14[MPa]($\doteqdot$140[kgf/cm^2])로 제어할 수 있을 것 같지만 그렇게는 안됩니다. 같은 라인에서 한쪽이 21[MPa], 한쪽이 14[MPa]로는 되지 않습니다(파스칼의 원리를 생각해 봅시다). 이 경우에는 회로 전체가 14[MPa]로 되어 버립니다.

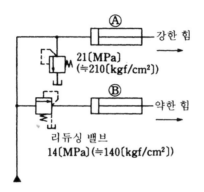

그림 3-20 리듀싱 밸브를 짜넣은 회로

이와 같은 때에 사용하는 것이 리듀싱 밸브(감압 밸브)입니다. 그림 3-20이 리듀싱 밸브를 설치한 회로로, 이렇게 하면 Ⓐ의 실린더에는 21[MPa], Ⓑ의 실린더에는 14[MPa]이 동시에 걸립니다. 강한 힘과 약한 힘을 구분 사용할 수 있는 대단히 편리한 밸브입니다.

감압한다는 것은 압력을 낮게 하면 좋은 것이므로, 간단히 말하면 기름을 보내지 않도록 하면 좋게 됩니다. 그러므로 최초는 열려 있어 Ⓑ의 실린더에 기름을 보내 두고, Ⓑ의 실린더 압력이 14[MPa]로 되면 공급 쪽을 닫아 기름을 보내지 않도록 해줍니다. 릴리프 밸브의 반대 작용을 시키면 좋은 것입니다.

구조를 생각해 봅시다. 유압의 밸브는 스풀과 스프링이 있으면 만들 수 있으므로 의외로 간단합니다. 종류로서는 릴리프 밸브와 마찬가지로 직동형과 밸런스 피스톤형이 있습니다. 우선 직동형 리듀싱 밸브에 대해서 설명합니다.

3·2·12 직동형 리듀싱 밸브

리듀싱 밸브는 밸브를 나온 곳의 압력을 제어하는 것이므로 OUT쪽의 압력과 스프링 힘을 평형시킵니다. 그리고 스풀이 움직인 뒤 IN과 OUT을 막는 부분을 설치합니다(그림 3-21). OUT쪽의 압력과 스프링 힘을 평형시키는 것이므로 스프링실에는 압력을 걸어서는 안됩니다. 그래서 드레인 포트를 설치합니다. 드레인 포트는 유압의 내부 누설을 아무래도 도피시킬 필요가 있을 경우에 설치합니다. 도피시킨다는 것은 누설하여 거기에 압력이 발생하지 않는 것을 의미하므로, 드레인 포트에는 절대로 압력을 걸지 않는 배려가 필요합니다.

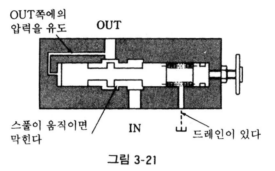

그림 3-21

이것으로 OUT쪽의 압력이 상승하여 스프링으로 조정한 압력이 되면 IN과 OUT을 막아, IN에서 OUT쪽으로 기름을 보내지 않게 됩니다. 다음에 OUT쪽의 압력은 IN과 OUT을 막을 때까지의 시간 지연 사이에 공급 쪽의 압력 가까이까지 상승하고 있으므로 그것을 도피시킬 필요가 있습니다. 즉 OUT쪽에서 드레인 라인으로 도피시키는 동작이 필요합니다. 그것을 추가한 것이 **그림 3-22**로, 이것으로 직동형 리듀싱 밸브의 완성입니다.

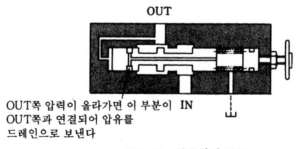

그림 3-22 직동형의 구조

그림 3-22의 움직임을 따라서 보면, 감압 작용을 하고 있을 때는 IN과 OUT을 열어 기름을 공급하기도 하고, IN과 OUT을 막아 OUT에서 드레인 포트에 기름을 도피시키기도 하여 OUT쪽이 일정 압력이 되도록 하고 있습니다.

3·2·13 밸런스 피스톤형 리듀싱 밸브

릴리프 밸브와 마찬가지로 스풀을 닫는 힘을 스프링 힘으로 얻는 대신에 **유압**력으로 얻을 수가 있습니다. 리듀싱 밸브에 그것을 채용한 것이 밸런스 피스톤형 리듀싱 밸브입니다. 원리는 밸런스 피스톤형 릴리프 밸브와 같습니다.

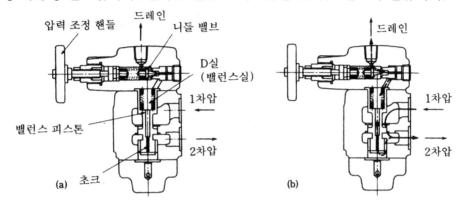

그림 3-23 밸런스 피스톤형

그림 3-23(a)는 그것을 간단히 표시한 것입니다. 2차측에서 초크를 통해 피스톤 윗면의 D실(밸런스실)에 들어간 기름은 상부의 포핏이 열리지 않는 동안은 피스톤 위아래가 같은 압력이고 면적도 같기 때문에 스프링 힘으로 밀어내려져 1차측의 기름은 부드럽게 2차측으로 흘러갑니다.

그림(b)는 1차압이 2차압 이상으로 된 상태, 즉 감압 상태로 들어간 때입니다. 밸런스실에 들어온 압유는 설정 압력이 되면 상부의 포핏을 밀어 열어 드레인으로 되어 유출합니다. 이것에 따라 초크 구멍을 통해 기름이 보급되지만, 초크 구멍 앞뒤에서 차압이 생깁니다. 이 차압이 피스톤을 밀어올려 유로가 교축되든가, 또는 닫혀 2차측은 압력이 내려가, 압력 조정 스프링과 평형된 압력이 되는 것입니다.

3·2 압력 제어 밸브

(4) 시퀀스 밸브의 작용

압력 제어 밸브의 설명을 해 왔는데, 앞으로 설명하려고 하는 시퀀스 밸브는 압력 제어 밸브 중에서도 단순한 사용방법이 아니고 몇가지 역할을 하는 것입니다. 한마디로 말하면 하나의 작동 완료를 확인하고, 다음 작동을 시키는 밸브로, 이것에 체크 밸브를 내장한 시퀀스 앤드 체크 밸브의 2가지로 크게 나눌 수 있습니다.

3·2·14 파일럿 압력과 드레인이, 내부나 외부냐로 작용도 틀린다

기계와 장치를 자동화하고, 무인화하기 위한 유압 이용이므로, 차례로 동작하는 것이 빠질 수 없는 요구가 됩니다. 그와 같은 경우, 어떤 방법을 생각할 수 있을까요. 예를 들면, 공작물을 잡은 다음 운반하고 혹은 가공할 때 최초의 실린더가 그 상태로 된 것을 신호로서 꺼내, 다음의 실린더를 움직일 필요가 나옵니다. 그런 때의 신호를 주고 받는 방법은 여러가지 있습니다.

(1) 파일럿 압력(유압 신호)에 대하여

그림 3-24는 실린더가 이동해 가면 리밋 스위치와 센서 스위치로 그 위치를 검출하고 있습니다. 실린더의 위치를 전기신호로 알리고 있습니다. 이 전기신호를 유압을 이용하여 신호로 하면, 일단 전기신호로 바꿀 필요가 없게 되어, 동작적으로는 쉽게 됩니다. 이 때문에 사용되는 것이 시퀀스 밸브입니다.

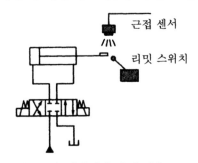

근접 센서

리밋 스위치

그림 3-24 실린더의 위치 검출

　이때에 신호로서 유압을 사용하므로, 이 유압을 파일럿 압력이라고 **합니다.**
파일럿이란 조종 또는 안내라는 의미로, 파일럿의 취하는 방법으로 내부 파일럿
과 외부 파일럿이라고 가려 쓰고 있지만, 자기 자신의 밸브 중에서 취하는 것을
내부 파일럿, 밸브의 밖에서 취하는 것을 외부 파일럿이라고 합니다. 결국 바라
는 부분의 압력 라인에서 압력을 인도하면 파일럿이 되는 것입니다. 또 그 인도
한 압력은 다음의 일을 할 만큼의 에너지를 갖고 있으므로 단순한 신호라고 하
기보다 동력 신호라고 할 수 있을지도 모릅니다.

　그림 3-24의 리밋 스위치로 대표되는 전기 신호는 다음의 부분으로 신호는 보
내지만, 그 신호로 무엇인가를 움직이게 하려는 것이 아닙니다. 동력 신호라고
도 할 수 있는 유압 신호를 사용하는 것은 유압의 큰 메릿의 하나입니다.

(2) 시퀀스 밸브는 4개의 작용을 한다

　드레인 포트란 유압의 내부 누설을 아무래도 도피시킬 필요가 있을 때에 설치
하는 것이었습니다. 이 드레인 포트에도 내부 드레인 타입과 외부 드레인 타입
이 있습니다. 파일럿 압력이 내부인가 외부인가, 드레인 포트가 내부인가 외부
인가에 따라서 시퀀스 밸브는 **표 3-2**와 같이 그 작용은 4개의 타입으로 나눌 수

표 3-2　시퀀스 밸브의 분류와 작용

타입	파일럿 압력	드레인	시퀀스 밸브		시퀀스 앤드 체크 밸브	
			명칭(작용)	구조·기호	명칭(작용)	구조·기호
1	내부	내부	릴리프 밸브	그림 3-26	카운터 밸런스 밸브	그림 3-36
2	내부	외부	시퀀스 밸브 (내부 파일럿형)	그림 3-27	시퀀스 앤드 체크 밸브 (내부 파일럿형)	그림 3-33
3	외부	외부	시퀀스 밸브 (외부 파일럿형)	그림 3-25	시퀀스 앤드 체크 밸브 (외부 파일럿형)	그림 3-34
4	외부	내부	언로딩 밸브	그림 3-28	카운터 밸런스 밸브	그림 3-29

있습니다. 체크 밸브를 내장한 시퀀스 앤드 체크 밸브와 합쳐, 릴리프 밸브, 시
퀀스 밸브, 무부하 밸브, 카운터 밸런스 밸브로서 4가지의 사용 방법이 있는 **1인**
4역의 밸브라고 할 수 있습니다.

3·2·15 시퀀스 밸브의 구조

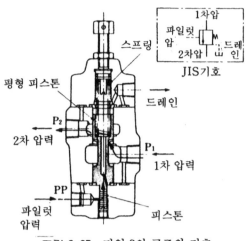

그림 3-25 타입 3의 구조와 기호

그림 **3-25**를 봅시다. P_1 포트는 주회로(1차압)에, P_2 포트는 2차압에 접속되고, 파일럿 압력은 피스톤의 밑으로 안내되고 있습니다. 파일럿 압력이 스프링에 의해서 정해진 압력보다 낮을 때에는 평형 피스톤은 스프링에 의해서 밑으로 눌려 1차쪽으로부터 2차쪽으로의 통로를 닫고 있습니다. 다음에 파일럿 압력이 스프링의 힘에 이기면 평형 피스톤은 밀려 올라가 1차쪽은 2차쪽으로 통하여 압유가 흐르는 것입니다. 즉, 파일럿 압력에 의해서 제어되어 1차쪽에서 2차쪽으

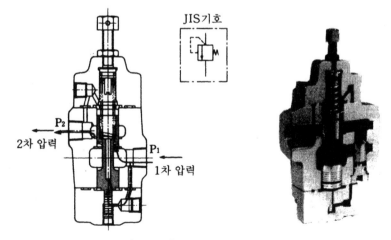

그림 **3-26** 타입 1의 구조

로의 통로를 개폐하는 작용을 하므로 1차쪽의 압력과는 관계없이 개폐 동작을
할 수 있게 됩니다.

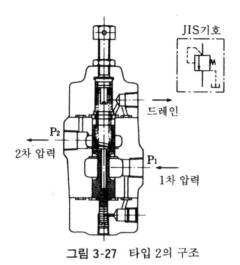

그림 3-27 타입 2의 구조

또, 아래덮개를 180° 회전하여 **그림 3-26, 그림 3-27**의 본체 1차쪽의 파일럿 포
트와 아래덮개의 파일럿 포트를 접속해 주면 1차쪽 압력, 즉 자기 압력을 가지고
제어할 수 있습니다. 이 경우를 내부 파일럿 작동이라고 부릅니다. **그림 3-25**의
타입 3에서는 파일럿을 외부로부터 이끌어 제어하고 있으므로 외부 파일럿 작동
이라고 부릅니다.

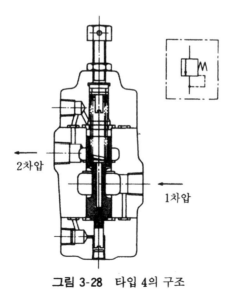

그림 3-28 타입 4의 구조

또, 2차쪽이 실린더 등에 접속될 경우, 2차쪽에는 압력이 일어나게 되므로 그 **압력**에 의해서 평형 피스톤은 닫히게 되어 곤란합니다. 그와 같을 때 **그림 3-27** 과 같이 드레인은 직접 탱크로 빼내고 압력이 발생하지 않도록 합니다. 이 내부 드레인, 외부 드레인의 구성은 윗덮개를 회전시켜 할 수 있도록 되어 있습니다 **(그림 3-28)**. 또 이 밸브에 체크 밸브를 내장하여 2차측에서 1차측으로의 압유 의 흐름을 자유로이 행하는 시퀀스 앤드 체크 밸브**(그림 3-29)**도 똑같습니다.

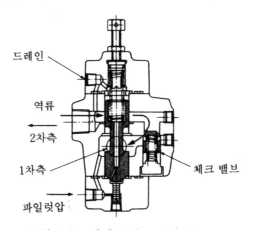

그림 3-29   시퀀스 앤드 체크 밸브

이상과 같이 시퀀스 밸브는 파일럿의 안내 방법과 드레인의 방출 방법으로(내 부와 외부의 조합에 따라서) **표 3-2**와 같이 됩니다. 그 구성을 **그림 3-30**에 표시 합니다.

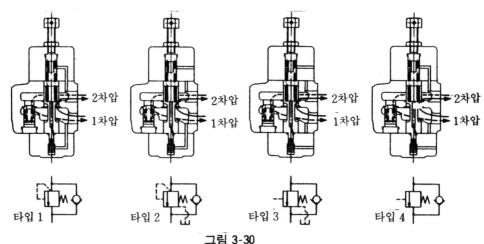

그림 3-30

3·2·16 릴리프 밸브로서의 작용

타입 1의 시퀀스 밸브는 **그림 3-26**과 같이 파일럿 압력이 내부형입니다. 즉, 파일럿 압력(＝1차쪽 압력)은 설정된 스프링힘 이상의 압력이 되면 평형 **피스톤**을 윗쪽으로 밀어 올려, 2차쪽과의 통로를 열어 압유를 **빠져나가게 합니다**. 또 2차쪽을 탱크에 접속하면 2차압은 거의 대기압이므로 1차쪽 압력은 스프링힘으로 설정된 압력을 유지하면서 밸런스하여, 직동형 릴리프 밸브로서의 작용을 할 수 있는 것입니다. 단, 오버랩을 가진 타입입니다(**그림 3-4**(a) 참조).

3·2·17 시퀀스 밸브로서의 작용

시퀀스 작동이란, 순번대로 실린더를 작동시키는 작용을 말하지만, 일반적으로 회로의 압력 변화를 잡아서 작동하는 밸브를 시퀀스 밸브라고 부르고 있**습니다**. **그림 3-27**의 타입 2, **그림 3-30**의 타입 3의 구조의 것을 말합니다.

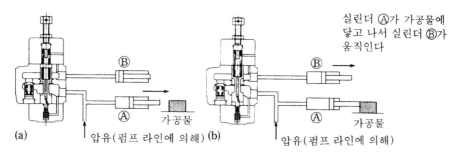

실린더 Ⓐ가 가공물에 닿고 나서 실린더 Ⓑ가 움직인다

Ⓑ

Ⓐ

가공물

(a)   압유(펌프 라인에 의해) (b)   압유(펌프 라인에 의해)

그림 3-31   시퀀스 밸브 타입 2의 작용

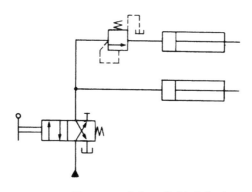

그림 3-32   시퀀스 밸브(타입 2)

시퀀스 밸브의 사용예로서 우선 내부 파일럿, 외부 드레인의 타입 2의 작용을 **그림 3-31**에 나타냅니다. 그림(a)에서, 압유를 보내면 실린더 Ⓐ가 전진합니다. (b)와 같이 실린더 Ⓐ가 공작물에 닿으면 회로압(1차압)이 상승하여 시퀀스 밸브를 작동시켜 실린더 Ⓑ가 전진한다는 순차 작동을 표시하고 있습니다. **그림 3-32**는 그 회로도를 표시한 것입니다.

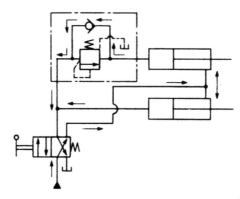

그림 **3-33**   시퀀스 앤드 체크 밸브(타입 2)

또 **그림 3-33**은 실린더를 후퇴시킬 때의 복귀유를 2차쪽(실린더 접속쪽)으로부터 1차쪽, 즉 반대 방향으로 자유로이 흐르도록 하기 위해 체크 밸브를 내장한 시퀀스 앤드 체크 밸브(타입 2)를 내장한 사용예입니다.

시퀀스 밸브의 타입 3(외부 파일럿, 외부 드레인)이 왜 필요한가 생각해 봅시다. **그림 3-32**에서, 실린더 Ⓐ에 속도 제어가 필요할 경우를 생각해 봅니다(**그림 3-34**(a)). 펌프로부터 보내져 오는 압유를 교축해서 유량 조정을 하는 것이므로

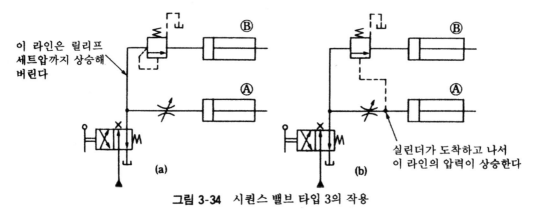

이 라인은 릴리프 세트압까지 상승해 버린다

실린더가 도착하고 나서 이 라인의 압력이 상승한다

그림 **3-34**   시퀀스 밸브 타입 3의 작용

펌프 쪽은 나머지 기름을 릴리프 밸브에 의해서 **빼내야** 하므로 높은 압력으로 **됩니다**(릴리프 밸브의 세트압까지 오릅니다). 여기에 시퀀스 밸브 타입 2의 내부 파일럿형을 사용한 것에서는 실린더 Ⓐ가 전진 중에 밸브가 작동하고, 실린더 Ⓑ도 동시에 움직이므로 곤란합니다.

그래서, **그림 3-34**(b)와 같이 교축 밸브로부터 나온 뒤, 외부 파일럿으로서 이끌면 실린더 Ⓐ에 공작물이 닿은 후 파일럿 압력이 상승하므로, 문제없이 실린더 Ⓐ가 전진 완료 후, 실린더 Ⓑ가 움직이기 시작하게 됩니다. 이러한 경우에 시퀀스 밸브 타입 3(외부 파일럿형)이 필요한 것입니다.

3·2·18 무부하 밸브로서의 작용

시퀀스 밸브의 타입 4(외부 파일럿, 내부 드레인)는 파일럿을 외부로부터 끌어 들여 1차쪽 압력의 고저에는 관계없이 파일럿 압력에 의해서 작동시켜 압유를 탱크에 **빼내어** 무부하로 하는 작용을 가진 것입니다. 무부하 밸브라고 불리는 이유는 여기에 있습니다.

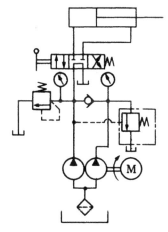

그림 3-35 언로딩 밸브로서의 작용(타입 4)

그림 3-35를 봅시다. 가장 널리 사용되고 있는 회로예입니다. 저압용 펌프는 대용량, 고압용 펌프는 소용량의 펌프를 각 1대 써서, 압력이 낮을 동안에는 저압 대용량에 고압 소용량을 가한 토출량으로 작용해서 실린더를 급속 이송합니다. 실린더가 공작물에 닿으면 압력이 상승하여, 고압용 펌프와 통하는 파일럿

압이 작용하여 평형 피스톤을 밀어올려 저압용 펌프로부터 토출되는 기름을 탱크로 빼내서 무부하로 합니다. 이 방법은 프레스 기계와 공작 기계의 급속 이송, 절삭 이송 기구 등에 널리 쓰이고 있습니다.

3·2·19 카운터 밸런스 밸브(배압 유지 밸브)로서의 작용

만약, 세로형 실린더에서 실린더에 걸리는 하중이 클 때의 하강 동작을 생각해 봅시다. 하중이 클수록 실린더의 하강이 빨라지는 것은 알 것으로 생각합니다. 다시 말해서 보통의 유압에 의한 하강에 더해서, 하중에 의한 자연 낙하(자중 낙하)의 힘이 플러스됩니다. 그렇게 되면 실린더의 하강시에서는 펌프 토출량 이상의 속도가 되기 때문에 펌프로부터의 공급 유량이 부족해져, 실린더 캡 쪽의 압력이 −로 되어 실린더는 급강하하여 속도 제어를 할 수 없게 됩니다.

여기서 생각할 수 있는 대책은 헤드 쪽에 백 프레셔(배압〈背壓〉)를 거는 것입니다. 그 때문에 시퀀스 앤드 체크 밸브의 타입 1이 쓰이는 것입니다(그림 3-36). 타입 1은 1차쪽 압력을 일정하게 유지하는 릴리프 밸브로서의 작용을 갖고 있습니다. 그러므로 시퀀스 밸브의 타입 1을 헤드 쪽에 접속해서 배압을 주면 실린더에 걸리는 하중과 평형하기 때문에, 펌프 공급 쪽 압력이 −로 되지 않아, 일정한 하강 속도가 얻어지는 것입니다.

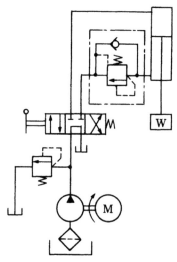

그림 3-36 카운터 밸런스 밸브

그림 3-36에서는 실린더 상승시에 기름을 흘려 주도록 체크 밸브를 내장한 시퀀스 앤드 체크 밸브의 타입 1이 카운터 밸런스 밸브로서 사용되고 있습니다.

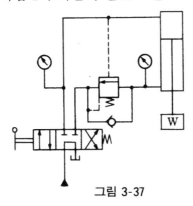

그림 3-37

그림 3-37을 봅시다. 원리적으로는 펌프 쪽 압력을 마이너스로 되지 않도록 하면 되므로 펌프 공급 쪽으로부터 파일럿을 이끌어서 하강 때에 조정된 압력 이하로 되지 않도록 하는 방법입니다. 이 방법에는 시퀀스 밸브의 타입 4를 사용하면 되지만, 실린더의 속도가 빠를 때나 하중이 일정하지 않을 때는 밸런스를 잃게 되어, 큰 노킹을 일으키는 수가 있습니다. 그 때문에 별로 쓰이지 않고 있으며, 이 경우도 주로 타입 1이 널리 쓰이고 있습니다.

3·2·20 시퀀스 밸브의 고장과 그 대책

간단히 정리하여 표 3-3에 표시합니다.

표 3-3 시퀀스 밸브의 고장과 그 대책

현 상	원 인	대책 방법
압력이 너무 높거나 또는 너무 낮다	스프링이 적절하지 않다	스프링의 점검, 교환
	피스톤의 작동 불량	분해하여 피스톤 미끄럼 운동부의 이물질, 끼워맞춤을 확인한다(※1)
	드레인 배관의 배압의 영향을 받고 있다	드레인 배관의 압력 측정을 하고, 필요하면 별도 배관으로 한다(※2)
압력이 불안정하고 변동한다	피스톤의 작동 불량	(※1)과 같다
	드레인 배관의 압력 변동의 영향을 받고 있다	(※2)와 같다
	작동유에 공기가 혼입하고 있다	탱크 기름면의 확인, 작동유 보충, 펌프 **흡입** 배관의 시일 점검

3·3 유량 제어 밸브의 작용과 특성

(1) 유량 제어 밸브의 역할

유량 제어 밸브는 기름의 흐르는 양을 제어합니다. 제어라고 하면 어렵게 생각하지만 수도꼭지와 같습니다. 기름의 흐르는 곳의 면적을 바꾸어 유량을 제어하지만, 수도꼭지에 한하지 않고 면적을 바꾸면 왜 유량이 변하는 것일까요, 의외로 설명이 힘듭니다. 우선은, 유량은 어떻게 하여 결정되는 것인가를 생각해 봅시다.

3·3·1 유량을 바꾸려면

설명을 간단히 하기 위해, 기름이란 액체가 아니고 고속도로를 달리는 자동차라는 고체로 생각해 봅시다. 그림 3-38은 4차선을 사용하여 달리고 있는 자동차로, 요금 계산소의 게이트가 2군데로 되어 있다고 생각합니다. 요금 계산소에서는 아무래도 2대밖에 통과하지 못합니다. 만약 그림의 Ⓐ도 Ⓑ도 Ⓒ도, 자동차가 같은 속도로 달리고 있다고 하면(실제로는 요금 지불 때문에 늦어지기도 하고, 정차하기도 하지만), Ⓐ에서 4대 달리던 것이 Ⓒ에서는 2대로 됩니다. 즉 차의 대수(유량)는 반으로 되어 버립니다. 다시 요금 계산소의 게이트를 1군데만으로 하면 1/4이 되고, 게이트를 전부 닫으면 0이 됩니다. 이와 같이 게이트의 수를 자유로이 제어할 수 있으면 0, 1/4, 1/2, 1로 유량(차의 주행 대수)을 제어할 수 있습니다.

이야기를 액체로 되돌립니다. 액체의 입자는 대단히 작은 것이므로 0~1.0 사

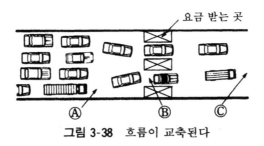

그림 3-38 흐름이 교축된다

이에 무한히 작게 조정할 수 있는 것은 이해할 것입니다. 이것이 유체 제어의 방법입니다. 요는 어느 부분에서 교축하는(면적을 작게 하는) 것을 말합니다.

그런데, 압력은 관계없는 것일까요. 면적을 바꾸면 유량이 변화하는 것은 유체 역학적으로도 바른 것입니다. 그러나 실제의 유압에서는 유량을 100[l/min] 제어하고 싶을 경우와 10[l/min] 제어하고 싶을 경우에서는 유량의 값(절대값)이 변합니다. 같은 크기(면적)의 밸브 1개로 100[l/min]도 10[l/min]도 흐르게 할 수 있을까요. 약간 무리가 있을 것입니다.

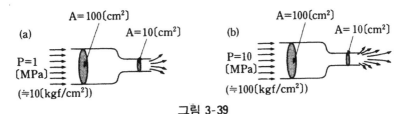

그림 3-39

예를 들면 **그림 3-39**(a)(b)는 양쪽 모두 같은 면적을 갖고 있지만, 보내는 곳의 압력만이 틀립니다. (a)에서는 1[MPa]($\fallingdotseq$10[kgf/cm²]), (b)에서는 10[MPa] ($\fallingdotseq$100[kgf/cm²])로 하면, 출구에서 흐르는 유량은 같을까요? 아무래도 압력이 높은 쪽(그림(b))이 많이 나올 것입니다. 가정의 수도꼭지에서도 꼭지를 손대지 않는데 다른 곳에서 물을 뽑아 쓰면 나오는 물의 양이 감소하는 것을 경험한 일이 있을 것입니다. 그것과 마찬가지로, 면적이 같아도 압력에 따라서 유량은 변화합니다.

즉 100[l/min] 흘리는 경우에는 그 나름의 높은 압력이 필요하게 됩니다. 그러므로 사용 압력의 조건에 의해서 1개의 밸브로 100[l/min] 흘릴 수 있는 경우와 흘릴 수 없는 경우가 나옵니다. 그 때문에 유량에 걸맞는 면적을 갖고 있는 밸브를 선택할 필요가 있는 것입니다.

3·3·2 초크와 오리피스

계산식이 조금 나와 있지만, 유량이 어떻게 결정되는 것인가를 생각해 봅시다. 교축부의 형상으로서는 **그림 3-40**과 같이 단면적에 비해 유로(流路)가 짧은 오리피스(a)와, 단면적에 비해 유로가 길고, 이 가늘고 긴 유로에서 유량을 제어

하는 초크(b)가 있습니다. 여러가지 형상의 교축도 이 2개 중 어느쪽인가의 식
으로 유량을 계산하게 됩니다. 면적의 유량 계산식을 다음에 표시합니다.

　○오리피스의 경우의 유량 Q[cm³/s]는 다음 식으로 계산할 수 있습니다.

$$Q = C \cdot A \sqrt{\frac{200 \cdot (P_1 - P_2)}{\rho}}$$

　　여기서, C: 축류계수(형상, 유량, 점도로 정해지는 상수)

　　　　　A: 오리피스의 단면적[cm²]

　　　　　ρ: 유체의 밀도[kg/cm³]

　　　　　Q: 유량[cm³/s]

　　　　　P₁, P₂: 오리피스 입구, 출구의 압력[MPa](=100/9.8[kgf/cm²])

중력 단위 사용의 경우　　　　C: 축류계수

　　　　　　　　　　　　　　A: 오리피스 면적[cm²]

$$Q = C \cdot A \sqrt{\frac{\gamma \cdot (P_1 - P_2)}{2g}}$$

　　　　　　　　　　　　　　g: 중력 가속도(980[cm/s²])

　　　　　　　　　　　　　　Q: 유량[cm³/s]

　　　　　　　　　　　　　　γ: 유체의 단위 면적 중량[kgf/cm²]

　　　　　　　　　　　　　　P₁, P₂: 입구, 출구의 압력[kgf/cm²]

　○초크의 경우의 유량 Q[cm³/s]는 다음 식으로 계산됩니다.

$$Q = \frac{\pi \cdot 10^6 \cdot D^4}{8 \cdot \mu} \cdot \frac{(P_1 - P_2)}{L}$$

　　여기서, Q: 유량[cm³/s]

　　　　　π: 원주율

　　　　　D: 초크 안지름[cm]

　　　　　L: 초크의 길이[cm]

　　　　　μ: 유체의 점성계수[Pa·s](=100/9.8[kgf/cm²])

중력 단위 사용의 경우　　　　D: 초크 안지름[cm]

　　　　　　　　　　　　　　L: 초크의 길이[cm]

$$Q=\frac{\pi \cdot D^4}{8 \cdot \mu} \cdot \frac{(P_1-P_2)}{L}$$

Q: 유량$[cm^3/s]$

μ: 유체의 점성계수$[kgf \cdot s/cm^2]$

P_1, P_2: 입구, 출력의 압력$[kgf/cm^2]$

두 식에서 오리피스와 초크에 대하여 다음과 같이 정리할 수 있습니다.

① 유량은 면적에 의해 변화한다: 오리피스는 비례, 초크는 제곱 비례.

② 유량은 압력에 의해 변화한다: 오리피스는 $\sqrt{}$에 비례, 초크는 1차 비례. 또 당연하지만 차압$(P_1-P_2)>0$이 아니면 기름은 흐르지 않는 것도 표시하고 있습니다.

③ 오리피스는 작동유 점도의 영향이 적고, 초크는 반비례하고 있다: 점도(기름의 흐름의 용이성)의 영향을 받기 어렵다는 것은, 작동유가 변하거나, 기름 온도의 변화로 점도가 변하여도 유량은 변하기 어려운 것을 의미합니다. 오리피스에서도 약간은 점도의 영향을 받지만 초크에 비해 대단히 적어집니다.

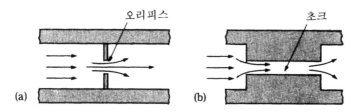

그림 3-40 오리피스(a)와 초크(b)

유량 제어 밸브는 그림 3-40의 오리피스, 초크의 형상을 그대로 사용하기도 하고, 아주 비슷한 형으로 하여 외부로부터 오리피스와 초크의 단면적이 바뀌도록 하여 밸브의 구조를 정하고 있습니다. 또, 핸들 회전에 대하여 유량 변화량을 적게 하는 연구, 가볍게 핸들을 조작할 수 있는 배려, 조정량을 해독하는 눈금을 붙인 사용하기 쉬운 밸브가 개발되고 있습니다. 더우기 압력이 변해도 한번 세트한 유량이 변화하지 않는 압력 보상 기능을 부가하거나, 기름 온도가 변해도 유량 변화가 적은 온도 보상 기능을 설치한 것 등이 만들어지고 있습니다.

3·3 유량 제어 밸브의 작용과 특성

(2) 교축 밸브의 종류와 특성

유량 제어 밸브는 그 기능으로부터 다음과 같이 분류할 수 있습니다.

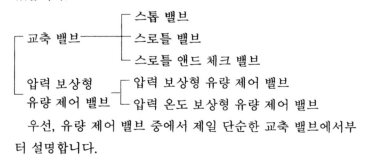

우선, 유량 제어 밸브 중에서 제일 단순한 교축 밸브에서부터 설명합니다.

3·3·3 스톱 밸브

그림 3-41을 봅시다. 이것이 스톱 밸브로, 수도용, 유압용 등 많은 종류가 있어서, 각각에 용도에 따라 쓰이고 있습니다.

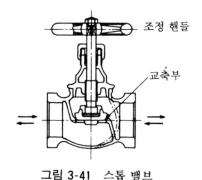

그림 3-41 스톱 밸브

스톱 밸브는 핸들을 조작하여 교축부의 개도(단면적)를 바꾸어서 유량을 조정합니다. 단, 유압용으로서 사용할 경우는 교축 전후의 압력차가 커지기 쉽기 때문에 유량을 조금씩 조정하기가 어려워, 주로 기름의 흐름을 완전히 멈추든가, 흘리든가를 목적으로서 사용됩니다.

3·3·4 스로틀 밸브

그림 3-42에 스로틀 밸브의 구조를 표시합니다. 이 밸브의 조작은 스톱 밸브와 같고, 조작 핸들을 조작함으로써 밸브 속에 있는 스풀을 축방향으로 움직여서 유량을 조정합니다.

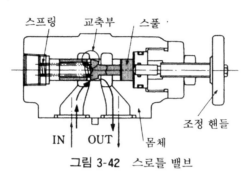

그림 3-42 스로틀 밸브

스로틀 밸브의 교축부를 확대한 것이 **그림 3-43**으로, 그림(a)와 같이 완만한 테이퍼로 되어 있든가, (b)와 같이 가는 V자형 홈이 절삭되어 있습니다. 이것으로 교축 전후의 압력차가 커져도 비교적 작은 양의 유량 조정을 하기 쉽게 하고 있습니다.

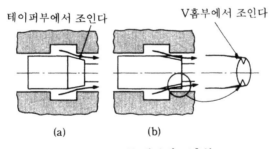

그림 3-43 스로틀 밸브의 교축부

스톱 밸브 및 스로틀 밸브는 기름이 어느 방향에서 흘러와노 똑같이 흐름을 교축해서 유량 조정을 할 수가 있습니다.

3·3·5 스로틀 앤드 체크 밸브

한쪽에서의 흐름은 교축, 반대 방향에서의 흐름은 자유로이 흘려 주는 밸브가 스로틀 앤드 체크 밸브입니다. 그 구조를 **그림 3-44**에 표시합니다. 그림 **3-42**의

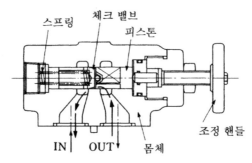

스프링   체크 밸브   피스톤

IN   OUT   몸체   조정 핸들

그림 3-44   스로틀 앤드 체크 밸브

스로틀 밸브와 아주 비슷하지만, 체크 밸브가 부가되어 있습니다.

이 밸브의 작동은 기름이 IN 포트에서 OUT 포트로 흐를 때는 스로틀 밸브와 똑같이 흐름을 조정할 수 있습니다. 그러나 반대로 OUT 포트에서 IN 포트로 흐를 때는 체크 밸브가 OUT 포트에서의 압력에 의해서 스프링을 밀어 내려 이동하여, 기름은 자유로이 흐르도록 되어 있습니다.

3·3·6 교축 밸브를 사용한 회로예

그림 3-45는 스로틀 밸브의 사용예로, 실린더의 전진, 후퇴 함께 유량을 교축해서 실린더의 속도를 조정합니다.

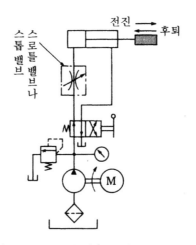

전진 → 후퇴

스톱 밸브   스로틀 밸브나

M

그림 3-45   스로틀 밸브를 사용한 회로예

그림 3-46은 스로틀 앤드 체크 밸브를 사용한 것으로, 실린더가 전진할 때는 유량을 교축해서 실린더의 속도를 조정하지만, 실린더가 후퇴할 때는 체크 밸브

가 열려서 밸브를 지나는 기름의 흐름은 자유로이 됩니다. 그 때문에 펌프에서 토출되는 기름의 양은 모두 실린더를 움직이도록 작용하므로 실린더는 빠른 속도로 후퇴하게 됩니다. 이것은 공작 기계 등에서, 절삭 이송은 천천히 실린더를 움직이는 데 대하여, 귀환은 급속 귀환 작동을 하기 위해서입니다.

그런데, 이와 같은 교축 밸브를 사용한 회로에서의 문제점은 무엇일까요?

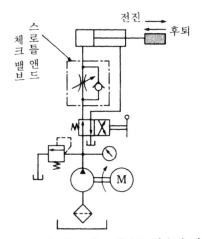

그림 3-46 스로틀 앤드 체크 밸브를 사용한 회로예

예를 들면, 그림 3-46에서 같은 전진 행정에서도 부하의 크기가 바뀌면, 실린더를 움직이려는 압력도 변합니다. 그러면, 교축 밸브 전후의 차압이 바뀌어, 교축 밸브를 통하는 유량이 바뀝니다. 즉, 실린더의 속도가 바뀌는 셈입니다. 실제로 공작 기계의 절삭 이송에서, 교축 밸브의 개도를 일정하게 해 두어도 커터가 공작물에 걸리기 전은 이송 속도가 빠르고, 걸린 뒤에는 느려집니다. 또 공작물을 절삭 중에도 절삭 저항이 작은 곳에서는 빠르고, 큰 곳에서는 느려집니다. 다시 초크 형상의 교축 밸브에서는 아침 제일 먼저의 기동시와 연속 운전 중에는 기름 온도가 변하고, 이에 따르는 기름의 점도 변화가 큰 경우는 속도가 변화합니다.

이와 같이 교축 밸브는 일단 유량 조정 작용은 하지만, 오리피스, 초크의 유량 계산식과 같이 교축 전후의 압력차가 바뀌면 유량이 변화합니다. 그 때문에, 이와 같은 교축 밸브를 사용하는 것은 부하의 변화, 즉 압력의 변화가 작은 곳이든가, 또는 다소는 속도 즉 유량이 변화하여도 상관이 없는 곳에 한정되는 것입니다.

3·3 유량 제어 밸브의 작용과 특성

(3) 압력 보상과 온도 보상에 대하여

유량 제어 밸브 중에는 교축 밸브 앞뒤의 압력이 변화하여
도 유량이 변화하지 않는 압력 보상형이나, 유온 변화에 대하
여 유량이 일정하게 되도록 온도 보상이 달린 것 등이 있습니
다. 이들을 사용하면 압력이나 기름의 온도 변화에도 대응하
는 유량의 제어를 할 수 있습니다. 그것을 소개하고 유량 제
어 밸브의 사용 방법에 대하여도 설명합니다.

3·3·7 압력 보상형 유량 제어 밸브

유량 제어 밸브를 플로 컨트롤 밸브(flow control valve)라고 합니다. 그러므
로 압력 보상형 유량 제어 밸브는 압력 보상형 플로 컨트롤 밸브라고도 부르고
있습니다. 그림 3-47이 압력 보상형 유량 제어 밸브의 구조와 단면 사진입니다.
교축부 A는 축의 일부에 초승달 모양의 노치로 되어 있어, 외부로부터 회전시켜
서 교축 면적을 변화시켜 유량을 조정하는 곳입니다. 이 유량 제어 밸브가 어떻
게 하여 압력이 변화하여도 유량을 일정하게 유지하는가, 즉 압력 보상을 하는
가를 설명합니다.

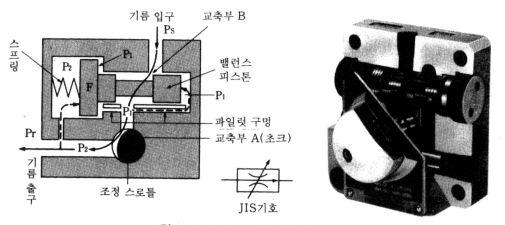

그림 3-47 압력 보상형 유량 제어 밸브

밸런스 피스톤의 제일 굵은 지름을 경계로 하여, 오른쪽에는 교축 전의 압력 P_1이, 왼쪽에는 교축 뒤의 압력 P_2가 각각 가는 파일럿 구멍을 통해서 안내되고 있습니다. P_1과 P_2의 차압 P_c는 스프링의 힘과 밸런스 피스톤의 단면적 F에 의해서 정해지고 있습니다. 이 차압 P_c를 보상 차압이라고 합니다.

지금, 만약 밸브 입구 쪽의 압력 P_s가 증가하여 A부분을 지나는 유량이 증가했다고 합시다. 그러면 P_1과 P_2의 차압이 커져, 밸런스 피스톤은 스프링을 눌러 왼쪽으로 움직입니다. 그러면 밸브의 입구로부터 기름이 흘러 들어가는 곳의 교축 B의 개도가 작아져 밸브의 외측에서 흘러 들어가는 기름의 양을 줄이도록 작용합니다. 이 일련의 움직임은 P_1과 P_2의 차압이 최초에 설정한 차압 P_c와 같아질 때까지 교축 B를 조여, 거기서 평형해서 밸런스 피스톤을 정지시킵니다.

또 반대로, 밸브의 입구 압력 P_s가 낮아져 A부분을 지나는 유량이 감소하든지 하면 P_1과 P_2의 차가 작아져 밸런스 피스톤은 스프링에 의해서 오른쪽으로 움직여져서 교축 B의 개도를 크게 하여, P_s가 낮아도 기름이 흘러 들어가기 쉽게 합니다. 그리하여 최초에 설정한 보상 차압 P_c와 같아질 때까지 밸런스 피스톤이 열려, 거기서 정지합니다.

즉, 밸브의 입구 압력 P_s와 출구 압력 P_r의 차가 어떻게 달라지든 밸브 내부에서 교축부 A의 앞뒤 차압이 항상 일정하게 되는 짜임으로 돼 있는 것입니다.

단, 밸브 앞뒤의 압력차(P_s-P_r)가 스프링과 밸런스 피스톤의 단면적에 의해서 정해지는 보상 차압 P_c 이하로 되면 밸런스 피스톤이 작동하지 않게 되어, 교축부 A만의 단순한 교축 밸브와 거의 똑같이 됩니다. 그 때문에 P_1과 P_2의 차

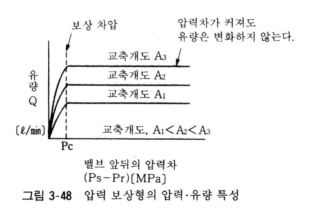

그림 3-48 압력 보상형의 압력·유량 특성

Pc가 가급적 작은 차로 밸런스 피스톤이 작동되도록 하는 편이 좋은 것으로, **현재 널리 사용되고 있는 압력 보상형 유량 제어 밸브에서는**, 그 Pc의 값은 거의 0.2~1.0[MPa]($\fallingdotseq$2~10[kgf/cm^2])이 되도록 설계되어 있습니다.

이 압력 보상형 유량 제어 밸브의 성능을 **그림 3-48**에 표시합니다.

그림 3-47에 표시한 압력 보상형 유량 제어 밸브는 압유를 반대 방향으로 자유로이 흘릴 수 있는 구조로 되어 있지 않습니다. 반대 방향으로 자유로이 **흘릴 필요가 있을 경우에는 체크 밸브를 그림 3-49와 같이 병렬로 사용하면 그 기능을 다할 수가 있습니다.**

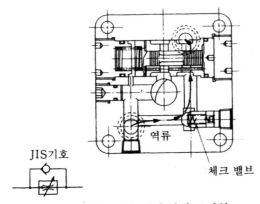

JIS기호

역류

체크 밸브

그림 3-49 체크 밸브 붙이 압력 보상형

이와 같은 성능을 가진 압력 보상형 유량 제어 밸브를 사용하면 실린더로 부하를 구동할 때 부하가 바뀌어도 구동하는 속도를 항상 일정하게 유지할 수가 **있습니다.** 예를 들면, 공작 기계의 절삭 이송에 사용하면 절삭 개시 때와 절삭 중의 절삭 저항(부하)의 변화 및 절삭에서부터 절삭 완료로 옮길 때 등도 항상 일정한 속도로 이송할 수가 있습니다. 그 위에, 절삭면을 매끄럽게 마무리하고, 절삭 공구의 파손을 막으며, 절삭 능률을 올리는 것 등에 도움이 됩니다. 이 밖에도 압력 보상형 유량 제어 밸브는 그 특성을 살려서 많은 기계와 장치에 사용되고 있습니다.

3·3·8 온도(점도) 보상형 유량 제어 밸브

지금까지 압력 변화에 대하여 일정 유량으로 유지하는 짜임새에 관하여 설명했는데, 또 하나의 문제점인 유온의 변화, 그것에 수반하는 점도의 변화에 대처하는 짜임새에 대하여 생각해 봅시다. 그러면 먼저 작동유에 관해서 간단히 이야기해 둡니다.

작동유는 손에 닿으면 미끈거려, 물에 비하면 매우 끈기가 있는 것입니다. 이 끈기를 기름의 "점도(粘度)"라고 합니다. 이 점도는 기름의 온도가 변하는 데에 따라서 크게 변합니다. 즉, 기름의 온도가 높아지면 점도가 낮아지고 기름의 온도가 낮아지면 점도가 높아집니다. 기름 온도와 점도는 뗄 수 없는 관계가 있는 것입니다.

작동유의 온도, 즉 작동유의 점도가 변하는 것에 따라서 유량이 바뀌어져서는 좋지 않은 곳, 예를 들면 정밀한 공작 기계 등에 쓰이는 것이 온도 보상형 유량 제어 밸브입니다.

일반적으로 유량에 대한 기름의 점도의 영향은 교축부의 면적에 대해서 교축부의 두께(폭)가 작을수록 영향이 적고, 두꺼워지면 영향이 커집니다. 그러므로 교축부의 두께를 얇게 하기 위해서 나이프 에지형(얇은 날 오리피스)으로 되어 있습니다.

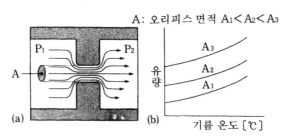

그림 3-50   오리피스가 두꺼우면 유온이 올라가고
유량도 증가한다

그림 3-50은 유량 제어 밸브의 교축부를 오리피스로서 그린 것으로, (b)는 기름의 온도에 대한 유량의 변화의 모양을 나타낸 것입니다. 오리피스가 두꺼우면 (교축부가 길다: 초크), 기름의 온도에 의한 유량의 변화는 상당히 커집니다.

오리피스를 되도록 얇게 하고, 특히 그 끝을 나이프 에지로 한 것이 **그림 3-51**(a)입니다. 그 성능은 그림(b)와 같이 대단히 좋아집니다. 일반적으로 시판되고 있는 온도 보상형 유량 제어 밸브는 거의 이 얇은 날 오리피스를 이용한 것입니다.

그러나 얇은 날 오리피스를 이용한 것도 **그림 3-51**(b)에 표시한 바와 같이 완전한 것은 아니고 온도 변화에 따라 유량은 약간 변화합니다. 앞서 설명한 압력 보상형에서는 압력의 변화가 적은 경우라도, 혹은 $10[\mathrm{MPa}](\fallingdotseq 100[\mathrm{kgf}/\mathrm{cm}^2])$ 이상 변화하여도 상당히 높은 정밀도로 유량이 조정되지만, 기름 온도 변화에 대하여는 얇은 날 오리피스를 이용하여도 유량이 적은 경우(수$[l/\mathrm{min}]$ 이하)에는 유량이 상당히 변화합니다. 그런 의미에서는 압력 보상보다 온도(점도) 보상 쪽이 어렵다고 할 수 있습니다.

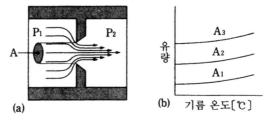

그림 3-51 칼날 오리피스에서는 유온이 올라 가는 데 비해서는 유량이 증가하지 않는다

온도 보상형 유량 제어 밸브를 사용하면, 아침의 시동시에 세트해 둔 이송 속도가 기름의 온도가 상승하면, 변해 버리게 되는 일이 줄어들지만, 반대로 말하면 온도에 의해서 점도 변화가 적은 작동유를 사용하는 것도 중요한 포인트입니다.

3·3·9 유량 제어 밸브의 사용 방법

유량 제어 밸브는 실린더와 오일 모터라는 액추에이터의 기름의 흐름을 제어하여 그 속도를 제어하는 데에 사용하는데, 그 사용 방법은 다음 3가지로 크게 나누어집니다.

① 미터인 제어: 액추에이터에 들어가는 유량을 제어한다

② 미터아웃 제어: 액추에이터로부터 나오는 유량을 제어한다

③ 블리드오프 제어: 펌프 토출량의 잉여 유량을 제어한다

미터란 계측기 혹은 측정한다는 의미로, 인·아웃은 액추에이터에서 보고 결정

합니다. 그러므로 미터인이란, 액추에이터에 들어가는(IN 하는) 기름의 **양을** 재는(제어하는), 미터아웃은 액추에이터에서 나오는(OUT 하는) 기름의 양을 제어하는 것이 됩니다. 블리드오프(bleed-off)란 출혈한다는 의미로, 작동유를 혈액에 비유하고 있는 셈입니다. 적당한 번역이 없으므로, 셋 모두 영어 읽음으로 기억해 주시기 바랍니다.

이제까지 설명한 바와 같이 유량 제어 밸브란 기름의 양을 교축하므로, 교축하는 가까운 쪽의 압력은 교축한 뒤의 압력보다 높아집니다. 교축 앞뒤의 압력차는, 말하자면 필요악이므로 적은 쪽이 좋고, 또 이 높아진 압력이 다른데에 영향을 주지 않는 쪽이 좋은 것입니다. 즉, 기름의 양을 교축하는 것에 따라서 발생하는 압력이 걸리는 곳에 주목해야 합니다.

더우기 유량 제어한 그 기름으로써 액추에이터가 움직이지 않으면 제어한 것이 되지 않습니다. 반대로 말하면, 보낸 기름의 양 이상의 속도로 액추에이터가 움직여서는 안된다는 것입니다. 예를 들면, 실린더가 잡아당겨져 스스로 달려갈 경우에, 보내는 기름의 양을 제어하고 있어도 속도 제어를 할 수 없습니다.

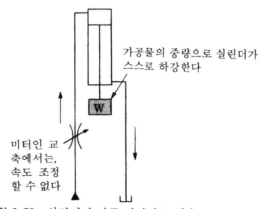

가공물의 중량으로 실린더가
스스로 하강한다

미터인 교
축에서는,
속도 조정
할 수 없다

그림 3-52 실린더가 사중 낙하하는 경우

그림 3-52를 봅시다. 세로형 실린더로 무거운 공작물을 매단 경우, 그것을 지지하는 유압력이 실린더의 헤드 쪽에 발생해 있지 않으면 실린더는 자기 무게로 낙하합니다. 이 상태를 로드가 잡아 당겨진다고 하고 있지만, 이때의 속도 제어는 실린더에서 나오는 기름(헤드 쪽)을 제어하는 것밖에 방법이 없습니다. 실린더에 들어가는 기름을 제어(미터인 제어)하고 있어도 실린더가 스스로 하강하

므로 제어로는 되지 않습니다. 이것도 주의해야 합니다.

그러면 우선 미터인 회로부터 설명합니다.

(1) 미터인 회로

그림 3-53과 같이, 실린더(또는 오일 모터)의 앞에 유량 제어 밸브를 넣은 회로를 미터인 회로라고 합니다. 이 회로는 실린더에 흘러 들어가는 유량을 조정하고 남은 기름은 릴리프 밸브에서 탱크로 빼냅니다. 그러므로 펌프로부터 토출되는 전기름의 양이 릴리프의 설정 압력까지 상승합니다. 그러나 실린더에는 부하를 구동하는 압력밖에 발생하지 않으므로 실린더에 필요 이상의 압력을 걸지 않는다는 메릿은 있습니다. 그러나 로드가 잡아 당겨지는 부하가 발생할 경우는 제어가 불가능하여 채용할 수 없습니다.

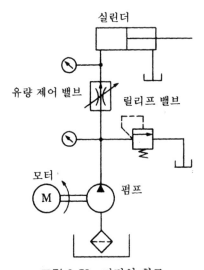

그림 3-53 미터인 회로

일반적으로 실린더나 오일 모터의 부하가 일정하고, 정부하 즉 항상 로드를 미는 방향의 부하일 경우에 채용됩니다. 공작기계로 말하면 연삭기의 테이블 이송이나 밀링 머신용 오일 모터 등에 사용됩니다.

(2) 미터아웃 회로

그림 3-54가 실린더의 뒤에 유량 제어 밸브를 넣은 것으로 미터아웃 회로라고 부릅니다. 이 회로는 실린더로부터 흘러 나오는 유량을 조정하고 있는 셈이나, 미터인 회로와 마찬가지로 남은 기름은 릴리프 밸브로부터 탱크에 내보내고 있

습니다. 이 때문에 펌프로부터 토출되는 전유량이 릴리프 밸브의 설정 압력**까지**
상승하므로, 회로 효율의 면에서는 미터인 회로와 같이 별로 좋지 않습니다.

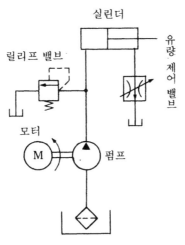

그림 3-54 미터아웃 회로

그러나 실린더의 뒤에서 교축되고 있으므로 실린더에 배압이 걸리게 되어, 부
하 변동이 심한 곳이나, **그림 3-52**의 예와 같이 실린더가 세로형이고, 규정 이상
의 속도로 자중 낙하(自重落下)할 우려가 있는 곳 등에 적합합니다. 예를 들면,
드릴링 머신 등의 부하 변동이 심한 공작 기계의 이송, 프레스 기계 등에 많이
사용됩니다.

(3) 블리드오프 회로

그림 3-55와 같이 실린더와 펌프 사이의 회로로부터 유량 제어 밸브를 지나서
탱크로 돌아가는 유량을 조정하는 회로를 블리드오프 회로라고 부릅니다.

이 회로에서는 유량을 조정하는 정밀도가 유량 제어 밸브와 펌프의 용적 **효율**
에 영향을 주므로 부하의 변동이 클 때에는 적합하지 않습니다. 그러나 펌프**에**
걸리는 압력은 실린더가 부하를 구동하는 데 필요한 만큼의 압력으로밖에 되지
않으므로 모터의 헛된 동력의 소비는 없어, 회로 효율이 매우 우수합니다.

따라서 부하 변동이 적은 연삭기나, 호닝 머신 등의 이송에 적합합니다.

3·3·10 유량 제어 밸브의 고장과 그 대책

유량 제어 밸브의 구조와 작용을 기초로 하여 유량 제어 밸브에 일어나는 고

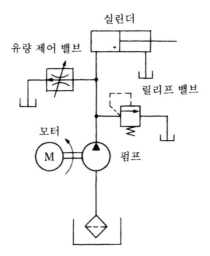

그림 3-55 블리드 오프 회로

장 원인과 그 대책에 대하여 **표 3-4**에 간단히 표시합니다. 어떻든지 외부와 내부에서의 먼지가 원인이 되는 경우가 많은 것입니다. 일상의 장치 주변의 청소와 작동유의 청정도 관리 등이 중요합니다. 릴리프 밸브에서의 원인과 대책과 합쳐서 생각하고 올바른 처치를 해야 합니다.

표 3-4 유량 제어 밸브의 고장 원인과 그 대책

현 상	원 인	대책 방법
압력 보상 피스톤이 움직이지 않는다	보상 피스톤에 먼지가 막혀서 작동 불량	분해 청소를 해서 먼지를 완전히 없애고 다시 조립한다
	슬리브의 작은 구멍에 먼지가 막혀 있다	분해 청소를 하여 먼지를 완전히 없애고, 작은 구멍의 관통을 확인한 후 다시 조립한다
조정 핸들의 회전이 무겁다	조정 핸들의 축 외주면에 먼지가 막혀 있다	분해 청소한다
	1차압이 높다	릴리프 밸브를 조정하여 회로 압력을 내리고, 조정 교축 밸브의 조정용 손잡이를 조작한다
	조정 유량에 변화가 심하다	최저 조정 가능 유량의 범위 안에서 사용하고 있는가를 조사하고, 적절한 밸브로 교환한다

눈금판이 위로 올라간다	드레인 배관에 먼지가 막혀 있다	드레인 배관을 빼내어 점검하고, 청소를 하여 다시 조립한다
	밸브의 드레인 포트에 배압이 걸려 있다	다른 파이프의 드레인 배관과는 별도로 하여, 배압이 적게 되도록 직접 탱크에 되돌린다

3·4 방향 제어 밸브의 작용

방향 제어 밸브란 무엇인가

열차의 방향은 레일 포인트로 전환하지만, 유압으로 레일 포인트의 역할을 하는 것이 방향 제어 밸브입니다. 차이는 전환하는 것이 기름이라는 액체라는 것뿐입니다. 전환의 기본 패턴은, ① 흐르고 있던 것을 멈춘다, ② 멈추고 있던 것을 흘린다는 두 가지밖에 없습니다. ①과 ②는 같은 동작을 반대로 할 뿐이므로, 구조를 하나 생각하면 양쪽에 사용하게 됩니다.

3·4·1 방향 제어 밸브란

수도꼭지에서 물이 나오고 있습니다. 이것을 꼭지의 핸들을 사용하지 않고 멈추려고 하면, 누구나 손가락으로 꼭지를 누를 것입니다. **그림 3-56**(a)는 손가락 대신에 철판과 같은 것으로 꼭지를 누르고 있습니다. 이 경우, 어지간히 잘 누르지 않으면 새게 됩니다. 그림(b)는 릴리프 밸브의 니들 밸브 구조로, 누설이 생기기 어려운 구조라는 것은 앞서 설명한 바와 같습니다.

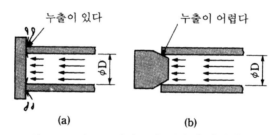

그림 3-56 수도꼭지의 물을 멈추기 위해서는

어떤 경우도, 미는 힘은 F=P·π/4·D²으로 결정되므로 뜻밖에 큰 힘이 됩니다. 수도꼭지로 계산하여 보면, 꼭지 지름은 약 10[mm], 수도의 압력은 아무리 높아도 0.4[MPa](≒4[kgf/cm²])이므로 미는 힘 F=0.4×π/4×1²≒3.1[N] (≒3.2[kgf])이 되어, 이 정도라면 밀 수 있습니다. 그런데 유압의 경우에서는 0.4[MPa](≒4[kgf/cm²])이 아니고 14[MPa](≒140[kgf/cm²])이든가 21

[MPa]($\fallingdotseq$210[kgf /cm^2])이 일반적으로 사용되는 압력입니다. 그렇게 하면 수도꼭지에서는 21[MPa]의 경우는 16.5[N]($\fallingdotseq$162[kgf])나 됩니다. 대단히 **큰 힘입니다**. 멈추어지는 것은 알지만, 이만큼의 힘을 내는 방법이 문제입니다.

(1) 유압을, 유압으로 멈춘다

큰 힘을 낼 수 있는 것이 유압의 장점이었습니다. 그러므로 유압을 멈추는 데에 유압을 사용하는 것이 제일 좋은 방법입니다. 그래서 **그림 3-57**을 생각해 보았습니다. 밸브 시트 지름보다 포핏의 지름 쪽이 크게 되어 있습니다. 포핏에는 PP(파일럿) 라인으로부터 유압을 겁니다. 포핏부의 면적(A$_1$)이 밸브 시트의 **면적(A$_2$)**보다 큰 셈이므로 PP의 압력으로서 IN쪽의 압력을 안내하여도 면적이 **큰 쪽의 힘으로 포핏은 밸브 시트에 꽉 밀려 포핏은 닫혀 있게 됩니다.**

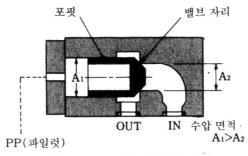

그림 3-57 포핏을 사용하는 방법

PP의 압유를 탱크로 되돌려 주면 포핏을 미는 힘이 없어져 포핏은 후퇴하여 **열리게 됩니다**. 즉 파일럿 압력을 거느냐, 안거느냐로 IN, OUT을 개폐할 수 있**습니다**. 이 방법을 사용하고 있는 밸브로서 뒤에 자세히 설명하는 체크 밸브, 파일럿 체크 밸브, 로직 밸브가 있습니다.

(2) 유압 평형을 이용한다

그림 3-58의 방법은 개폐하는 데에 힘으로서는 큰 것이 필요합니다. 개폐하는 **힘을 작게 하려고 생각되는 것이 그림 3-58입니다**. 그림에서는 IN과 OUT 사이가 통하고 있습니다. 이때 스풀에 작용하고 있는 힘은 왼쪽 방향, 오른쪽 **방향** 모두 같아집니다. 또 스풀 양끝의 Ⓐ, Ⓑ실의 압력을 같게 하여 두면 스풀을 움직이는 힘으로는 안됩니다. 즉 이때의 스풀은 유압적으로 완전히 평형되어 있게 **됩니다**. IN, OUT의 압력이 높아도 낮아도 그 압력으로 스풀은 움직이지 않습니

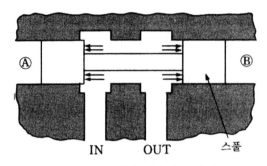

그림 3-58   스풀을 사용하는 방법

다. 앞에서도 설명했지만 이것을 유압 평형이라고 하고, **그림 3-58**의 방법은 그
것을 이용하고 있는 것입니다.

이 구조에서는 IN·OUT 사이에 기름이 흐르고 있지만 축방향에 힘이 발생하
고 있지 않으므로 밖에서 스풀을 움직이는 데에 필요한 힘은 스풀을 미끄럼 운
동 저항 정도의 대단히 작은 것으로 좋게 됩니다. Ⓐ와 Ⓑ는 같은 압력이면 **좋으**
므로, T포트 라인 또는 드레인 라인에 접속되게 됩니다. 이 방법을 채용하고 있
는 것이 솔레노이드 밸브, 파일럿 오퍼레이트 밸브, 솔레노이드 파일럿 오퍼레
이트 밸브입니다. 어느것도 뒤에 자세히 설명합니다.

(3) 어떤 용도에 사용되는 것인가

방향 제어 밸브의 구조는 포핏 타입과 스풀 타입으로 나눌 수 있습니다. 용도
별로 분류해 보면 다음 3가지로 됩니다.

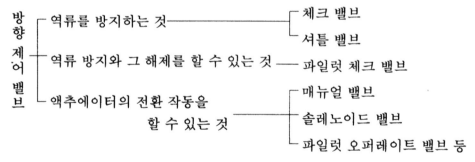

각각에 대하여 설명하기로 합니다.

3·4·2   체크 밸브(역류 방지 밸브)

체크 밸브의 체크란, 제지·억지한다는 의미이지만 **그림 3-59**(a)에 직각 앵글

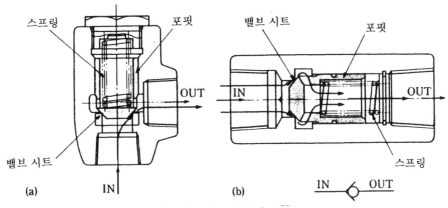

그림 3-59 체크 밸브의 구조

형, (b)에 인라인형 체크 밸브 및 JIS기호를 표시합니다. IN과 OUT이 직각으로 교차하고 있는가, 일직선상에 있는가로 부르는 이름을 바꾸고 있을 뿐이고 구조적으로는 같습니다. 배관 작업에서의 사용하는 모양으로부터 2종류의 것이 만들어지고 있는 것입니다.

포핏 구조를 채용하여 폐지(閉止) 동작은 **그림 3-57**이 기본으로, PP라인을 OUT쪽에서 안내한 구조로 하고 있습니다. 그 때문에 본체의 밖에서 외부 배관으로 접속하는 것이 아니고 포핏의 외주에 구멍을 뚫어 스프링실(포핏 외경부의 방)과 OUT쪽을 연결하고 있습니다. 이와 같이 PP를 OUT쪽에 연결한 형의 것을 체크 밸브라고 합니다. 그 작동을 봅시다.

IN에서 OUT에 기름을 흘릴 경우는 IN쪽의 압력으로 스프링을 밀어 열고 포핏을 밀어 올립니다. 이 스프링을 밀어 열기 시작하는 압력을 크래킹 압력이라고 합니다. 크래킹 압력 이하의 압력에서는 스프링 힘 쪽이 강하여 포핏은 열리지 않습니다. 크래킹 압력 이상으로 되면 포핏은 열리고 IN⇨OUT으로 기름을 흘립니다. 일종의 릴리프 밸브입니다. 릴리프 밸브와 틀리는 것은 크래킹 압력을 조정할 수 없는 것과 압력 제어를 할 수 있도록 개도(開度) 특성 등의 배려가 되어 있지 않은 것입니다. 체크 밸브의 크래킹 압력으로서는 0.02[MPa](≒0.2[kgf/cm^2])에서 1[MPa](≒10[kgf/cm^2]) 이하로 만들어지고 있습니다.

OUT에서 IN으로 기름을 흘리려고 하면 포핏 지름(면적)에 OUT쪽의 압력이 작용하고, IN쪽의 압력은 밸브 시트 지름밖에 작용하지 않습니다. 밸브 시트 지름은 **포핏** 지름보다 작기 때문에 OUT쪽의 압력이 높은 경우, 포핏은 밸브 **시트에** 밀어 붙여져 흐름을 막습니다. 이렇게 해서 IN⇨OUT으로는 자유로이 흘리고 OUT⇨IN으로 기름을 흘리지 않는 작용이 됩니다. 즉, 역류를 시키지 않는 것입니다.

체크 밸브의 사용예와 그 작용을 좀더 자세히 설명하겠습니다.

(1) 역류를 방지한다

왜 역류를 방지해야 하는 것일까요. 유압에서는 특히 허용된 경우를 제외하고 역류는 좋지 않은 것입니다. 예를 들면 하중을 받은 실린더를 유압으로 밀어 올리고 있을 때에 갑자기 정전이 되면…… 펌프가 멎어서 기름은 순식간에 역류하여 펌프를 역전시켜 손상하든가, 실린더의 하강으로 예기치 않은 사고를 일으킬지도 모릅니다.

이 때, 체크 밸브를 한 개 사용하고 있으면, 돌연한 정전에 의해서 일어나는 예기치 못한 사고를 방지하고 안심하고 작업할 수가 있습니다.

(2) 회로의 압력을 유지한다

체크 밸브는 그림 3-59(a)(b)에 나타내고 있는 바와 같이 포핏을 스프링으로서 밸브 시트에 꽉 누르고 있습니다. 이 스프링의 힘으로 기름의 압력이 어떤 **값**(크래킹 압력) 이상으로 되지 않으면, 여기를 지나갈 수가 없습니다. 이것은 **기**름이 흐르고 있을 때에는 체크 밸브의 IN쪽은 OUT쪽 압력보다 크래킹 압력 이상으로 높게 유지되어 있게 됩니다. 이 크래킹 압력을 0.35[MPa]($\fallingdotseq$3.5[kgf/cm^2])이라든가, 0.5[MPa]($\fallingdotseq$5[kgf/cm^2])으로 선정하는 것으로 회로에 그만큼의 압력을 항상 발생시켜 유지하고, 이 압력을 파일럿 오퍼레이트 밸브 등의 파일럿 조작원(操作源)으로서 사용합니다.

(3) 간단한 릴리프 밸브로서 작용한다

일종의 릴리프 밸브의 작용을 하므로 간단한 릴리프 밸브로서 사용됩니다. 그림 3-60(a)(b)와 같이 쿨러나 필터와 병렬로 체크 밸브를 설치하고 있습니다. 유량이 순간적으로 증대하여 쿨러나 필터에 비정상적인 서지 압력이 발생하지 않도록 체크 밸브에서 기름을 빼내어 줍니다. 필터의 경우는 눈이 막혔을 때에 필터가 파손하는 것을 막습니다.

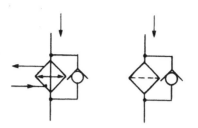

(a) 쿨러 보호용   (b) 필터 바이패스용

그림 3-60 릴리프 밸브의 작용

(4) 그 밖의 사용예

다른 밸브와 조합하여 한 방향으로만 그 밸브를 작동시켜, 반대 방향으로는 자유 흐름으로서 바이패스시키기 위해서 이용하는 경우도 있습니다. 예를 들면 **그림 3-61**의 플로우 컨트롤 앤드 체크 밸브, 스로틀 앤드 체크 밸브 등이 그 예로, 밸브의 내부에 체크 밸브가 일체로 내장되어 있습니다. 또, 체크 밸브의 시트면에 닿을 때 기름이 새지 않는 이점을 이용하여 실린더의 낙하 방지의 압력 유지용으로서도 사용됩니다.

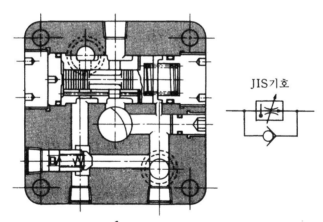

JIS기호

그림 3-61 유량 제어 무부하 체크 밸브

3·4·3 파일럿 체크 밸브

역류가 완전히 방지되고 실린더의 낙하를 방지할 수 있었다 하여도, 실린더를 **하강**시키고 싶어졌을 때는 곤란해집니다. 달리 스톱 밸브 등을 풀어서 기름을 **바이패스**시켜야 한다는 불편한 것이 됩니다. 그래서 어떤 때는 체크 밸브를 개방 상태로 해서, 그 역할을 일시적으로 포기하도록 할 필요가 있습니다. 그 기구를 내장한 것이 **그림 3-62**에 표시한 파일럿 오퍼레이트 체크 밸브입니다. 간단히 파일럿 체크 밸브라고도 말하고 있습니다.

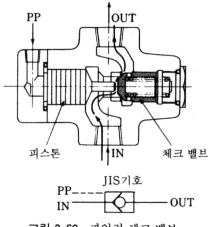

그림 3-62 파일럿 체크 밸브

통상은 보통의 체크 밸브와 다름없이 작동하여, IN쪽에서부터 OUT쪽으로는 자유로이 기름은 흐르지만, 그 역류는 포핏으로 방지되고 있습니다. 그러나 하부의 파일럿 포트(PP)에 압유가 보내지면, 그 압력으로 피스톤이 오른쪽으로 움직여 포핏을 밀어 시트부를 개방해서, OUT쪽에서 IN쪽으로 자유로이 기름이 흐르게(역류) 되어 있습니다. 이 파일럿 압력에 의한 작동은 어디까지나 힘의 서로 밂에 의하고 있으므로 안정한 개방을 얻을 수 있습니다.

파일럿의 수압 면적은 OUT쪽 압력의 40~60% 정도의 힘이 공급되었을 때에 작동하도록 설계되어 있습니다. 이 40~60%라는 것은 체크 기능의 밸브 시트 지름의 면적과 피스톤의 수압 면적의 비를 말합니다. 즉 역류시키기 위해 필요한 파일럿 압력을 표시하고 있고, 각 메이커의 카탈로그에 표시되어 있으므로, 회로 설계를 할 때에는 파일럿압이 정말로 확보되어 있는지 반드시 확인하여 봅니다.

파일럿 체크 밸브는 디컴프레션형과 외부 드레인형의 것이 있습니다. 그 설명을 하여 둡니다.

(1) 디컴프레션형 파일럿 체크 밸브

고압으로 유지되고 있는 포핏을 갑자기 개방하면 급격한 압력 개방에 의한 쇼크 등이 있어 나쁜 영향을 줄 때도 있습니다. 이것을 방지하기 위해서는 포핏의 내부에 또 하나의 작은 포핏을 내장하고, 최초는 작은 포핏만을 밀어 올려서 압력 빼기(디컴프레션)를 하여, 저압이 된 뒤에 전량을 역류시키는 구조로 한 디컴프레션형 파일럿 체크 밸브가 있습니다(그림 3-63)

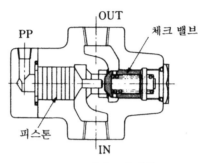

그림 3-63 디컴프레션형

유압 장치를 실제로 움직여 보면, 유압의 전환시에 쇼크가 발생합니다. 그것은 갖고 있던 에너지를 갑자기 개방하는 경우나, 흐르고 있던 것을 갑자기 멈추는 경우가 대부분입니다. 차의 운전으로 말하면, 급발진·급브레이크 동작입니다. 이것을 완화하려면 천천히 발진, 천천히 감속하여 정지할 필요가 있습니다. 유압의 경우에서는 회로 구성상의 문제로 대응하지만, 최종적으로는 밸브의 개폐 조작 부분에서도 천천히 열고, 천천히 닫는 것이 요구됩니다. 그 의미에서도 밸브의 구조를 볼 때, 그 열리는 부분이 어떻게 되어 있는지를 쇼크의 점으로부터 고려하는 것이 중요한 포인트가 됩니다.

(2) 외부 드레인형 파일럿 체크 밸브

역류할 때에 미터아웃 회로에서 속도 제어를 할 경우 **그림 3-64**(a)(b) 2개의 조합을 생각할 수 있습니다. 어느쪽도 미터아웃 기능으로서는 성립하지만, 파일럿 체크 밸브로서는 조금 문제가 있습니다. 특히 회로상의 제약이 없으면 그림 (b)의 조합(교축은 파일럿 체크 밸브의 OUT쪽에 설치합니다)을 채용하여야 합니다. 그 이유에 대하여 설명합니다.

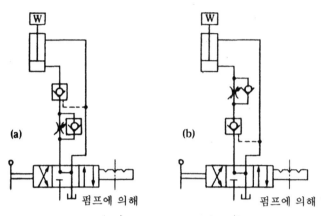

그림 3-64 2개의 미터 아웃의 구성

그림 3-65를 봅시다. 파일럿 피스톤에 파일럿 압력이 작용하여 포핏을 열면 기름은 OUT쪽에서 IN쪽으로 역류합니다. 그러면 IN쪽의 교축 밸브에 의해 IN쪽에 압력 P_1이 발생하여 이것이 파일럿 피스톤의 오른쪽에 작용합니다. 이 압력 P_1이 작용하는 파일럿 피스톤의 오른쪽과 왼쪽의 수압 면적이 같으므로 **파일럿 피스톤이 포핏을 밀어 올리고 있는 압력은 PP에서 감소하여 실질 압력 $(PP-P_1)$으로** 감소합니다. 따라서 압력 P_1이 커지면 파일럿 피스톤은 **왼쪽 방향에 되돌려져, 포핏이 닫히게 됩니다.**

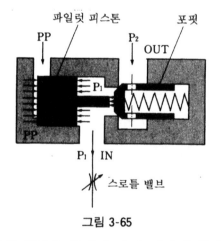

그림 3-65

포핏이 닫히면 IN쪽의 압력은 없어져 다시 포핏이 열리게 됩니다. 이 반복은 **채터링으로서 큰 회로 진동이 되므로 주의해야 합니다.** 그것을 방지하기 위해서는 IN쪽의 압력이 **그림 3-64**(b)와 같이 파일럿 체크의 앞에 교축을 넣는 식으로 파일럿 피스톤에 작용하지 않도록 하든가, 작용하는 힘을 작게 하면 좋고, 그 배려가 된 것이 외부 드레인형 파일럿 체크 밸브로, **그림 3-66**에 표시한 구조로 됩니다.

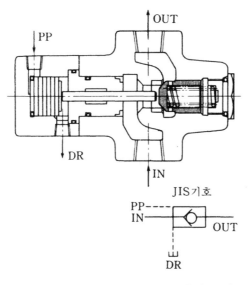

그림 3-66 외부 드레인형 파일럿 체크 밸브

이와 같은 구조로 하면 IN쪽 교축 밸브에 의해서 압력이 발생하여도 파일럿 피스톤을 밀어 되돌리는 힘은 파일럿 피스톤에 비해 작은 지름의 로드에 작용하는 작은 힘이 되기 때문에 채터링이라는 현상은 일어나지 않게 됩니다.

3·4·4 셔틀 밸브

셔틀 밸브의 구조도를 **그림 3-67**에 표시합니다. 볼이 1개 들어 있을 뿐입니다.

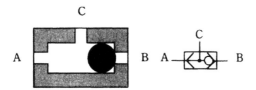

그림 3-67 셔틀 밸브

스프링이 없으므로 유압으로 전환하는 밸브라는 것은 이제까지의 설명으로 알았을 것입니다. 어떻게 기름의 흐름을 전환하느냐 하면 A와 B에서 압력이 높은 쪽이 C와 연결되는 작용을 합니다. 그림 3-67에서는 A포트의 압력이 B포트보다 높은 상태를 표시하고 있습니다. 결과적으로는 A와 C가 연결되고, B포트는 막힙니다.

반대로 B포트가 A포트보다 압력이 높아지면 B와 C가 연결되고 A포트는 막힙니다. 그리하여 선택 회로를 구성할 수 있게 됩니다. 유압 파일럿은 외부에서도 내부에서도 어디에서 안내되어도 좋다고 설명했지만, 1군데로부터는 아니고 2군데 혹은 3군데에서 안내하는 쪽이 좋은 경우가 있습니다.

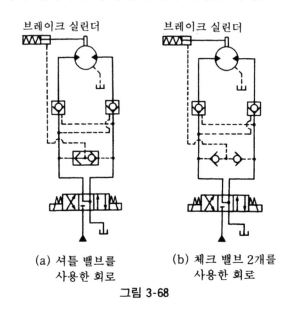

(a) 셔틀 밸브를
사용한 회로

(b) 체크 밸브 2개를
사용한 회로

그림 3-68

예를 들면, 그림 3-68(a)에서는 오일 모터의 브레이크를 개방하는 데에 셔틀 밸브를 사용하고 있습니다. 브레이크는 스프링으로 브레이크가 걸리고, 유압을 걸어 해제합니다. 브레이크를 해제하려면 오일 모터가 우회전, 좌회전 어떤 방향으로도 해제할 필요가 있습니다. 그림과 같이 셔틀 밸브로 오일 모터의 IN·OUT 양쪽으로부터 높은 쪽의 압력이 브레이크를 해제하는 실린더 쪽으로 안내되도록 하여 두면 오일 모터가 회전하려고 하여, 높아진 압력이 자동적으로 브레이크 실린더에 보내지므로 회전 방향에 관계없이 브레이크가 해제됩니다. 또 솔레노이드가 중립으로 돌아온 경우에는 브레이크 실린더의 압력은 셔틀 밸브를 통해 탱크 라인에 개방되므로 브레이크가 곧 듣게 됩니다.

　　그림 3-68(b)는 셔틀 밸브를 사용하지 않고 체크 밸브 2개로 회로를 구성하려고 한 것입니다. 일견, 셔틀 밸브와 같은 작용을 하는 것 같이 생각되지만, 이것으로는 회로는 성립하지 않습니다. 확실히 높은 쪽의 압력이 브레이크 실린더에 안내되어 브레이크 해제는 성립하지만 솔레노이드를 OFF했을 때에 브레이크 실린더에 걸린 압력의 도피 장소가 없습니다. 이것으로는 브레이크는 해제된 채로 되어 버립니다.

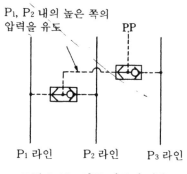

그림 3-69 셔틀 밸브의 작용

　　셔틀 밸브는 높은 쪽의 압력을 안내하는 작용과 동시에 반드시 어느쪽인가의 포트와 자유로이 연결되어 있으므로 압력이 막혀 버리는 트러블이 없습니다. 즉 셔틀 밸브는 복수 라인에서 제일 압력이 높은 것을 안내할 수가 있으므로, 안전 회로, 인터록 회로 등에 사용됩니다. **그림 3-69**는 3개의 라인 중에서 제일 높은 압력을 안내하고 있습니다.

3·4·5 전환 밸브(매뉴얼 밸브)

체크 밸브, 파일럿 체크 밸브는 포핏 구조를 채용하여 파일럿 압력으로 기름의 흐름 방향을 전환하고 있었습니다. 이번은 스풀 기구를 이용하여 방향을 전환하는 밸브를 설명하겠습니다. 스풀 타입의 특징으로서, 스풀의 양끝을 같은 압력으로 하면 그 전환에 필요한 힘은 대단히 작아도 됩니다. 이것을 수동으로 하는 것이 매뉴얼 밸브, 솔레노이드 코일의 힘으로 하는 것이 솔레노이드 밸브입니다.

(1) 실린더를 1개의 스풀로 전환한다

체크 밸브, 파일럿 체크 밸브는 기름의 역류 방지가 주목적으로 IN포트, OUT포트를 개폐할 뿐이므로 실린더를 전·후진시킬 수 없습니다. 실린더의 전·후진을 하려면 포트가 4개 필요합니다. 그것을 생각해 봅시다.

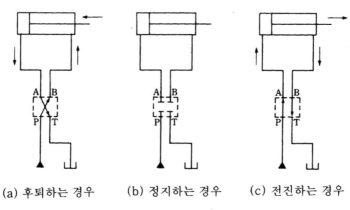

(a) 후퇴하는 경우   (b) 정지하는 경우   (c) 전진하는 경우

그림 3-70 실린더를 전후진시키는 패턴

그림 3-70은 실린더의 전·후진을 분해하여 본 것입니다. 펌프 라인(P), 탱크로 되돌리는 라인(T), 실린더 캡 쪽(A), 헤드 쪽(B)의 4포트가 있습니다. 그림 3-70(a)(b)(c) 3개의 접속 패턴이 있으면 실린더를 전·후진할 수 있습니다. 이 3개의 패턴을 기호로 표시하면 그림 3-71이 됩니다. 즉 실린더를 후퇴시키는 데에는 (a)에, 전진시키는 데에는 (c)의 패턴으로 전환할 수 있는 것이 좋은 것입니다. 이 패턴을 1개의 스풀을 움직여 성립하도록 생각해 봅시다.

그림 3-72를 봅시다. 이것은 다음 장에서 자세하게 설명하지만 일반적으로 사

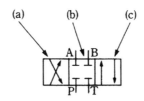

그림 3-71 (a)(b)(c)패턴의 기호

용되고 있는 솔레노이드 밸브의 스풀 전환부의 구조를 표시한 것입니다. 포트는
P·T·A·B의 4개입니다. 스풀은 중앙에 있어 모든 포트를 막고 있습니다. 즉 **그
림 3-70, 71**(b)의 상태입니다.

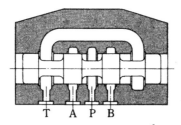

그림 3-72 (b)의 상태

스풀을 오른쪽 방향으로 밀어 주면 **그림 3-73**의 상태로 됩니다. P와 B가 열리
고 A와 T가 열려 (a)의 상태를 얻을 수 있습니다. **그림 3-72, 73**의 2가지 경우
모두 각 포트의 압력은 높아도 스풀을 축방향으로 움직이려는 힘으로는 안됩니
다. 즉 스풀은 유압 평형 상태에 있으므로 스풀을 오른쪽 방향으로 전환하는 데
에 필요한 힘은 극히 작은 것입니다.

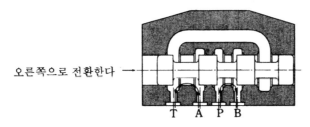

오른쪽으로 전환한다 →

그림 3-73 (a)의 상태

반대로 **그림 3-72**의 상태에서 스풀을 왼쪽 방향으로 밀어 주면, 이번은 반대
의 P⇒A, B⇒T가 열립니다. 1개의 스풀로 **그림 3-71**의 밸브 구성이 되었습니
다. 다음은, 이 오른쪽, 왼쪽 방향으로 전환하는 힘을 어디에 주느냐 하는 것과,

중립 상태(그림 3-71(b))를 확실히 얻기 위한 기구를 어떻게 하는가를 생각하면, 완성이라는 것이 됩니다.

(2) 매뉴얼 밸브

스풀을 좌우로 전환하는 힘을 수동으로 하도록 한 것을 매뉴얼 밸브라고 합니다. 스풀을 직접 조작하는 것은 어려우므로 조작하기 쉽게 레버를 설치하는 것이 일반적입니다. 그림 3-74에 매뉴얼 밸브의 구조를 표시합니다.

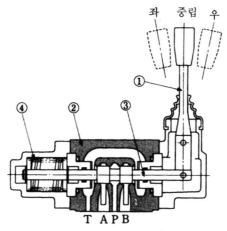

그림 3-74 매뉴얼 밸브

레버 ①을 손으로 움직임으로써 스풀 ③이 좌우로 움직입니다. 펌프 P로부터의 기름은 스풀 ③의 위치에 따라서 A, B 어느 방향으로 흐르는 것입니다. 스프링 ④는 레버를 뗄 때에 중립으로 돌아가도록 설치하고 있습니다.

자동화가 진행하는 가운데 인간이 하나 하나 전환해야 하는 매뉴얼 밸브의 채용은 줄어들고 있지만, 전기계가 고장난 경우에 인간의 손으로도 움직일 수 있다는 큰 메릿을 갖고 있습니다. 또 전환 빈도가 적고 자동화할 것까지도 없는 부분에는 많이 사용되고 있습니다. 건설 기계의 셔블, 트럭 크레인 등에 사용되고 있는 멀티플 밸브(그림 3-75)도 매뉴얼 밸브의 일종입니다.

매뉴얼 밸브에 한하지 않지만, 기름 속으로부터 스풀 등이 밖에 나와 있는 유압 기기에서는 다음의 점에 충분히 주의하여 사용할 필요가 있습니다. 이것은 실린더에 대해서도 똑같이 말할 수 있습니다.

① 스풀에 물체 등이 닿아서 홈을 내지 않도록 설치 환경에 주의한다. 스풀의

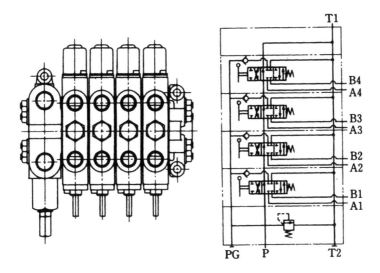

그림 3-75 멀티플 밸브

표면에 흠집 등이 있으면 미끄럼 운동 저항이 증가하거나, 기름 속과 바깥 공기를 시일하는 부분의 밀폐성이 나빠져, 외부로 기름 누설이 생기기 때문이다.

② 흠이 나지 않도록 스풀 표면은 도금 처리 등 표면처리되어 있지만, 가혹한 조건에서 사용하면 녹의 발생을 촉진하는 일이 있다. 사용 환경 조건에 견딜 수 있는가 없는가는 메이커에 문의할 정도의 배려가 필요하다.

4. 밸 브 (2)

　　지금까지 보아온 압력 제어 밸브, 유량 제어 밸브, 방향 제어 밸브의 조정은 모두 수동(매뉴얼)으로 하는 것이었습니다. 가정의 TV도 직접 TV에 대서 손으로 조작하는 시대는 끝나고, 리모컨 스위치로의 원격 조작입니다. 유압의 밸브도 조정할 때마다 밸브 있는 데까지 걸어가서 록 너트를 풀어 조정하고, 또 록 너트를 조이고 돌아오는 것은 어렵습니다.

　　또 기계의 1사이클 중에 몇번이나 압력과 유량의 조정이 필요한 경우 1사이클이 초단위로 된다면 도저히 인간의 손으로는 하지 못합니다. 아무래도 전기를 사용한 원격 조작을 할 수 있는 것이 필요하게 됩니다.

　　압력이나 유량을 필요에 대응하여 최적의 상태로 제어하려면, 그것을 검출하여 피드백하는 제어가 필요하게 됩니다. 이 종류의 제어는 전기 신호로의 교환이 제일 효율적이고, 전기의 힘을 이용하는 밸브가 요구됩니다.

　　그러한 요구에 부응해 주는 밸브인, 솔레노이드 밸브, 전자기 비례 밸브, 서보 밸브 등에 대하여 설명하고, 다시 배관이나 간소화를 목적으로 하는 파이프 없는 밸브, 로직 밸브에 대하여 여기서 설명해 갑시다.

4·1 솔레노이드 밸브

(1) 솔레노이드 밸브의 원리와 종류

기름의 흐름을 전환하는 데에 수동으로 하는 매뉴얼 밸브
에 대해서는 앞장의 끝에서 소개했습니다.

자동화를 목표로서 유압을 사용하는 것이므로 하나 하나
인간이 손으로 조작하는 것으로는 곤란합니다. 그래서 마그
넷 즉 솔레노이드라고 부르는 전자석을 사용하여 스풀을 이
동시켜 기름의 흐름을 전환하는, 그래서 전기로 밸브를 전환
하는 것이 이제부터 설명하는 솔레노이드 밸브입니다.

4·1·1 전환에 전자석을 사용한다

어린 시절 쇠못에 에나멜선을 감아 전자석을 만든 경험을 갖고 있을 것입니
다. 에나멜선에 전기를 흘리면 쇠못은 자석으로 되어 쇳조각이나 쇳가루를 흡착
합니다. 전기를 끊으면 또 원래의 쇠못으로 됩니다(그림 4-1). 이것은 에나멜선
에 전기를 흘리면 그 주변에 자기장을 발생하여 쇠못과 같은 자화하기 쉬운 물
질(일반적으로 강자성체라고 한다)을 자석으로 변화시키기 때문입니다.

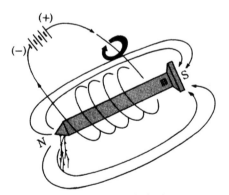

그림 4-1 전자석의 원리

솔레노이드 밸브는 이 전자석(솔레노이드)의 흡인력을 이용하여 기름의 흐름
방향을 전환하는 것입니다. 수동과 틀려서 전기신호의 ON·OFF에 의해 제어할

수 있으므로, ① 원격 조작이 쉽게 된다, ② 시동과 정지의 지령과 실린더 위치 결정을 규칙적으로 더우기 정확히 제어할 수 있다는 특징을 갖고 있어, 널리 일반 산업 기계에 이용되고 있습니다.

단, 유압에 사용하는 전자석은 **그림 4-1**과 같이 쇠못에 에나멜선을 감은 것만으로는 효율이 나쁘기 때문에 **그림 4-2**와 같이 코일 주위에 철 또는 강철제 철심으로 둘러싼 구조로 합니다. 이렇게 하면 코일에 전류를 흘림으로써 생기는 자기장에 의해서 만들어지는 자속은 이 철심을 통하기 때문에 효율이 좋은 자석이 되어 강한 전자석을 얻을 수 있습니다.

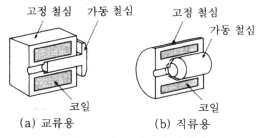

그림 **4-2** 솔레노이드 밸브의 전자석

전기를 흘리면 힘(흡인력)이 발생하고, 전기를 끊으면 힘도 없어지므로 스풀을 오른쪽으로 밀고, 되돌리고, 왼쪽으로 미는 동작에 사용할 수 있는 것은 간단히 이해하게 될 것으로 생각합니다.

4·1·2 솔레노이드 밸브의 스풀을 움직이려면

실제로 전자석을 사용하여 스풀을 움직이려면 어떤 구조로 하는가를 생각해 봅시다. **그림 4-3**에 표시한 것이 예로서 드는 드라이형 솔레노이드 밸브의 구조입니다. 이것은 스풀의 양끝에 스프링을 설치하여, 매뉴얼 밸브와 같이 중립 위치를 확보할 수 있도록 하고 있습니다.

코일에 전류가 흐르면 가동철심은 고정철심 쪽으로 흡착되고, 이 힘이 푸시 핀을 통해 스풀을 전환하는 힘이 됩니다. 오른쪽의 전자석이 여자되면, 그 가동철심에 의해서 스풀은 왼쪽으로 이동하여, 기름의 흐름은 P⇨A, B⇨T로 됩니다. 이때 스풀의 이동에 의해서 왼쪽의 스프링을 밀어 붙여 휘게 하고 있습니다. **여**기서 전기를 **끊**으면 흡인력은 없어지므로 휘어져 있던 스프링의 힘으로 이번

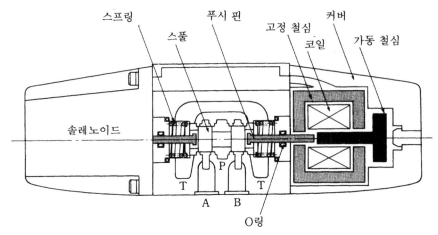

그림 4-3   건식 솔레노이드 밸브

에는 스풀이 오른쪽 방향으로 밀어 되돌려집니다. 그 결과 전기 OFF로 중립 위치를 얻을 수 있습니다.

마찬가지로, 반대쪽의 솔레노이드에 전기를 통하면 반대로 P⇨B, A⇨T를 얻을 수 있습니다. 그림 4-4(a)에 솔레노이드 밸브의 JIS기호를 매뉴얼 밸브와 비교하여 표시해 둡니다. 그림 3-71에 대하여 스프링과 솔레노이드의 기호를 추가하여 표시하고 있습니다. 밸브의 원리와 동시에 밸브의 종류도 표현할 수 있어 편리합니다.

그러면, 솔레노이드 밸브의 종류로서 건식 솔레노이드 밸브, 습식 솔레노이드 밸브, 전자 파일럿 전환 밸브의 순서로 설명합니다.

4·1·3   건식 솔레노이드 밸브

그림 4-3에 건식(드라이형) 솔레노이드 밸브의 구조를 표시했는데, 드라이는 건조하다는 것으로, 유압에서는 기름에 잠겨 있지 않다는 의미로 사용되고 있습니다. 기름에 잠겨 있는 것을 습식이라고 부르며, 다음에 설명합니다.

그리고 다시 한번 그림 4-3을 봅시다. 솔레노이드는 푸시 핀으로 힘을 전하지만, O링으로 T포트의 기름이 솔레노이드 쪽으로 들어가지 않도록 하고 있습니다. 이렇게 하면 솔레노이드부는 모두 대기 중으로 움직이게 되어, 응답성도 좋고, 또 비교적 만들기 쉬운 구조라고 할 수 있습니다.

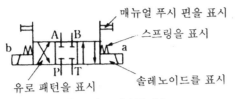
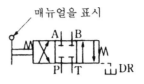

(a) 솔레노이드 밸브의 JIS기호   (b) 매뉴얼 밸브의 JIS기호

그림 4-4 JIS기호

그러나 푸시 핀의 O링은 솔레노이드를 전환할 때마다 미끄럼 운동하므로, 마모가 진행되어 기름 누설로 연결됩니다. 또 T포트에 압력이 있을 경우에는, 푸시 핀은 T포트의 압력으로 솔레노이드 쪽으로 밀어내지려고 하는 힘을 받습니다. 진짜라면 가벼운 힘으로 스풀을 전환할 수 있는 것이 이 T포트의 압력으로, 큰 힘이 아니면 전환할 수 없게 됩니다. 이 2가지 문제점을 해소하기 위해 습식 솔레노이드 밸브가 개발되어 많이 이용되게 되었습니다.

그렇지만, 건식 솔레노이드 밸브는 대기 중에서 가동철심이 움직이기 때문에 습식에 비교하여 전환 응답성이 좋은 것, 기름 온도가 변화하여도 전환 응답 시간이 그다지 변화하지 않는다는 특징으로부터 그 종류의 용도에 사용되고 있습니다. 또 폭발성 분위기 중에서 사용하는 솔레노이드 밸브에는 방폭 사양이어야 하므로 옛날부터 만들어져 온 강인한 형의 건식이 널리 사용되고 있습니다.

4·1·4 습식 솔레노이드 밸브

그림 4-5에 습식 솔레노이드 밸브의 구조를 표시합니다. 작동은 건식과 다름없지만 가동철심은 T포트의 기름이 가득찬 내압성 튜브 안에서 움직입니다. 그

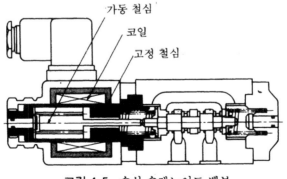

그림 4-5 습식 솔레노이드 밸브

러므로 건식의 결점이었던 푸시 핀 부분의 O링이 없습니다. 또 모두 기름 속에 있으므로 가동철심은 T포트 압력으로 밀어 되돌려지는 일이 없습니다. 건식의 2가지 결점이 완전히 해결되고 있습니다.

단, 가동철심이 기름 속에서 움직이는 것으로부터 건식에 비해 응답성이 늦고, 기름 온도(점도)의 영향을 받기 쉽다는 결점이 됩니다. 그러나 튜브 안의 기름이 윤활과 전환 때의 완충 작용을 하므로, 전환음이 낮고 조용하고, 내구성도 향상됩니다.

4·1·5 전자 파일럿 전환 밸브

솔레노이드 밸브는 스풀을 직접 전자석으로 작동시킵니다. 그 때문에 아무래도 스풀의 크기가 제한되어 큰 용량의 기름을 전환할 수는 없습니다. 그래서 큰 용량의 기름을 전환하는 데에 유압으로 스풀을 움직이는 방식이 생각되었습니다. 즉 보조 스풀을 별도로 설치하여, 이 보조 스풀을 전자석으로 움직이고, 보조 스풀로 제어한 유압으로 메인 스풀을 전환하는 방식입니다. 이렇게 하면 전자석이 소형으로 족하고, 메인 스풀의 조작력은 유압의 힘을 이용하고 있으므로 아주 커서 큰 용량의 전환에도 어떤 걱정도 없게 됩니다.

그림 4-6   전자 파일럿 전환 밸브

이와 같은 밸브를 전자 파일럿 전환 밸브라고 부릅니다. 그림 4-6에 구조도를 표시하는데, 일견 2층식으로 기이한 느낌이 있지만, 아래가 메인 스풀(전환 밸브 본체), 위가 메인 스풀을 조작하는 솔레노이드부(보조 스풀)로, 보조 전환 밸브라든가 파일럿용 솔레노이드 밸브라고 부르는 것입니다.

다시 한번 반복하여 설명하면, 직접 메인 스풀로 압유를 전환하려면 상당한 힘을 요하므로, 그래서 보조적인 조작 밸브, 보조 스풀을 활용하고 있는 것입니다. 이와 같이 보조와 메인이라는 2단 구조로 압유의 전환을 함으로써 큰 유량을 전환하려는 것입니다.

(1) 보조 스풀과 메인 스풀(1)

그림 4-7을 봅시다. JIS기호로 나타내고 있는데, 윗쪽이 솔레노이드가 있는 보조 스풀 조작부이고, 아랫쪽이 메인 스풀입니다. 이 작동 방법은 a쪽 솔레노이드가 작용하면 보조 스풀을 오른쪽으로 밀어 유로(油路)가 ①에 표시한 바와 같이 통하게 합니다. P포트에서 나온 기름의 흐름에 의해서 메인 스풀의 왼쪽 포트로 들어가②, 메인 스풀을 오른쪽으로 밀어 메인 스풀을 오른쪽으로 이동시킵니다③. 이렇게 하여 기름은 펌프 P⇨A포트, B⇨T포트와 같이 기름의 방향이 전환되는 것입니다.

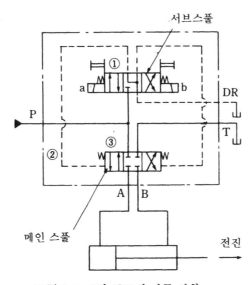

그림 4-7 2단 구조의 작동 상황

반대로 b쪽 솔레노이드가 작용하면 보조 스풀은 왼쪽으로 밀리고, 그 뒤는 a 솔레노이드가 작용한 경우의 반대로 유로가 열리므로 메인 스풀은 반대 방향으로 이동합니다. 따라서 펌프 P⇨B, A⇨T로 라는 흐름으로 되는 것입니다.

이와 같이 2단 구조로 메인 스풀을 유압으로 제어하면, 솔레노이드 조작부는 간소화되고, 메인 스풀을 직접 과대한 힘으로 전환할 필요가 없어져 부드러운

전환 작동이 보증됩니다. 또 중립 위치에서는 메인 스풀도 보조 스풀도 P포트가 막혀 있는 상태로 되어 있습니다.

이것은 하이드로 오퍼레이트 밸브, 약해서 하이드로 밸브라고도 합니다. 보조 스풀의 전환에 의해서 얻어진 유압으로 제어되고 있으므로, 이와 같이도 부르고 있습니다. 전환의 제어를 하는 것이 파일럿용 밸브로, 이것에는 솔레노이드 밸브 외에 매뉴얼 밸브나 캠·도그로 전환하는 기계식 밸브 등도 사용됩니다.

(2) 저전력형 솔레노이드 밸브

전자 파일럿 전환 밸브는 메인 스풀을 유압으로 전환하는 것이므로 파일럿 전환 밸브의 용량은 작아도 좋은 것을 알 수 있었습니다. 일반 전자 파일럿 전환 밸브는 파일럿 밸브로서 호칭 지름 1/8의 밸브를 사용하고 있지만, 더 작은 것을 사용한 것도 있습니다.

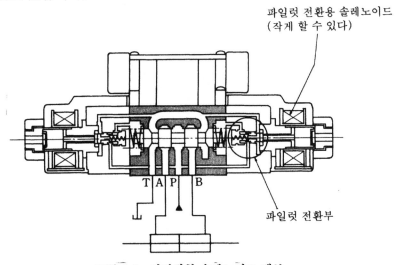

파일럿 전환용 솔레노이드 (작게 할 수 있다)

파일럿 전환부

T A P B

그림 4-8 저전력형 솔레노이드 밸브

생력화를 추구해 가면 솔레노이드의 소비 전력도 작을수록 좋은 것입니다.

그래서 1/8 사이즈 파일럿 밸브를 이용하지 않고, 더 작은 파일럿 밸브를 사용하여, 2층이 아니고 메인 스풀의 축심 위에 구성한 것도 만들어지고 있습니다. 어디까지나 목적을 저전력화에 두고 작은 솔레노이드로 밸브는 구성되어 있습니다. **그림 4-8**이 저전력을 목적으로 만들어져 있는 전자 파일럿 전환 밸브의 구조입니다.

4·1 솔레노이드 밸브

(2) 중립 상태에도 여러 가지가 있다

전환 밸브의 작동에 대해서는 거의 이해했을 것입니다. 다음은 어떤 스풀을 만드는가, 어떻게 구분 사용하는가를 생각해 봅니다. 우선 중립 상태의 패턴입니다. 전기가 흐르지 않는 상태에서 중립 상태를 얻을 수 있지만, 기계나 장치의 중립 상태 하나를 생각해도 여러 가지의 경우가 있습니다. 그중 4가지에 대하여 간단히 설명합니다.

4·1·6 클로즈드 센터

P, T, A, B의 4개의 포트 모두를 막는 타입을 클로즈드 센터라고 합니다(그림 4-9). P포트를 막는 것은 P포트 압력이 실린더 쪽으로 가지 않도록 하기 위해서입니다. 즉 P포트의 압유로 실린더가 움직이지 않도록 막는 것입니다. A, B포트를 막는 것은 실린더의 기름이 어디로도(P포트에도 T포트에도) 도피하지 않도록 하여, 외력이 실린더에 작용하여 실린더가 움직이려고 하는 것을, 기름이 도피하지 않도록 하여 멈추려는 것입니다.

T포트는 P, A, B포트가 막혔기 때문에 필연적으로 막히게 됩니다. 그러나 T포트에 서지 압력(다른 실린더가 움직인 것으로, T포트에 갑자기 기름이 흘러

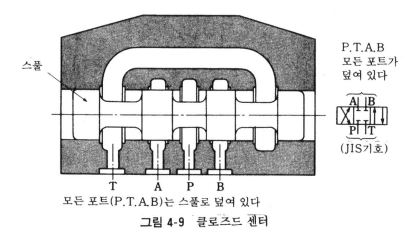

그림 4-9 클로즈드 센터

그 때문에 발생하는 압력) 등이 있는 경우에는 T포트 압력이 A, B포트에 들어 가 실린더가 움직이는 것을 피하기 위해 멈추고 있는 경우도 있습니다. 이것으로, 웬만한 일로서는 실린더는 움직이지 않게 됩니다. 이것을 클로즈드 센터 방식이라고 합니다.

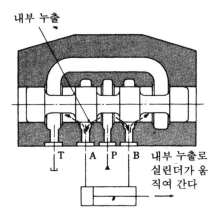

내부 누출

T   A P B   내부 누출로 실린더가 움직여 간다

그림 4-10 내부 누출의 영향

그러면 정말 움직이지 않느냐 하면 그렇지는 않습니다. 릴리프 밸브에서 설명 했듯이 틈새가 있는 곳에는 반드시 기름이 누설합니다. 예를 들면 **그림 4-10**과 같이 P포트의 압력이 높을 경우, P포트에서 A, B포트로' 누설합니다. P⇒A·B 로의 누설만이 아니고, A, B포트로부터 T포트로도 누설합니다.

그 때문에, 이 누설량의 차이에 의해서 실린더가 아무래도 움직여 버리는 일

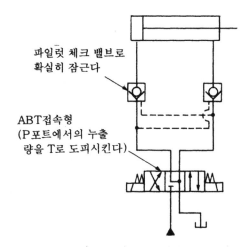

파일럿 체크 밸브로 확실히 잠근다

ABT접속형 (P포트에서의 누출량을 T로 도피시킨다)

그림 4-11 확실하게 실린더를 멈춘다

이 있습니다. 누설량은 1/8 사이즈에서 14[MPa]($\fallingdotseq$140[kgf/cm^2])의 차압으로, 약 50[cm^3/min] 이하로 소량이지만 확실히 실린더를 멈추어 두고 싶을 경우에는 곤란해집니다.

누설이 작은 타입의 전환 밸브는 포핏형 전환 밸브이었으므로, 확실하게 실린더를 멈추기 위해서는 포핏형을 이용하면 좋은 것입니다. **그림 4-11**이 실린더를 확실하게 멈추는 회로입니다. 파일럿 체크 밸브로 실린더의 기름을 완전히 멈추고 외력으로 실린더가 움직이지 않도록 합니다. P포트로부터 A, B포트로의 누설은 다음에 설명하는 ABT 접속으로 해두고, 누설을 T포트로 도피해 줍니다.

4·1·7 ABT 접속

그림 4-11의 솔레노이드 밸브의 기호와 같이 A, B, T포트를 연결해 두는 것을 ABT 접속이라고 합니다. 이 예에서는 실린더를 확실히 잠글 경우에 사용하고 있지만, 다른 사용 방법도 있습니다.

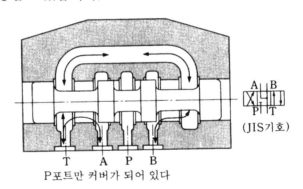

P포트만 커버가 되어 있다

그림 4-12 ABT 접속

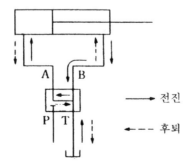

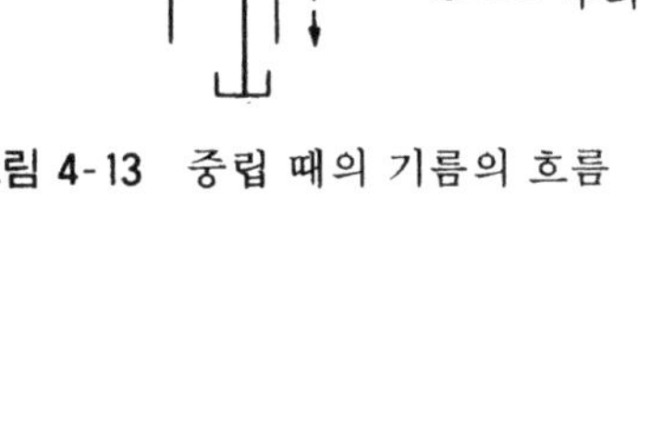

그림 4-13 중립 때의 기름의 흐름

그림 4-12, 13을 봅시다. P포트에서는, 기름은 A, B포트로 가지 않지만, ABT 사이는 열려 있으므로 기름은 자유로이 가고 올 수 있습니다. 그 때문에 **그림 4-13**과 같이 실린더를 외부로부터 기계적으로 힘을 걸어 전진시키려고 했을 경우(실선), 헤드 쪽의 기름은 밀려서 T포트로 자유로이 도피합니다. 반대로 캡 쪽의 기름은 T포트로부터 자유로이 흡입할 수가 있습니다. 즉 어떤 저항도 없이 외력으로 실린더를 움직일 수 있는 것입니다.

P포트는 막혀 있으므로 P포트에 14, 21[MPa]($\fallingdotseq$140, 210[kgf/cm^2])의 압력이 걸려 있어도, 즉 유압 장치가 움직이고 있어도 실린더를 외력으로 움직일 수가 있습니다. 예를 들면 유압을 사용한 엘리베이터의 문짝은 보통은 손으로 열리지 않도록 솔레노이드 a 또는 b를 넣어 확실히 닫아 두지만, 만일의 경우에 손으로 열 필요가 있습니다. 이와 같은 경우에는 이 ABT 접속형이 대단히 편리한 것입니다.

4·1·8 탠덤 센터(PT 접속형)

클로즈드 센터형도 ABT 접속형도 P포트는 막혀 있었습니다. P포트가 막혀 있기 때문에 펌프가 토출한 기름은 도피할 장소가 없고 릴리프 세트 압력까지 상승하여 펌프 토출량의 전량이 릴리프 세트 압력으로 탱크로 빠져 가게 됩니다. 짧은 시간이라면 어쨌든, 긴 시간이 되면 헛된 것입니다. 일도 하지 않는 데에 엔진을 풀 회전시키고 있는 것과 같은 것이므로, 일을 하지 않을 때에 엔진을 풀 회전시키지 않는 방법을 생각해야 합니다. 유압에서는 전환 밸브에 탠덤 센터형을 사용하는 것으로 가능하게 되는 것입니다.

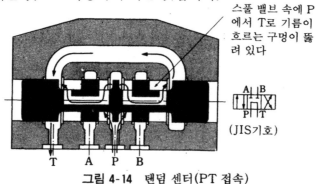

스풀 밸브 속에 P에서 T로 기름이 흐르는 구멍이 뚫려 있다

(JIS기호)

그림 4-14   탠덤 센터(PT 접속)

그림 4-14를 봅시다. A, B포트는 막혀 있으므로 실린더는 외력으로 움직이지 않는 클로즈드 센터형과 같습니다. 그러나 P와 T는 연결되어 있습니다. 이 때문에 중립 상태에서 펌프의 기름은 매끄럽게 T포트로 도피해 줍니다. 이것으로 실린더를 고정시켜도 릴리프 밸브로부터 기름을 뺄 필요가 없어지므로 펌프는 무부하 상태가 되고 동력의 헛됨도 없게 됩니다.

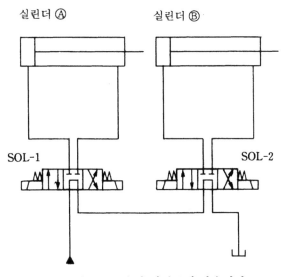

실린더 Ⓐ   실린더 Ⓑ

SOL-1   SOL-2

그림 4-15 유압 인터록에 사용한다

또 특수한 사용 방법으로서 시리즈로 탠덤 센터형을 사용하여 유압 인터록을 취하는 일이 있습니다. 그림 4-15에서는 펌프의 기름은 솔레노이드 1, 2를 통해 무부하 상태입니다. 다음에 전환 동작을 생각하면 실린더 Ⓐ를 움직이는 것은 솔레노이드 2가 중립 상태일 때뿐입니다. 솔레노이드 2가 전환되어 있을 경우는 솔레노이드 2의 P라인은 실린더의 캡 쪽 또는 헤드 쪽에 연결되어 있어, 실린더 Ⓑ가 스트로크 끝에 오면 기름의 갈 곳이 없어집니다. 이 상태에서 솔레노이드 1을 전환해도 T포트의 기름은 빠질 장소가 없으므로 실린더 Ⓐ는 움직이지 않습니다. 즉, 실린더 Ⓐ를 움직이려면 솔레노이드 2가 중립일 때만 행하는 것입니다.

반대로 솔레노이드 1이 전환되어 실린더 Ⓐ가 스트로크 끝의 상태이면 솔레노이드 2를 전환하여도 실린더 Ⓑ는 기름이 보내져 오지 않으므로 움직이지 않습니다. 소위 유압 인터록을 취하고 있는 것입니다. 이와 같이 탠덤 센터형은 유압 인터록에도 사용됩니다.

4·1·9 오픈 센터형

오픈 센터형은 무부하 상태이고, 게다가 실린더도 기계적으로 움직이고 싶은 경우에 사용합니다. 즉 탠덤 센터형과 ABT 접속형을 함께 한 것입니다.

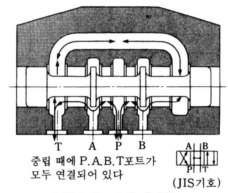

중립 때에 P.A.B.T포트가
모두 연결되어 있다

(JIS기호)

그림 4-16 오픈 센터형

그림 4-16이 구조와 JIS기호입니다. 중립 상태에서는 4개의 포트 모두가 연결되어 있으므로 펌프의 기름은 전량이 무부하 상태로 탱크로 빠집니다. 동시에 A, B도 T라인으로 개방되어 있으므로 기계적으로 실린더를 움직일 수가 있는 것입니다.

표 4-1에 각각의 특징을 표시합니다.

표 4-1 각 중립 상태의 특징 비교

기 호	명 칭	특 징
A B ⬚ P T	오픈 센터	• 중립 때 모든 포트가 통해 있기 때문에 펌프를 무부하하여 실린더는 수동으로 자유로이 움직인다.
A B ⬚ P T	클로즈드 센터	• 중립 때 모든 포트가 서로 막혀 있기 때문에 1개의 펌프로 다수의 실린더를 작동시킬 수가 있고 그리고 실린더의 위치정하기, 고정도 할 수 있다.
A B ⬚ P T	ABT 접속	• 1개의 펌프로 다수의 실린더를 작동시킬 수 있고 실린더를 수동으로 자유로이 움직일 수도 있다. 또 전자 파일럿 전환 밸브의 파일럿용 솔레노이드 밸브로서 자주 사용된다.
A B ⬚ P T	PT 접속 (탠덤 센터)	• 펌프를 무부하하고, 그 위에 실린더의 위치정하기, 고정을 할 수 있고, 이 밸브의 T와 P를 순차 배관하여 다수의 직렬 사용도 할 수 있다.

4·1 솔레노이드 밸브

(3) 솔레노이드 밸브의 사용에 임하여

솔레노이드 밸브는 전기 에너지를 기계 에너지로 변환하여 압유의 흐름을 전환하고 있습니다. 전기적인 지식도 조금 필요하게 되므로 간단히 특징적인 것을 설명하고, 사용에 있어서의 주의와 트러블 대책에 대해서도 설명할 것입니다.

4·1·10 교류 솔레노이드와 직류 솔레노이드

전원에는 교류와 직류가 있습니다. 가정이나 공장의 전원은 교류이고, 자동차나 건설기계 등은 직류라는 것은 이미 알고 있는 바와 같습니다. 교류에는 주파수가 있고, 50[Hz]와 60[Hz]가 있습니다. 주파수는 나라에 따라서도 다르고, 일본에서는 국내에서도 틀리고 있으므로 사용 주파수를 실수하지 않도록 주의하든가, 어느 쪽의 주파수에서도 사용할 수 있는 것을 선택할 필요가 있습니다.

세계 각국에서 사용되고 있는 전원은 대단히 종류가 많아 확실히 정리할 수 없지만, 대략 다음과 같습니다.

· 교류[V]: 100, 110, 115, 200, 220, 230(주파수는 모두 50, 60[Hz]의 양쪽이 있다)

· 직류[V]: 12, 24, 48, 100(48, 100[V]는 특수이고, 사용 지역도 한정되어 있다)

이 전원의 종류에 따라서 솔레노이드도 교류 솔레노이드, 직류 솔레노이드가 만들어지고 있습니다. 이전에는 50[Hz] 전용, 60[Hz] 전용의 코일이 만들어지고 있었지만, 사용 상황이 나쁘기 때문에 50·60[Hz] 공용 코일, 혹은 양쪽의 배선 단자가 설치되어 있는 것이 시판되고 있습니다. 그러므로 솔레노이드를 구입할 경우는 그 결선 방법을 확인해야 합니다.

또 직류 전원은 주파수가 없으므로, 잠시 국제전압이라고 불려, 솔레노이드는 모두 직류로 한다는 움직임도 있었지만, 직류, 교류의 잇점, 결점이 각각 있어, 통일되지는 않았습니다. **표 4-2**에 직류 솔레노이드, 교류 솔레노이드의 비교를 표시합니다.

표 4-2 교류·직류 솔레노이드의 비교

	교류 솔레노이드	직류 솔레노이드	정류기 내장 솔레노이드
전원	교류(AC)	직류(DC)	교류(AC)
크기	1	교류 솔레노이드의 1~2배의 크기	
동작시간 [ms]	빠르다(10~30)	느리다(ON: 50~80) (OFF: 20~30)	느리다(ON: 50~80) (OFF: 100~200)
흡착 때의 충격	크다	작다(ON 응답이 느리기 때문에)	
서지 전압	보통	크다	없다
전류	스트로크에 따라 변화	스트로크에 관계없이 일정	
코일 소손	가능성 있다	가능성 적다	

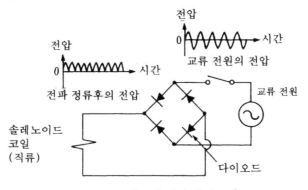

그림 4-17 정류기 내장 솔레노이드

표 4-2에 표시한 정류기 내장 솔레노이드는 전원은 교류이지만 **그림 4-17**과 같이 전파 정류하여 코일에는 직류를 주는 타입인 것입니다. 전파 정류 후의 전압파형은 일정하지 않고 0~+[V]로 변화하고 있어 교류와 같이 보일지도 모르지만, 솔레노이드와 같이 자석에서는 전압이 마이너스(−)로 되지 않는 한 플러스(+) 쪽에서만 변동하고 있는 것은 직류적인 작용을 합니다.

직류 솔레노이드와 교류 솔레노이드는 소손하기 쉬움과 응답성에 큰 차가 있어 단순히 어느쪽이 우수하다고는 단언할 수 없습니다.

4·1·11 서지 전압

전자석에 통전하면 자기를 발생하는데, 이것은 코일에 의해서 전기 에너지가 자기 에너지로 변환되기 때문입니다. 즉 코일의 가운데에 전기 에너지로부터 **변**

환된 자기 에너지가 축적되어 있다고 생각해도 되는 것입니다. 이 상태에서 통전을 끊으면 축적되어 있던 전기 에너지는 한순간에 반대로 전기 에너지로 변환되어 코일로부터 튀어나옵니다. 이것이 서지 전압이라고 불리는 것입니다. 솔레노이드 밸브도 전자석을 사용하고 있으므로 솔레노이드 밸브로의 통전을 끊으면 이 서지 전압이 전기 회로 안으로 방출됩니다.

이 서지 전압은 사용 전압의 수10배의 값으로 되는 일도 있고, 직류 24[V]를 공급하고 있는 데도 관계없이 200~300[V]의 서지 전압이 발생하는 경우도 있습니다. 이와 같은 큰 서지 전압은 시퀀서나 마이크로 컴퓨터를 이용하여 제어하고 있는 경우에 오동작시키기도 하고, 내전압이 낮은 소자를 파괴하는 원인이 됩니다. 또 유접점 릴레이를 사용하고 있을 경우에는 접점 사이에서 불꽃을 발생시켜 노이즈를 일으킴과 동시에 접점의 온도 상승을 초래하여 접점 수명을 짧게 하는 등의 문제를 일으킵니다. 직류 솔레노이드는 전압이 낮기 때문에 서지 전압의 영향은 대단히 커서, 충분한 서지 전압 방지 대책이 필요하게 됩니다. 전기의 관계이므로 그 대응책을 배전반 내에 설치해도 좋지만 코일에 의해서 전자 에너지가 다르고, 최적인 소자를 선택할 수 없는 것 등에서 솔레노이드 쪽에 미리 내장되는 것이 보통으로 되어 있습니다.

서지 전압은 교류 솔레노이드에도 발생하지만, 교류인 경우는 원래 사용 전압이 높기 때문에 내전압이 높은 소자를 사용하고 있는 것으로부터 서지 전압 대책은 직류 타입만큼 엄중히 행해지지 않는 것이 일반적입니다.

그림 4-18은 일반적으로 행해지고 있는 직류 솔레노이드의 서지 흡수 회로의 예입니다. (a)의 방법은 작은 서지 전압을 흡수할 경우에 이용됩니다. (b)의 방법은 다이오드 1개로, 소형으로 값이 싼 잇점은 있지만 서지 전압을 코일 안에서 소비하기 때문에 OFF 특성이 상당히 늦어지고 정류기 내장 솔레노이드와 동등한 응답성이 됩니다.

응답성으로부터는 그림 4-18(c)(d)의 방법이 제일 적합합니다. 그러나 (c)의 결선에 극성(+·−)이 생기는 결점이 있습니다. 서지 전압의 흡수는 유압 회로로 말하면 릴리프 밸브(안전 밸브)의 작용을 하고 있다고 생각하면 이해하기 쉽게 됩니다.

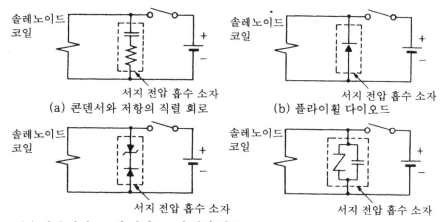

(a) 콘덴서와 저항의 직렬 회로　　(b) 플라이휠 다이오드

(c) 제너 다이오드와 다이오드의 직렬 회로　　(d) 배리스타와 콘덴서의 병렬 회로

그림 4-18　직류 솔레노이드에 있어서의 서지 흡수 회로의 예

4·1·12 솔레노이드 밸브의 고장과 대책

액추에이터가 움직이지 않을 경우, 우선 최초로 의심되는 것이 솔레노이드 밸브입니다. 액추에이터에 제일 가까운 밸브가 솔레노이드 밸브이기 때문에 아무래도 그 경향이 있는 듯합니다. 그러나 액추에이터가 움직이지 않는 원인은 여러가지 있습니다. 압력이 나오지 않는다, 압력이 부족하다, …… 등, 세어보면

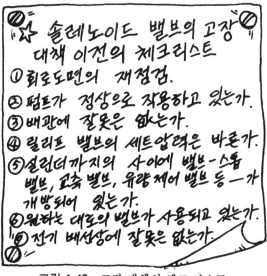

그림 4-19　고장 대책의 체크 리스트

한이 없습니다. 우선 솔레노이드 밸브를 의심하기 전에 점검할 항목을 메모지식
으로 한 것이 **그림 4-19**입니다.

이와 같이 회로도면의 재점검으로부터 배선상의 실수까지를 충분히 점검해
두지 않으면 수고가 많이 드는 대책으로 시간이 걸릴 뿐입니다. 이들을 점검한
뒤에 솔레노이드 밸브 자체를 점검해 봅니다. 원인마다 크게 나누어 조금 설명
해 봅시다.

(1) 전기적인 원인의 대책

이용하는 전원 전압이 다르거나, 주파수의 착오 또는 아예 결선을 틀리게 하
는 등 전기적인 잘못에는 여러 가지가 있을 수 있습니다.

솔레노이드의 규격 전원 전압보다 공급 전압이 너무 높거나 너무 낮으면 솔레
노이드 코일의 흡인력이 강해졌다 약해졌다 하므로 정상적인 작동은 바랄 수 없
습니다. 일반적으로 솔레노이드의 흡인력은 전류의 제곱에 비례하고, 교류 전원
의 경우는 주파수의 제곱에 반비례하여 증가·감소합니다. 흡인력이 너무 크면
기계적으로 파손하거나 코일의 온도 상승이 심하게 되어 끝내는 타버리게 됩니
다.

반대로 흡인력이 약해지면 코일에 소정의 힘이 나오지 않으므로 철심이 완전
히 흡착할 수 없게 되어 스풀이 전환되지 않게 됩니다. 또 결선을 잘못해서 양쪽
의 솔레노이드를 동시에 작용시키는 일을 하면 코일은 완전히 타버립니다.

이러한 사고를 방지하기 위해서는 역시 전원 전압을 확실히 점검하고, 결선
실수를 없애는 것입니다. 솔레노이드 코일이 100[V]용으로 되어 있는 데 200
[V]의 전원에 접속시켜서는 라이트급 복서에 헤비급 선수에게 시합을 시키는
것과 같은 것으로, 도저히 견딜 수 없게 됩니다.

(2) 기계적인 원인의 대책

밸브 본체 자체에 결함이 있을 경우는 어떻게 되는 것일까요. 밸브 본체와 스
풀의 틈새가 너무 작을 경우, 미끄럼 운동 저항이 커지거나 혹은 밸브 부착면의
요철 때문에 본체에 변형이 일어나 스풀의 움직임이 나빠져 전환 불량을 일으킵
니다. 교류 솔레노이드의 경우에는 코일이 타버리게 됩니다.

이런 때에는 스풀의 미끄럼 운동 틈새를 조정하여 스풀이 부드럽게 왕복 운동

할 수 있도록 합니다. 또 무리한 장치에 의한 밸브 본체의 변형이 없도록 주의할 것, 밸브 부착면을 평평하게 하여 적정한 체결력으로서 부착하는 것입니다.

(3) 회로상에서 오는 원인과 대책

지금까지 설명한 솔레노이드 밸브에는 P, A, B, T라는 각 포트가 있습니다. 일반적으로 P는 펌프에서 압유가 오는 곳을 나타내고, A, B는 실린더 포트라고 하며 실린더에의 배관구(配管口)가 됩니다. 그리고 T는 필요없게 된 기름을 탱크에 반송하는 창구(窓口)라고 하는 것이 됩니다. 회로상에서 트러블을 일으키기 쉬운 대표적인 것을 3가지 들어 설명하겠습니다.

제1은, 실린더나 오일 모터를 움직일 때와 같이 P⇨A 또는 B포트로 기름을 흘려 일을 한 뒤 B 또는 A⇨T포트로 기름이 흘러가는 경우는 문제없지만, 예를 들면 P⇨A포트로만 기름을 흘리고, 복귀 유량이 없을 경우(1패스 회로의 경우), 솔레노이드 밸브의 전환 성능이 대폭 저하합니다.

솔레노이드 밸브의 전환 성능은 코일의 흡인력으로 결정하지만, 복귀 유량을 이용하여 흡인력 이상의 전환 성능을 얻고 있습니다. 그 때문에 이 복귀 유량이 없을 경우에는 전환 성능이 떨어지므로 밸브의 선정에는 충분한 주의가 필요합니다. 이것을 생각하지 않고 선정하여 전환 불량을 일으키는 일이 있습니다.

제2는, 어큐뮬레이터 회로에 사용하여 유량 규제를 하지 않는 경우입니다. 솔레노이드 밸브의 전환 순간에는 대단히 큰 유량의 기름이 흐르려고 하여 전환 능력 이상이 되는 경우입니다. 유압의 회로 설계 때에는 여러가지 계산을 하지만, 그것은 정적인 상태에서의 계산이 많고 순간적인 동적인 계산은 쉽사리 할 수 없는 것이 실정입니다. 밸브의 크기는 빠듯한 선정이 아니고 어느 정도 여유를 가진 선정을 하는 것입니다.

제3은, T포트 압력입니다. 코일 튜브는 자기 효율을 올리기 위해 대단히 얇게 만들어져 있습니다. 그 때문에 스풀이 들어있는 본체에 비해 강도적으로는 약한 것입니다. 일반적으로 유압기기는 T라인에는 압력을 걸지 않는 것이 많고, 솔레노이드 밸브도 예외는 아닙니다. 한편, 서지 압력(T라인에 한하지 않는)이라는 것은 설계 단계에서는 쉽사리 계산할 수 없고 실제로 만들어 보고 조사하여야 비로소 알 수 있는 경우가 대부분입니다. 그러므로 T포트에 압력을 걸어 사용할 경우에는 이 서지 압력을 어느 정도 추정하고 튜브의 보증 압력(허용 배압) 이하의 서지 압력으로 되도록 여유있는 설계를 하는 것이 필요합니다.

(4) 환경이 나쁜데서 오는 원인의 대책

기계나 장치를 옥외에서 사용하면 주위의 온도가 너무 높아지거나 너무 낮아지거나, 물이 튀거나, 유해한 약품에 침식되거나 합니다. 옥외가 아니더라도 공작기계에서는 절삭유제나 연삭액이 튈 가능성이 큽니다. 솔레노이드는 전기 부품이고, 서지 전압 흡수 소자는 전자 부품입니다. 전기·전자 부품은 물, 온도, 습도에 약한 것이므로 환경이 나쁜데서 오는 트러블이 일어나기 쉬운 경향이 있습니다. 그 때문에 솔레노이드 밸브에는 커버 등을 설치해 보호할 필요가 있습니다.

또 환경 문제라고는 할 수 없지만, 작동유 속의 먼지에 의한 작동 불량은 솔레노이드 밸브의 고장의 절반을 차지하고 있습니다. 먼지가 들어가는 것은 유압 장치의 배관을 했을 때에 파이프의 청소가 불완전했던 경우가 압도적으로 많으므로, 충분한 청소를 하면 먼지에 의한 고장의 대부분은 방지할 수 있게 됩니다.

(5) 전환 불량 대책의 흐름

습식 솔레노이드 밸브에서, 전환 불량이 일어난 경우에 그 대책을 찾아내는 흐름을 표 4-3에 표시합니다.

표 4-3

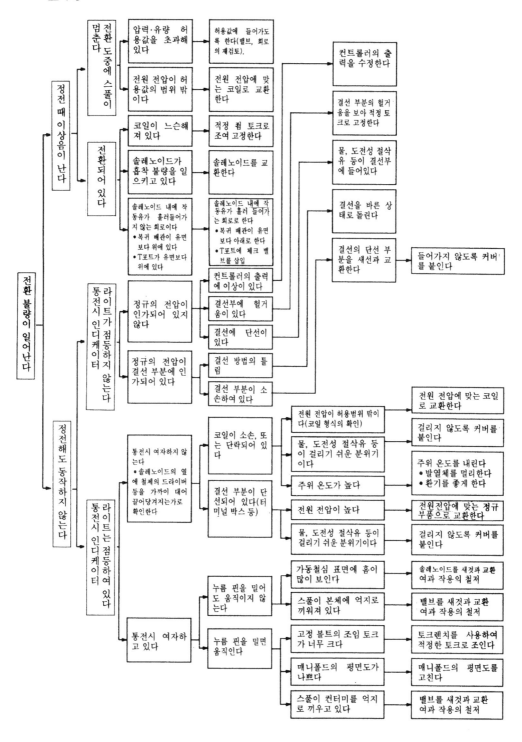

4·2 전자 비례 밸브

전기 신호에 비례하여 압력·유량을 제어

리모트 컨트롤(원격 제어)의 시대입니다. 유압에서도 필요한 압력과 유량을 검출하여 피드백하여 최적 상태로 제어하는 데에 전기신호를 사용하여 리모컨 조작을 가능하게 하고 있습니다. 전기신호에 비례하여 제어할 수 있는 밸브, 그것이 전자 비례 밸브입니다. 솔레노이드 밸브는 전기 에너지를 기계 에너지로 바꾸어 스풀을 움직입니다. 이 솔레노이드 밸브를 세공하면 전기신호에 비례하여 제어할 수 있는 밸브가 가능합니다.

4·2·1 비례 밸브용 솔레노이드를 만든다

압력 제어 밸브를 전기로 제어하는 것을 생각하면 어떤 것이 필요하게 될까요. 그림 4-20은 앞장에서 설명한 압력 제어 밸브 가운데에서 제일 많이 사용되고 있는 직동형 릴리프 밸브의 원리입니다. 조정 핸들을 돌려 스프링을 휘게 하여 니들 밸브에 힘을 주고 있습니다. IN 포트 압력이 그 힘에 이겨내는 압력이 되면 니들 밸브가 열려 IN⇒OUT 사이로 기름을 흘립니다.

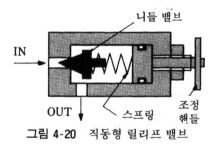

그림 4-20 직동형 릴리프 밸브

이것을 현상적으로 분석하여 보면, ① 니들 밸브에 힘을 줄 수 있을 것, ② 주는 힘을 자유로이 바꿀 수 있을 것, ③ 주는 힘은 니들 밸브가 움직여도 그다지 바뀌지 않을 것으로 되고, 이 3가지의 조건이 성립하는 구조를 생각하면 좋은 것입니다.

솔레노이드 밸브의 흡인력 특성은 **그림 4-21**에 표시됩니다. 입력 전류를 크게 하면 흡인력도 커집니다. 또 흡착부로부터의 거리에 따라서 흡인력은 변화합니다. **그림 4-21**의 흡인력 특성에서는, 조건의 ①은 솔레노이드와 같아 튼튼하고, 조건의 ②는 전류를 바꾸면 가능합니다. 그러나 거리에 의해 흡인력이 크게 **변화**하여 잘 되지 않습니다.

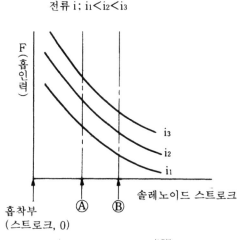

그림 4-21 솔레노이드 밸브의 흡인력 특성

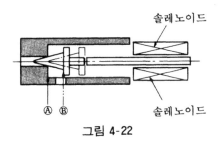

그림 4-22

예를 들면 **그림 4-22**의 Ⓐ위치에서 니들 밸브가 밸브 시트에 자리잡고 있고, 압력이 상승하여 니들 밸브가 열리자 Ⓑ의 위치로 움직였다고 합시다. 이 때 니들 밸브를 미는 힘(흡인력)은 내려가 버립니다. 릴리프 밸브는 니들 밸브가 열리면서 그 압력을 유지하는 것이 목적이었으므로, 힘이 감소하는, 즉 압력이 내려가는 것은 곤란합니다. 그 때문에 스트로크가 변해도 힘이 변하지 않는 솔레노이드가 필요하게 됩니다.

그림 4-23이 이상적인 흡인력 곡선입니다. ⒶⒷ 2점에서 흡인력은 변하지 않

으므로 니들 밸브가 움직여도 흡인력은 같아 압력을 일정하게 유지해 줍니다. 이와 같은 흡인력 특성을 수평 흡인력 특성이라고 하는데, 이 수평 흡인력 특성을 얻도록 흡인부의 형상을 바꾼 솔레노이드가 비례 솔레노이드입니다. 즉 흡인력이 거리(스트로크)에는 관계없고 전류에만 비례하므로 이렇게 부르고 있습니다.

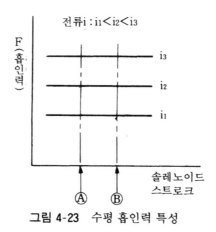

그림 4-23 수평 흡인력 특성

비례 솔레노이드는 직류 타입밖에 만들어져 있지 않습니다. 또 전환 밸브용 솔레노이드와 틀려 ON·OFF 제어가 아니고 전류값을 제어하여 사용하기 때문에, 전류를 제어하는 전용 컨트롤러가 필요하게 됩니다.

이 비례 솔레노이드가 있으면 유압 밸브의 여러가지에 적용할 수 있습니다. 말하자면 스프링에 상당하는 것이 비례 솔레노이드이므로 응용 범위는 넓게 됩니다. 그러면 유압 밸브에 대하여 비례화하는 경우를 설명해 가기로 합니다.

4·2·2 전자 비례 릴리프 밸브

그림 4-24에 직동형 전자 비례 릴리프 밸브의 구조를 표시합니다.

솔레노이드로 직접 니들 밸브를 밀지 않고 스프링을 통해서 니들 밸브를 밀고 있습니다. 또 플런저가 미소 전류의 변화(미소 흡인력 변화)에서도 부드럽게 움직이도록 베어링을 이용하여 미끄럼 운동 저항을 작게 하고 있습니다.

그림 4-25(b)가 대표 특성을 표시한 것입니다. 입력 전류에 비례하여 압력 제어를 할 수 있는 것을 잘 이해하리라고 생각합니다. (a)에서의 수동 조정 핸들의

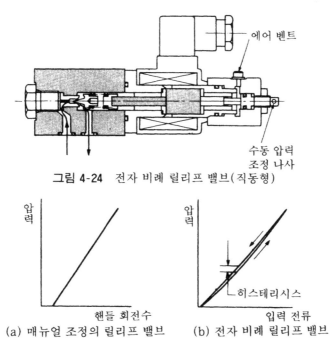

그림 4-24 전자 비례 릴리프 밸브(직동형)

(a) 매뉴얼 조정의 릴리프 밸브   (b) 전자 비례 릴리프 밸브

그림 4-25 대표 특성

회전이 입력 전류로 바뀌어 있습니다.

그림 4-26은 밸런스 타입 전자 비례 릴리프 밸브입니다. 보통의 밸런스 피스톤형 릴리프 밸브의 벤트 라인에 직동형 비례 릴리프 밸브를 싣고 있습니다. 이

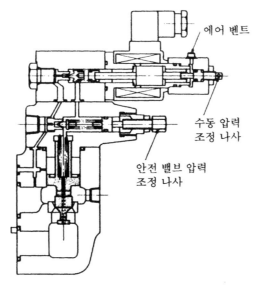

그림 4-26 밸런스형 전자 비례 릴리프 밸브

렇게 하면 큰 용량이라도 전기신호에 비례하여 릴리프 작용시킬 수가 있습니다.

그림 4-27을 봅시다. (a)가 보통의 릴리프 밸브를 사용하여 솔레노이드와 니들 밸브로 구성한 다단 압력 제어 회로입니다. 무부하, 압력 P_1, 압력 P_2의 3단 전환을 할 수 있습니다. 솔레노이드 밸브 1개, 직동형 릴리프 밸브 2개와 메인 릴리프 밸브 1개의 합계 4개가 필요합니다.

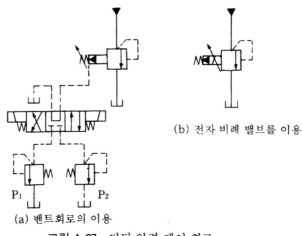

(b) 전자 비례 밸브를 이용

(a) 벤트회로의 이용

그림 4-27 다단 압력 제어 회로

그런데 (b)와 같이 밸런스 피스톤형 전자 비례 릴리프 밸브를 사용하면 밸브는 1개로 다단 압력 제어가 가능하게 됩니다. 또 무부하일 때의 쇼크 대책에 벤트 타이머를 사용했지만, 전자 비례 릴리프 밸브에서는 전류에 비례하여 압력이 바뀌므로 전류를 천천히 저하하여 주면 쇼크 없이 무부하할 수 있는 것은 쉽게 알 것으로 생각합니다.

4·2·3 전자 비례 감압 밸브

밸런스 타입 전자 비례 감압 밸브는 니들 밸브부에 직동형 릴리프 밸브를 사용하면 원리적으로는 그대로 구성할 수 있게 됩니다. 그림 4-28에 그 구조를 표시하지만, 실제로는 벤트 유량을 적게 하기 위해 본체 부분을 조금 바꾸어 사용합니다. 직동형 전자 비례 감압 밸브는 5~10[l/min] 정도의 것이 만들어지고 있습니다. 대표예를 그림 4-29에 표시합니다. 이 밸브는 뒤에 설명하는 전자 비례 방향 유량 제어 밸브의 파일럿 압력을 비례 제어하기 위해 사용되는 일이 많

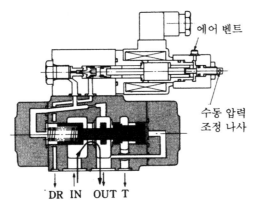

에어 벤트

수동 압력
조정 나사

DR IN OUT T

그림 **4-28** 밸런스형 전자 비례 감압 밸브

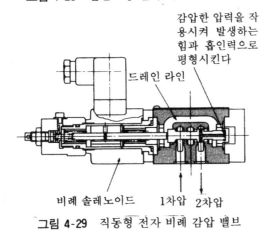

감압한 압력을 작
용시켜 발생하는
힘과 흡인력으로
평형시킨다

드레인 라인

비례 솔레노이드　1차압　2차압

그림 **4-29** 직동형 전자 비례 감압 밸브

은 것입니다.

4·2·4 전자 비례 시퀀스 밸브

시퀀스 밸브도 전자 비례화하는 것은 가능하지만, 거의 만들지 않습니다. 만드는 데는 밸런스 피스톤형 시퀀스 밸브의 파일럿부를 비례화하여 합니다. 여기서는 시퀀스 밸브도 전자 비례할 수 있다는 것만으로 멈추어 눕니다.

4·2·5 전자 비례 유량 제어 밸브

비례 솔레노이드의 출력은 고작 $40 \sim 50[\mathrm{N}](\fallingdotseq 4 \sim 5[\mathrm{kgf}])$으로 작기 때문에 유량 제어 밸브의 조정 핸들을 비례 솔레노이드로 직접 움직여, 직동형 밸브를 만드는 데에는 무리가 있습니다. 그러나 유압은 힘의 증폭을 자랑으로 하고 있으므로 작은 비례 솔레노이드의 힘을 유압을 이용해 증폭하여 사용합니다. **그림 4-30**이 전자 비례 유량 제어 밸브의 구조입니다.

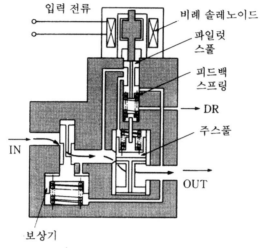

입력 전류
비례 솔레노이드
파일럿 스풀
피드백 스프링
DR
주스풀
IN
OUT
보상기

그림 4-30 전자 비례 유량 제어 밸브

비례 솔레노이드에 입력 전류를 가하면 입력 전류에 비례한 힘이 발생하여 파일럿 스풀을 밀어 내립니다. 그러면 주스풀의 스프링실에 IN쪽의 압력이 안내되고 있던 것이 이번은 OUT쪽에 연결되어 스프링실의 압력은 저하합니다. 주스풀의 아래쪽에는 IN쪽의 압력이 작용하고 있으므로 주스풀은 힘 평형에 의해서 윗쪽으로 이동하여 IN·OUT 사이에 기름을 흘리게 됩니다.

주스풀이 윗쪽으로 이동한 양은 피드백 핀을 통해 피드백 스프링에 전해져, 파일럿 스풀을 밀어 올립니다. 즉 흡인력과 피드백 힘이 같아지는 위치까지 주스풀은 윗쪽으로 이동하게 됩니다.

이와 같은 작용으로 흡인력에 비례한 IN·OUT 사이의 개도를 얻어 유량 제어를 하고 있습니다. 컴펜세이터는 이 개구 면적 전후의 차압을 일정하게 하기 위한 것으로, 보통의 압력 보상 기구 붙이 유량 제어 밸브와 같은 작용을 하고 있습니다.

4·2·6 전자 비례 방향 유량 제어 밸브

그림 **4-31**에 방향 전환과 유량 제어를 동시에 하는 직동형 전자 비례 밸브를

표시합니다. 비례 솔레노이드로 스풀을 밀어, 대항하는 스프링과 평형한 위치에
서 멈추어 스풀의 개도를 제어합니다.

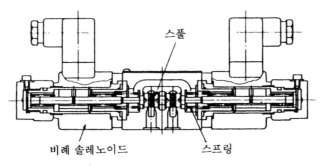

그림 4-31 전자 비례 방향 유량 제어 밸브

보통의 전환 밸브용 솔레노이드는 흡인력의 값 자체를 제어할 수 없어 **항상
최대의 힘**을 내므로 스풀은 스트로크 끝까지 완전히 전환되어 버립니다. 비례
솔레노이드는 전류를 바꾸어 사용하여 그 전류에 비례한 힘이 나오므로 대항 스
프링에 평형한 위치에서 스풀을 멈출 수가 있습니다. 이렇게 하여 전환 동작과
동시에, 전류가 작으면 스풀의 **열림량이 적고**, 전류를 크게 하면 스풀의 **열림량**
이 많아지므로 교축(유량 제어) 작용을 할 수가 있습니다.

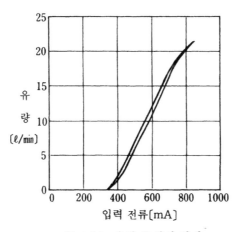

그림 4-32 유량 특성의 일례

입력 전류에 대한 유량 특성의 일례를 **그림 4-32**에 표시합니다. 그림은 한쪽
의 비례 솔레노이드의 경우만의 데이터를 표시하고 있지만, 반대쪽의 솔레노이
드에서도 똑같이 제어할 수가 있습니다.

큰 용량에 대응할 수 있도록 하기 위해서는 전자 파일럿 솔레노이드 **밸브와** 같이 근원이 되는 것과 갈라져 나온 밸브 구조로 합니다. 그 단면 구조를 **그림 4-33**에 표시합니다. 위의 밸브는 직동형 전자 비례 감압 밸브입니다. 감압하는 것은 아래의 주밸브의 메인 스풀의 양끝의 압력입니다.

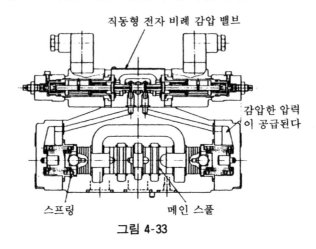

그림 4-33

메인 스풀은 스프링으로 중립 위치에 돌아오도록 되어 있으므로 그 스프링 **힘** 이상의 유압을 걸어주면 스풀은 움직이게 됩니다. 작용시키는 압력(감압력)을 조금씩 높여 가면 스풀을 미는 힘은 서서히 압력에 비례하여 증가합니다. 그리고 스풀이 움직이면 상대쪽의 스프링을 변형시키게 되므로 스프링 힘은 스풀을 밀어 되돌리려고 합니다.

이 양쪽의 힘이 평형하는 곳에서 스풀은 멈춥니다. 그 때문에 직동형과 **같이** 스풀을 전류에 비례하여 위치 정하기할 수가 있는 것입니다. 즉 감압력은 전류에 비례하여 얻어지도록 하고 있으므로 전류에 비례하여 스풀의 양끝에 작용하는 압력을 제어하여 전류에 비례하여 스풀을 위치 정하기하고 있는 것입니다.

4·2·7 전자 비례 제어 밸브용 컨트롤러

설명한 바와 같이 수평 흡인력을 가진 비례 솔레노이드를 이용하여 수동으로 하고 있던 제어를 전류로 제어하는 것이 전자 비례 밸브입니다. 그러므로 **전자 비례 밸브**를 사용하는 데에는 전류를 크게 하기도 하고 작게 하기도 하는 **전용 컨트롤러**가 필요하게 됩니다.

어떻게 전류를 만들어 내느냐는 전문서에 양보하기로 하고, 사용하는 쪽에서 생각하면 다음 2가지로 나눌 수 있습니다.

① 액추에이터부에서 검출한 압력, 유량, 변위 등의 신호(아날로그 신호)에 비례한 제어를 하고 싶을 경우

② 릴레이 접점 등의 ON·OFF 접점 지령에 의해, 미리 정해진 제어를 하고 싶을 경우

어느쪽의 경우도 전자 비례 밸브에 바라는 전류를 만들어 내는 기기가 필요합니다. ①의 경우는 주어진 신호에 비례한 신호를 만들어 내는 것에서 앰프형(증폭형)이라고 하고, ②의 경우는 전류파형 자체를 자신이 만들어 제어하는 것에서 컨트롤러형이라고 하고 있습니다. 그림 4-34에 컨트롤러형의 외관과 대표 사양을, 그림 4-35에 간이 블록 다이어그램을 표시합니다.

항 목	전자 비례 제어 밸브용 컨트롤러
채널수	4
최대 출력 전류[mA]	800
외부 접점[Ω]	닫혔을 때 10 이하
채널 설정 레벨[mA]	각 채널 모두 0~800
게인 조정폭	최소~800[mA/50%]채널 설정
0점 조정폭[mA]	0~800
디저(내부 반고정)[mA]	0~400(P−P) 100[Hz]
허용 주위 온도[℃]	0~50
전원 전압[V](50/60[Hz])	AC100, 110, 200, 220(±10%)
소비 전력[VA]	50 이하
온도 드리프트[mA/℃]	0.2
정격 부하[Ω]	20(20℃)

그림 4-34 전자 비례 제어 밸브용 컨트롤러와 대표 사양

또 그림 4-36(a)(b)(c)에 출력 전류의 패턴예를 표시합니다. 그림에서도 알 수 있듯이 외부 접점 신호를 받으면 그것에 걸맞는 전류가 출력됩니다. 그리고 그 출력 레벨을 컨트롤러에 설치한 볼륨으로 조정할 수 있습니다. 그림 4-36(b)의 3접점을 연 경우에는 그림 4-37과 같이 리밋 스위치(LS)의 접점 신호에 의해서 감속 모드를 자유로이 만들 수가 있습니다.

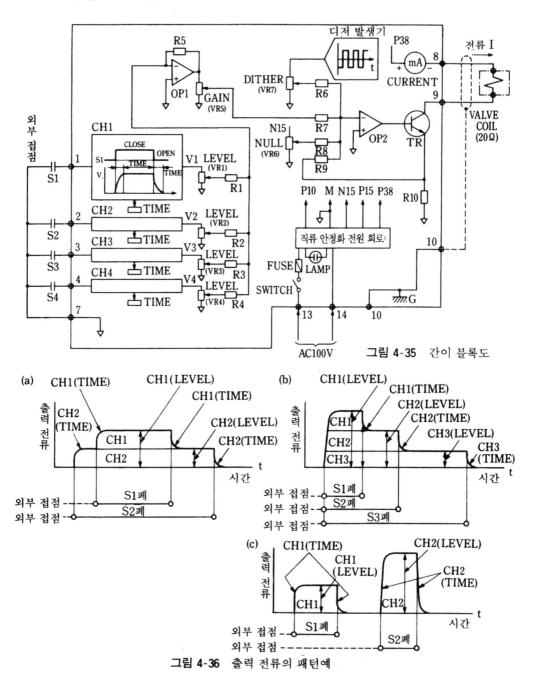

그림 4-35 간이 블록도

그림 4-36 출력 전류의 패턴예

4·2·8 전자 비례 제어 밸브의 고장과 대책

전자 비례 제어 밸브에 공통하여 사용되는 직동형 전자 비례 릴리프 밸브의

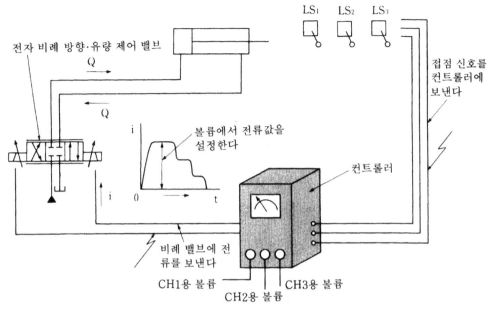

전자 비례 방향·유량 제어 밸브

Q

Q

볼륨에서 전류값을 설정한다

i

0 t

i

컨트롤러

접점 신호를 컨트롤러에 보낸다

비례 밸브에 전류를 보낸다

CH1용 볼륨

CH2용 볼륨

CH3용 볼륨

그림 4-37 컨트롤러의 사용 방법

고장과 대책에 대하여 **표 4-4**에 표시합니다. 솔레노이드 밸브와 틀려서 흡인력이 약하기 때문에 작동유의 오염(불순물과 먼지 등)의 관리에는 충분히 주의할 필요가 있습니다.

표 4-4 직동형 전자 비례 릴리프 밸브의 고장과 대책

현 상	원 인	대 책
압력이 올라가지 않는다	압유가 공급되지 않는다	유압원을 조사한다
	입력 전류가 흐르지 않는다	컨트롤러의 체크, 접속 단자의 체크
	파일럿 밸브의 작동 불량	분해, 세정
최저압이 너무 높다	수동 조정 나사가 죄어 있다	수동 조정 나사를 반시계 방향으로 돌린다
압력이 불안정	공기빼기가 불충분	에어 벤트를 느슨히 하여 공기빼기를 한다
	시스템 내의 공기빼기가 불충분	공기빼기를 한다
입력 전류가 흐르지 않는다	커넥터 접촉 불량	커넥터의 점검
	단자의 접촉 불량	접속부의 점검
	실드선의 단선	도통을 확인
	컨트롤러 작동 불량	메이커에 연락

4·3 전기·유압 서보 밸브

전기·유압 서보 기구의 원리와 응용

전자 비례 밸브는 비례 솔레노이드를 이용하여 밸브를 구성하는 것이지만, 역시 성능면에서 한계가 있습니다. 전기신호에 비례하여 움직인다는 것을 생각하면 전기신호와 똑같은 응답성을 갖고 거동하는 것이 이상적일 것입니다. 전기·유압 서보 밸브는 이 이상에 가까운 밸브라고도 할 수 있습니다.

4·3·1 다시 고응답 비례 밸브를 만든다

전기의 전달 속도는 빛과 같은 속도이지만 공업적으로 제어하여 이용할 수 있는 응답성은 고작 1[kHz] 수준입니다. 기계적인 움직임을 얻으려면 아무래도 응답성이 나쁘게 되어 버립니다. 그림 **4-38**을 봅시다. 이것은 전자 비례 밸브에 전기신호를 주고 나서 스풀이 거동하는 모습을 크게 확대하여 모식적으로 한 것입니다. 전기신호를 주고 나서 스풀이 움직이기 시작할 때까지의 시간 지연, 다시 스풀이 전류값에 비례한 위치까지 움직이기 위한 시간 지연을 생각할 수 있습니다. 이 시간 지연이 적으면 적을수록 전기신호와 유압신호의 속도가 일치하

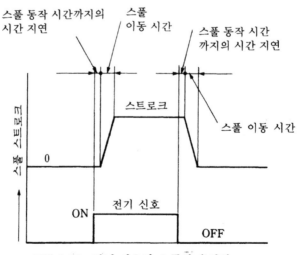

그림 **4-38** 전기 신호와 스풀의 움직임

도록 됩니다.

어떤 물체의 응답성을 생각하면,

$$F=m\cdot\alpha$$

여기서, F: 주는 힘

m: 움직이는 물체의 질량

α: 가속도

로 표시됩니다. 응답성(가속도)을 높이기 위해서는 식에서 주는 힘 F를 크게 하든가 움직이는 물체의 질량 m을 작게 하는 것이 필요해지는 것을 알 수 있습니다.

그 의미에서는 전자 비례 밸브는 비례 솔레노이드의 이용으로 하여, 최초에 움직이는 플런저는 질량이 커서, 응답성의 면에서 불리하다고 할 수 있습니다. 또 빠르게 움직여도 거리가 길면 불리합니다. 즉 질량을 작게 하여, 이동 거리가 짧은 쪽이 응답성이 우수하게 됩니다.

그래서 전기·유압 서보 밸브의 등장인데, 수많은 종류 중에서 여기서는 힘·피드백 방식의 서보 밸브에 대하여 설명합니다. **그림 4-39**에 표시한 것이 그 단면

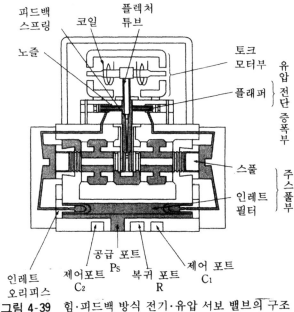

그림 4-39 힘·피드백 방식 전기·유압 서보 밸브의 구조

도입니다. 이 밸브는 입력 전류를 플래퍼의 변위로 변환하는 토크 모터부, 그 플래퍼의 변위를 유압의 압력차로 변환하는 유압 앞단 증폭부 그리고 주회로의 유량을 제어하는 주스풀부의 3개 부분으로 구성되어 있습니다. 즉 앞단 증폭부(전기·기계 변위 변환부)와 노즐 플래퍼 기구를 이용하여 주스풀과의 사이를 피드백 스프링에 의해 결합하여 피드백부를 형성하고 있습니다.

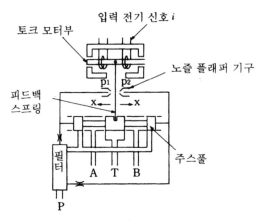

그림 4-40 전기·유압 서보 밸브의 블록

그림 4-40은 전기·유압 서보 밸브의 각 블록입니다. 그 움직임을 봅시다. 포스 모터 파일럿부의 입력 전기 신호의 전류 i에 의해 코일에 자력이 발생하고, $+i$, $-i$의 대소에 따라서 변위 x를 얻을 수 있습니다. 이 변위에 의해 노즐 플래퍼 기구에서 압력차 $|P_1-P_2|$를 얻을 수 있습니다. 즉 x가 0보다 왼쪽으로 움직이면 X_1이 작아지고, X_2가 커져, P_1에서의 기름은 저항이 커지고 P_2에서의 기름은 저항이 작아 $P_1 > P_2$가 됩니다(**그림 4-41**).

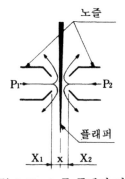

그림 4-41 노즐 플래퍼 기구

이 P_1, P_2가 스풀의 양끝에 걸려, 그 차압 $|P_1-P_2|$에 의해서 스풀을 움직이게 됩니다. 움직임은 피드백 스프링을 통해 x의 변위에 피드백되어 $P_1=P_2$까지 스풀이 이동하고 정지합니다. 이것으로 전류값 i에 비례한 위치까지 스풀이 이동한 것이 됩니다. 스풀의 이동은 개구 면적에 비례하고, 그것은 유량에 비례하므로 결과로서 i에 유량이 비례하게 됩니다. **그림 4-42**에 JIS기호를 표시합니다.

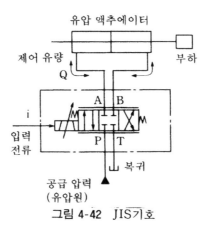

그림 4-42 JIS기호

피드백 스프링은 기계적인 피드백이므로 약간이지만 미끄럼 운동 부분을 갖고 있습니다. 이것은 마모 등 경년적 변화를 하는 요소를 갖고 있는 것입니다. 대단히 고정도를 요구하는 밸브이므로 이와 같은 요소는 극력 없애고 싶은 점입니다. **그림 4-43**은 피드백을 스프링이라는 기계적인 것이 아니고 전기로 한 것입니다.

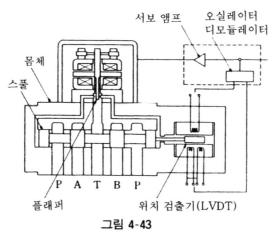

그림 4-43

스풀의 위치를 검출하여 목적의 위치에 항상 있도록 전기적으로 피드백을 겁니다. 위치 검출기는 비접촉 구조이므로 마모 등 열화의 우려가 없습니다. 또 최종적인 스풀의 위치를 검출할 수 있으므로, 보다 정밀도를 올릴 수 있습니다.

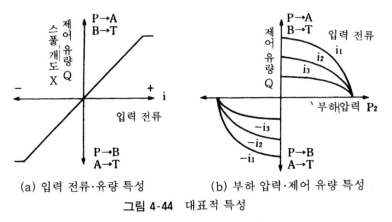

(a) 입력 전류·유량 특성   (b) 부하 압력·제어 유량 특성

그림 4-44 대표적 특성

4·3·2 전기·유압 서보 밸브의 대표적 특징

입력 전류와 제어 유량의 관계는 **그림 4-44**(a)에 표시됩니다. 그림에서도 입력 전류에 비례한 유량을 얻을 수 있다는 것을 이해할 것입니다. 이것이 입력 전류·유량 특성입니다. (b)는 부하 압력과 제어 유량의 특성을 표시한 것입니다.

4·3·3 전기·유압 서보계의 구성

일반적으로 전기·유압 서보 밸브는 전자 제어 기기와 조합하여 이용되고 자동

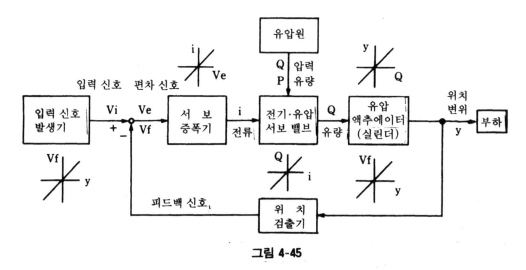

그림 4-45

제어계를 구성합니다. 그리고 목적에 부응하여 위치 제어, 속도 제어, 힘의 제어 등을 위해 사용됩니다. **그림 4-45**는 위치 제어를 했을 때의 블록 다이어그램으로, 클로즈드 루프계를 형성하고 있습니다. 그러면 그림에서 제어계를 간단히 설명합니다.

① 우선 입력신호 발생기에 의해서 Vi의 위치 입력 신호가 주어집니다.

② 서보 증폭기는 이 Vi(위치)와 피드백 신호 Vf를 비교 연산하여 그 편차 신호 Ve를 전류 i에 변환하여 전기·유압 서보 밸브에 공급합니다.

③ 서보 밸브는 이 전류 i에 의해서 유압 액추에이터(실린더)에 제어 유량 Q를 공급합니다.

④ 액추에이터(실린더)는 이동하여 그 위치 변위 y에 비례한 피드백 신호량 Vf를 얻을 수 있습니다.

⑤ 여기서 Vi와 Vf가 같게 되면 Ve가 0, i가 0이 되고, 서보 밸브의 유량 Q도 0으로 되어, 실린더는 정지합니다.

⑥ 이와 같이 하여 언제나 위치 입력 신호 Vi와 피드백 신호 Vf를 비교하고, 자동적으로 위치결정, 보정을 하도록 서보계가 작동하여, 정밀도가 좋고 그 위에 고속(추종성이 좋은) 제어를 얻을 수 있는 것입니다.

그림 4-46은 서보계의 구성을 **그림 4-45**의 블록 다이어그램에 따라서 간단히 한 것입니다.

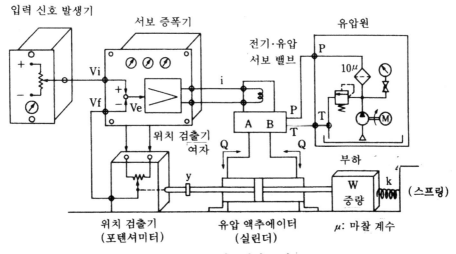

그림 4-46 서보계의 구성

4·3·4　전기·유압 서보 밸브의 응용

전기·유압 서보 밸브는 처음 군함의 대포 위치 제어용 등으로서 발전하여, 그 기술이 일반 산업용에 응용되어 온 것입니다. 넓은 범위에 사용되고 있지만, 그 응용예로서는 다음과 같은 것이 있습니다.

① 진동 시험기　　　　② 하중 시험기

③ 프레스 기계　　　　④ 미사일 레이더 등의 추종 제어 장치

⑤ NC 제어 공작기계　⑥ 각종 시뮬레이터

이들 외에도 이후 고정밀도의 제어가 요구되는 것이 많아져, 전기·유압 서보 밸브의 응용 분야도 점점 넓어질 것입니다.

4·3·5　전자 비례 밸브와 전기·유압 서보 밸브의 비교

표 4-5에 전자 비례 밸브와 전기·유압 서보 밸브의 비교를 표시합니다. 양쪽 모두 방향·유량·압력·위치의 제어가 가능합니다. 응답성으로부터 전기·유압 서보 밸브가 우수하다고 설명해 왔지만, 내오염, 가격의 면에서는 전자 비례 밸브가 유리합니다. 선정에 있어서는, 요구되는 응답성, 신뢰성을 기준으로서 구분하여 씁니다.

표 4-5　전자 비례 밸브와 전기·유압 서보 밸브의 비교

	전자 비례 밸브	전기·유압 서보 밸브
가능한 제어	방향·유량·압력·위치 제어가 가능	
사용 목적	프로그램 제어·원격 제어	특히 고정밀도·고응답을 요하는 고성능 제어
사용 방법	비교적 간단	고도의 기술이 필요
원가	싸다	비싸다
응답성[Hz]	10	50 이상
히스테리시스·재현성	3~7[%]	3[%] 이하
입력 전류[mA]	크다(max 50~1500)	작다(max 15~200)
내콘터미네이션	강하다	약하다
구조	비교적 간단	가공에 정밀 기술 필요
온도 드리프트[%]	6~8(20~60[℃])	2~3(20~60[℃])

4·4 파이프 없는 시스템

보다 사용하기 쉬움을 요구하는 파이프 없는 시스템

유압의 메릿은 큰 것이 있지만, 기름의 유로(流路)가 되는 배관이 어려운 것은 확실합니다. 파이프를 사용하면 이음도 필요하고, 그 접속의 수고만이 아니고 기름이 누설할 가능성이 있는 부분을 늘리게도 됩니다. 그래서 유압 장치로부터 파이프를 추방!으로까지 가지 않아도 파이프 없는 방식이 여러 가지로 개발되어, 보급해 오고 있습니다.

4·4·1 파이프를 추방할 수 없는가

말할 필요도 없이 유압 장치는 펌프에서 밸브, 밸브에서 액추에이터로 기름이 흐르는 길을 필요로 합니다. 자동차 도로이면 1개의 길을 만들고 중앙선을 그으면 그것으로 가는 길(P라인), 오는 길(T라인)을 곧 완성할 수 있습니다. 그러나 유압의 경우는 흐르는 것이 액체이므로 중앙선으로 구분짓는 것으로는 안됩니다. 아무래도 P라인용 관로와 T라인용 관로를 따로따로 설치해야 합니다. 그것도 고압의 액체이므로 수도용 고무 호스라는 것으로는 안됩니다.

그림 4-47은 1개의 실린더를 로킹 회로로 미터아웃 제어하고 있는 회로입니다. 이 회로 구성을 이제까지 설명해온 밸브로 생각하면, 배관은 몇개 필요한가를 번호를 붙여 본 것이 (a)입니다. 파일럿 라인을 포함해 합계 13개가 됩니다.

유압의 고민의 하나에 이 배관이 어렵다는 것이 있습니다. 그 해결책으로서 다음과 같은 방법을 생각할 수 있습니다.

① 배관이 아니고 철의 블록에 구멍을 뚫어 유로(油路)를 만든다: 매니폴드 방식

② 배관을 하지 않아도 되는 구조로 한다: 모듈러 방식

③ 1개의 밸브에 복수의 작용을 시켜 밸브수를 줄인다: 하이드로 로직 방식

그림 4-47(b)와 같이 밸브 사이의 배관을 없애면, 실제로 배관으로 연결할 필요가 있는 곳은 4개로 좋게 됩니다. (a)의 13개가 (b)에서는 4개로 되는 것입니

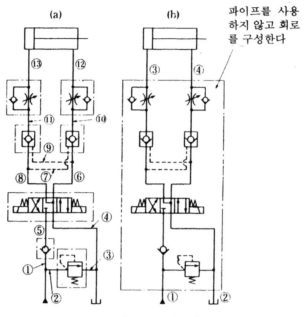

그림 4-47 배관은 몇개 필요한가

다. 각각에 대하여 설명합니다.

4·4·2 매니폴드 방식

그림 4-48에 매니폴드 방식의 모식도를 표시합니다. 밸브를 철의 블록에 붙이고 밸브 사이의 접속은 블록 안에 구멍을 뚫어 연결하는 방법입니다. 그리고 외부 배관의 필요한 포트만을 블록 밖으로 빼내는 것입니다.

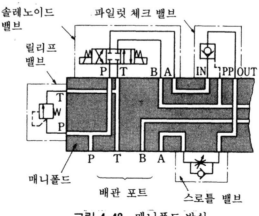

그림 4-48 매니폴드 방식

어떤 회로에서도 구성할 수 있다는 장점은 있지만, 회로가 바뀔 때마다 새롭게 설계하고 도면을 그려내야 합니다. 매니폴드의 재질은 사용 압력에 부응하여 주철, 철, 알루미늄 등이 구분 사용됩니다.

4·4·3 모듈러 방식

밸브의 위, 아래면에 가스켓면을 설치하여 샌드위치 방식으로 밸브를 쌓아올리고, 볼트로 죄는 것만으로 회로를 구성하는 방법입니다. 액추에이터를 움직이기 위해서는 P, T, A, B 포트가 필요하므로, 이 4개의 포트를 베이스로 하여 전용 밸브 구성으로 하고 있습니다. **그림 4-49**에 모듈러 방식의 구성과 회로도를 표시합니다.

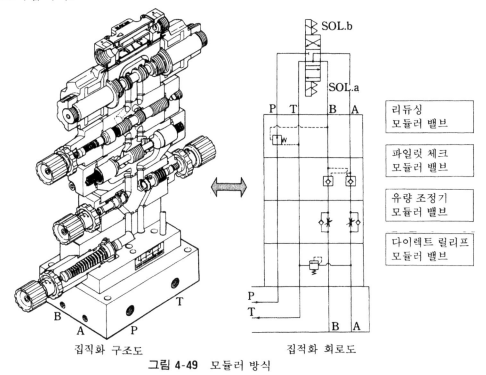

집직화 구조도　　　　집적화 회로도

그림 4-49 모듈러 방식

밸브의 구조와 작동 원리는 이제까지 설명한 밸브 자체이지만 P, T, A, B 포트 사이를 한데 묶어 설치하므로 형상을 바꾸기도 하고 2개의 밸브 기능을 1개의 밸브 본체에 구성하기도 하고 있습니다. 모듈러 방식을 채용하면 매니폴드의 설계는 필요없고, 회로 변경에 있어서도 밸브를 교체하는 것만으로 회로를 구성할 수 있으므로 대단히 편리한 방법입니다.

현재, 각종 밸브를 모듈러화한 것이 시판되고 있으므로 입수도 쉽고 사용하기 쉽게 되어 있습니다. 또 부착 방법도 ISO 규격 치수를 기준으로 하고 있으므로 국제적인 호환성도 있습니다.

4·4·4 하이드로 로직 방식

모듈러 방식 밸브도 2개의 밸브를 1개의 모듈(블록) 중에 넣어 복합화하고 있지만, 로직 밸브는 복수의 작용을 하는 밸브를 1개 혹은 수를 줄여 구성할 수 있는 것입니다. 파이프리스(pipeless)화의 효과도 큰 것이 있지만, 밸브 전체를 간소하게 할 수 있다는 점에서 유량이 큰 회로에서는 대단히 많이 채용되도록 되어 있습니다.

파이프리스 시스템을 생각할 때 매니폴드 방식도 모듈러 방식도 종래의 단일 기능 밸브를 이용하여 배관을 적게 해온 것입니다. 그것에 대해 로직 밸브 방식은 파이프리스화는 물론이지만, 그 이상으로 밸브의 복합화와 간소화를 지향한 밸브라고 할 수 있습니다. 그러므로 로직 밸브 방식의 경우는 필요 회로에 부응한 밸브 시스템을 구성한다는 것이 되어, 스페이스의 면에서도 회로 효율의 면에서도 최적 설계를 가능하게 하고 있습니다.

이후도 널리 사용될 로직 밸브 방식에 대해서는 특별히 **4·5**로 해서 다음에 자세히 설명합니다.

4·5 로직 밸브

로직 밸브의 구성

로직 밸브는 유압적으로는 파일럿 제어에 의한 유압 오퍼레이팅 밸브입니다. 즉 메인 유량의 전환을 하는 포핏 밸브(요소 밸브)와 그 포핏의 개폐를 제어하는 파일럿 밸브로 구성됩니다. 우선은 로직 밸브란 어떤 것인가를 설명합니다.

4·5·1 로직 요소 밸브의 기본과 작용

우선 메인 유량의 전환을 하는 포핏 밸브(로직 요소 밸브)에 대하여 설명합니다. 그림 4-50에 로직 요소 밸브의 외관과 단면 구조를 표시합니다. 유압 기기 메이커에 따라 그 형상은 다소의 차이는 있어도 기본 요소는 같고 부싱과 포핏과 스프링으로 구성되어 있습니다.

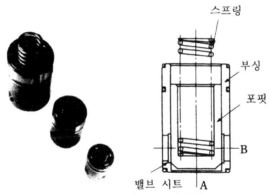

그림 4-50 로직 요소 밸브와 그 구조

그림 4-51은 밸브로서의 구조로, 기름이 A⇒B 또는 B⇒A로 흐를 때, 그 흐름을 멈추는가 열든가의 작용을 하는 것이 포핏이고, 차단하는 부분은 밸브 시트입니다(그림 4-50). 이 포핏의 개폐는, 포핏에 작용하는 단순한 힘 관계로 결정됩니다. 즉 그림 4-51에서 포핏에 작용하는 힘을 생각하면, 포핏을 닫으려고 하는 힘 F는 다음 식으로 표시됩니다.

$$F = P_X \cdot A_x + S - (P_A \cdot A_A + P_B \cdot A_B) \quad \cdots\cdots\cdots\cdots\cdots\cdots ①$$

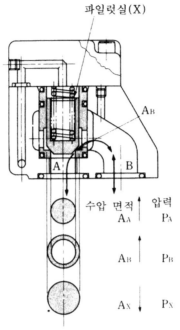

파일럿실(X)

A_B

A B

수압 면적	압력
A_A	P_A
A_B	P_B
A_X	P_X

수압 면적에는 $A_X = A_A + A_B$의 관계

그림 4-51 로직 밸브와 작용력

여기서, P_X: 파일럿실 압력

  A_X: 파일럿실 수압 면적

  S: 스프링 힘

  P_A: A포트 압력

  A_A: A포트측 수압 면적

  P_B: B포트 압력

  A_B: B포트측 수압 면적

이 힘 F가 ＋이냐 －이냐에 따라서 포핏의 개폐 상태가 결정됩니다. F＞0일 경우는 포핏이 닫혀 있어 기름은 흐르지 않습니다. F＜0일 경우는 포핏이 열려 기름이 흐릅니다. 예를 들면 **그림 4-52**에서 P_A＞P_B이면, 식①에 대입하여 계산하면 F＝$(P_B-P_A)\times A_A+S$가 됩니다. 설명을 간단히 하기 위해 스프링 힘 S＝0으로 하면 F＜0이 되므로 포핏은 열려 A⇨B로 기름이 흐릅니다.

반대로 P_A＜P_B로 하면 F＞0이 되어 포핏은 열리지 않아 B⇨A로는 기름이 흐르지 않습니다. 그 때문에 A⇨B로는 기름이 흐르지만 B⇨A로는 기름이 흐르지

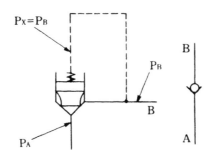

그림 4-52   체크 밸브 회로도

않는, 소위 체크 밸브가 됩니다.

4·5·2 로직 요소 밸브의 종류

로직 요소 밸브에는 **그림 4-53**에 표시한 바와 같이 전환 밸브용과 압관(**壓管**) 밸브용의 2종류가 있습니다.

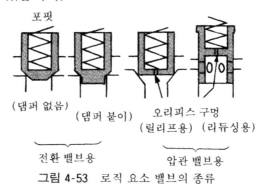

그림 4-53   로직 요소 밸브의 종류

전환 밸브용에는 전환 과도기의 포핏 개구 면적의 변화를 완만하게 하여 전환 때의 쇼크 방지를 생각한 댐퍼 붙이 포핏과 댐퍼 없는 포핏으로 나누어집니다. 전자는 댐퍼 부분만큼 포핏 개구 면적이 적어져 압력 손실은 일반적으로 크게 되어 있습니다. 그 때문에 사용에 있어서는 전환 시간에 여유가 있고 압력 손실 도 허용 범위 안에 있는 것을 확인하고 사용할 필요가 있습니다.

또 유량 조정을 하고 싶을 경우에는 전환 밸브용 요소 밸브를 사용하여 **그림 4-54**와 같이 포핏의 스트로크량을 규제하면 간단히 유량 제어 밸브로 할 수가 있습니다.

압관 밸브용은 노멀 크로즈용의 릴리프 요소와 노멀 오픈의 리듀싱 요소로 나

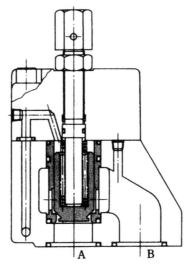

그림 4-54　유량 조정용으로서

누어집니다. 어느것도 포핏에 오리피스 구멍을 갖고 있어 파일럿실과 연결되어 있습니다.

4·5·3　로직 요소 밸브의 유압 기호

로직 밸브의 유압 기호는 JIS기호에도 아직 규정되어 있지 않으므로 각 **회사** 가 임의로 기호화하고 있는 것이 실정이지만, 일반적으로 **그림 4-55**와 같은 기 호를 사용하고 있습니다.

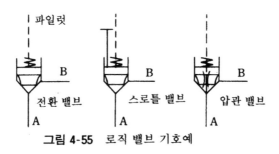

그림 4-55　로직 밸브 기호예

여기서 주의해야 할 것은 파일럿실(X)과 포트 A 또는 B와의 사이의 기름 누 설의 관계입니다. **그림 4-56**에 표시하지만, **그림 4-50, 51**에 표시한 바와 같이 **A, B** 사이는 밸브 시트부에서 차단되고 있으므로 기름 누설은 없지만, B와 X의 사이에는 포핏의 외주를 통하여 기름 누설이 있다는 것입니다. 이것은 **회로** 설계상 대단히 중요한 의미를 갖습니다. 즉 압력 유지를 하고 싶을 경우에는 B포트를 압력 유지 쪽에 사용해야 한다는 것입니다.

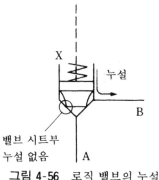

그림 4-56 로직 밸브의 누설

4·5·4 파일럿 밸브와 로직 요소 밸브

로직 요소 밸브의 포핏 개폐를 제어하는 것이 파일럿 밸브입니다. 표 4-6에 그 종류와 기능을 표시하는데, 어디까지나 파일럿 제어이므로 로직 요소 밸브에 비해 작은 용량의 밸브로 좋은 것입니다.

표 4-6 파일럿 밸브의 종류와 기능

종 류	기 능 (목 적)
솔레노이드 밸브	주밸브(요소 밸브) 전환용
체크 밸브	파일럿압 유지용, 기타
파일럿 체크 밸브	로킹 회로용
셔틀 밸브	역류 방지용, 파일럿압원 전환용
릴리프 밸브	압력 제어용
스로틀 밸브	전환 속도 조정용

그 의미에서는, 로직 밸브는 파일럿 유량에 의한 증폭 기능을 갖고 있다고 할 수 있습니다. 파일럿 밸브의 사용예를 간단히 설명합니다.

(1) 솔레노이드 밸브에서의 사용예

그림 4-57은 솔레노이드 밸브에서의 사용예를 표시한 것입니다. 솔레노이드 밸브가 중립 상태에서는 B⇨A로 기름이 흐르지만 A⇨B로는 흐르지 않습니다. 솔레노이드를 ON으로 하면 파일럿실(X)은 탱크로 개방되어 A⇨B, B⇨A 모두 기름이 흐를 수 있습니다.

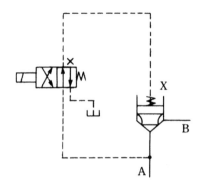

그림 4-57 솔레노이드 밸브에서의 사용예

이와 같이 파일럿실에의 기름의 출입을 전환하는 작용을 위해 솔레노이드 밸브를 사용합니다.

(2) 체크 밸브에서의 사용예

그림 4-58을 봅시다. 그림 4-57의 회로에 체크 밸브가 추가되어 있습니다. 이렇게 하면 솔레노이드 밸브가 중립에서는 포트 A, B 가운데 높은 쪽의 압력을 파일럿실에 안내하고 있으므로 A⇨B, B⇨A 모두 기름은 흐르지 않습니다. 그러나 솔레노이드를 ON하면 그림 4-47과 같이 A⇨B, B⇨A 모두 기름이 흐릅니다.

사용 예

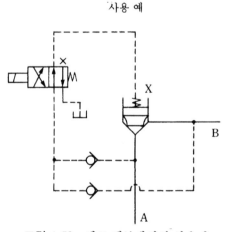

그림 4-58 체크 밸브에서의 사용예

즉 로직 밸브를 어떤 압력일 때에도 확실히 닫고 싶을 경우에 자주 사용되는 회로입니다.

(3) 셔틀 밸브에서의 사용예

셔틀 밸브를 사용하면 **그림 4-58**의 회로는 **그림 4-59**(a)와 같이 그릴 수도 있습니다. 일반적으로는 (b)와 같이 하여 사용합니다.

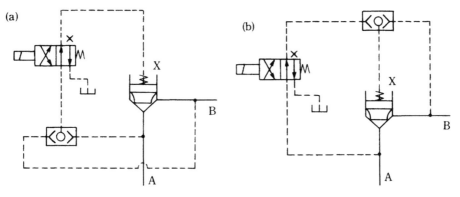

그림 **4-59** 셔틀 밸브에서의 사용예

즉 솔레노이드 밸브가 중립에서는 로직 밸브가 닫혀 A⇨B, B⇨A 모두 기름이 흐르지 않지만 솔레노이드가 ON하면 A⇨B만 기름이 흐릅니다. 이 사용 방법은 대단히 많아 A, B 사이의 전환 작용과 동시에 전환 후의 A⇨B로의 체크 밸브 작용을 시키고 있습니다.

(4) 교축 밸브에서의 사용예

로직 밸브의 포핏의 열림 속도 또는 닫힘 속도의 조정용에 사용합니다. **그림 4-60**과 같이 체크 붙이 교축 밸브를 이용하여, (a)에서는 열림 속도만, (b)에서는 닫힘 속도만이란 주밸브의 속도 조정을 합니다.

단, 로직 밸브의 경우, 교축 전후의 차압이 극단적으로 커지는 경향이 있는 것

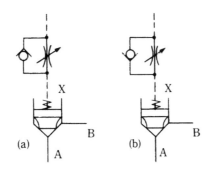

그림 **4-60** 로직 밸브의 개폐 속도 조정

과, 교축 유량이 대단히 적기 때문에 그 상당의 밸브를 사용하지 않으면 교축 밸브의 조정 범위가 좁아져 조정에 대단히 시간이 걸리기도 하고, 너무나 미소 개도로 되어 먼지 막힘이 발생하는 트러블을 일으키는 수가 있으므로 주의하여 선정해야 합니다.

(5) 릴리프 밸브에서의 사용예

여기서 말하는 릴리프 밸브는 직동형 릴리프 밸브(니들 밸브)를 말합니다. 이것은 릴리프 요소 또는 리듀싱 요소의 파일럿 밸브에만 사용하여, 압력 제어하기 위한 것입니다.

그림 4-61의 회로는 바로 일반 밸런스형 릴리프 밸브입니다. 즉 로직 밸브의 포핏이 밸런스형 릴리프 밸브의 밸런스 피스톤에 상당하는 셈입니다. 리듀싱 밸브도 같은 것입니다.

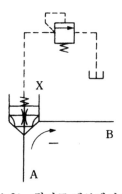

그림 4-61 릴리프 밸브에서의 사용예

로직 회로의 경우, 이 릴리프 밸브를 전환 밸브로서 사용하는 일이 있습니다. 그것은 파일럿실을 탱크에 개방하여 무부하 상태에서 열어, 파일럿실을 완전히 막아 닫힘으로서 사용합니다.

4·5·5 2방 밸브 회로예 – 왜 로직 밸브를 사용하는가

그림 4-62를 봅시다. (a)는 표준 회로이고 (b)는 로직 밸브를 1개 사용한 회로예입니다. 표준 회로에서는 교축 밸브와 파일럿 오퍼레이팅 솔레노이드 밸브를 사용하고 있습니다. 만약 A⇒T로 500[l/min]의 기름을 흐르게 하려면 표준 회로에서는 500[l/min]용의 밸브가 2개 필요합니다.

그것에 대하여 (b)의 로직 회로에서는 500[*l*/min]용의 요소 밸브가 1개로 좋게 됩니다. 같은 일을 시키는 데에 로직 회로 쪽이 간소해집니다.

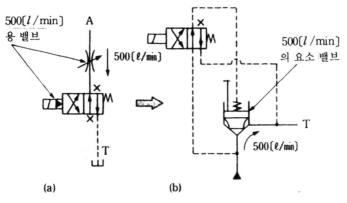

그림 4-62 로직 밸브의 사용예(전환 밸브로서)

그림 4-63(b)는 압관 밸브의 경우의 예입니다. (a)의 표준 회로에서는 500[*l*/min]용의 밸브가 3개 필요하지만, (b)의 로직 회로에서는 1개의 요소 밸브로 500[*l*/min]의 기름이 A⇨T로 흐를 수 있습니다. 여기서 주의해야 할 것은, 로직 회로에서는 릴리프 요소 밸브로 전환 밸브의 작용을 시키고 있는 것입니다. 카운터용 파일럿 릴리프 밸브((b)의 ①)의 OUT쪽을 솔레노이드 밸브로 막고 로직 밸브를 닫고 있습니다. 릴리프 요소는 포핏의 오리피스를 지나서 압력을

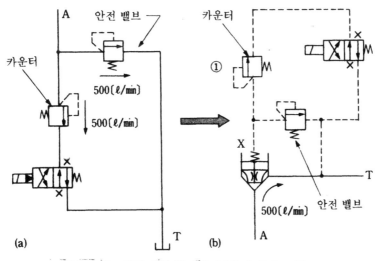

그림 4-63 로직 밸브의 사용예(압관 밸브로서)

파일럿실에 안내할 수 있기 때문입니다..

이 경우 파일럿 유량이 항상 흐르지 않는 한 로직 밸브의 A포트와 파일럿실 (X)과는 같은 압력이 됩니다. 그 때문에 로직 밸브는 스프링 힘과 포핏 상하의 면적차에 의한 유압력으로 닫히게 됩니다.

그림 4-62, 63과 로직 밸브 1개를 사용한 회로를 보았습니다. 이 2개의 회로를 생각해도 로직 밸브를 사용하는 것에서의 메릿이 대단히 큰 것을 알 수 있다고 생각합니다.

4·5·6 실린더를 움직이려면

1장에서 수도꼭지 4개로 실린더가 움직이는 것을 설명했습니다. 즉, P⇨A, P⇨B, A⇨T, B⇨T 4개의 흐름을 ON하든가 OFF하든가로 실린더를 움직입니

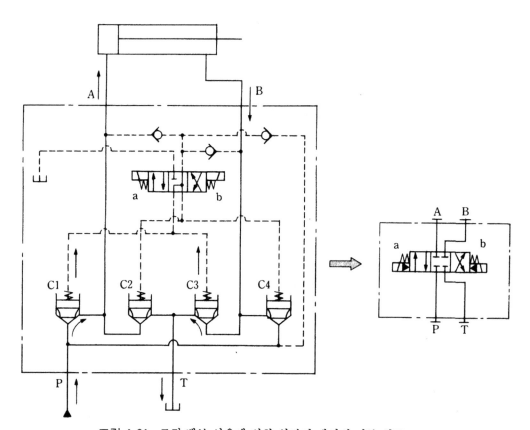

그림 4-64   로직 밸브 사용에 의한 실린더 제어의 기본 회로

다. 로직 밸브에서의 액추에이터의 전환 동작은 바로 이것을 합니다.

그림 **4-64**가 로직 밸브에서의 4방향 전환 밸브의 구성입니다. 파일럿 솔레노이드가 OFF일 경우는 C1~C4의 모든 로직 밸브의 X포트에 회로내의 제일 **높**은 압력이 공급되고 있으므로 모든 밸브는 닫혀 있습니다.

솔레노이드 a가 ON된 경우를 생각해 보면, 화살표로 나타낸 바와 같이 로직 **밸브** C1, C3의 파일럿 라인이 탱크에 개방되므로 C1, C3가 열립니다. 그러면 P⇨A, B⇨T에 기름이 흘러 실린더가 전진하게 됩니다. 솔레노이드 b를 ON하면 반대로 실린더는 후퇴합니다. 이와 같이 하여 로직 밸브로 4방향 전환 밸브를 구성합니다. 그림 **4-64**를 보면 종래의 회로보다 복잡하게 생각됩니다. 확실히 **회로** 기호는 복잡하지만 로직화의 메릿은 큰 것이 있습니다.

예를 들면 그림 **4-65**(a)에 표시한 유량의 경우를 생각해 봅시다. 실린더의 면 **적비**를 2:1로 하면 실린더 작동시의 유량은 그림과 같이 250, 500, 1000[l/min]로 나누어집니다. 사용하는 솔레노이드 밸브는 최대 유량 1000[l/min]로 선정

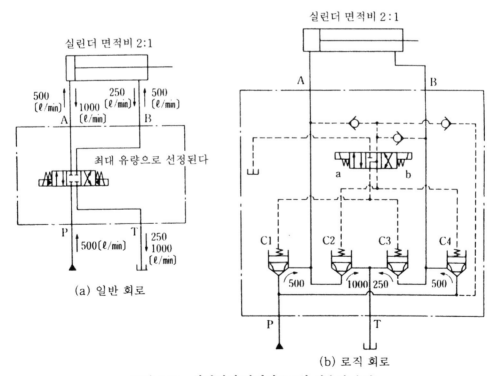

(a) 일반 회로

(b) 로직 회로

그림 **4-65** 실린더의 면적비 2:1인 경우의 유량

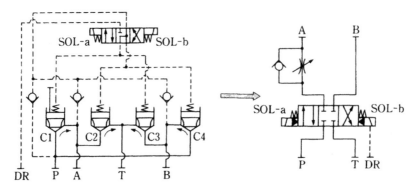

그림 4-66 A포트 미터인 교축 회로

하는 것이 종래 밸브의 사고 방식입니다. 이것에 대하여 그림(b)에 표시한 것이
로직 회로입니다. 각 로직 밸브에는 기입된 유량이 통과할 뿐입니다. 즉 C1~C4
의 로직 밸브는 각각의 유량에 적합한 요소 밸브를 선정하면 좋게 됩니다. (a)와
같이 최대 유량이 1000[l/min]이라고 해서 모든 요소 밸브를 1000[l/min]로
할 필요는 없습니다.

　　이것은 어느 정도 로직 밸브가 회로 효율이 좋은가를 단적으로 표시하고 있습
니다. 그러면 같은 실린더를 움직일 경우에도 그밖의 기능이 추가된 상태를 생
각해 봅시다.

　　미터인 교축　　그림 4-66이 A포트 미터인 교축의 회로입니다. P⇨A로 기름이
흐르는 로직 밸브를 니들 붙이로 하면 좋은 것입니다. 당연히 양쪽 모두 미터인
교축으로 하는 것도 가능합니다.

　　미터아웃 교축　　그림 4-67에 양쪽 모두 미터아웃 교축의 회로를 표시합니다.

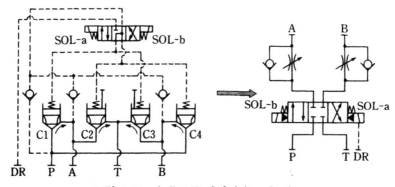

그림 4-67 A·B포트 미터아웃 교축 회로

이와 같이 4개의 로직 밸브로 대응할 수 있습니다. 당연히 한쪽씩의 미터인, 미터아웃 교축의 회로도 구성할 수 있습니다.

안전 밸브 붙이 그림 4-68이 안전 밸브를 추가한 회로입니다. 탱크로 되돌리는 밸브를 압관 밸브 요소로 하여 릴리프 밸브와 체크 밸브를 추가함으로써 구성합니다. 이 경우 체크 밸브를 넣지 않으면 솔레노이드 밸브로부터의 파일럿 유량이 로직 밸브의 파일럿 오리피스를 지나서 A 또는 B포트로 흐르므로 체크 밸브를 넣는 것을 잊어서는 안됩니다.

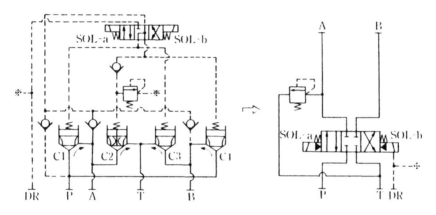

그림 4-68 A포트 안전 밸브 붙이 회로

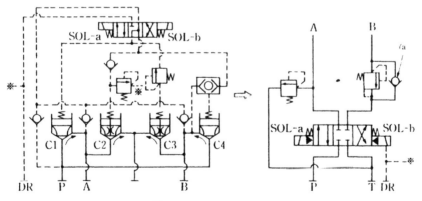

그림 4-69 B포트 카운터 회로

카운터 기능 그림 4-69가 카운터 기능 추가 회로입니다. 이때 주의해야 하는 것이 기호 ⓐ로 표시한 체크 밸브입니다. P⇨B로 기름이 흐르는 상태에 있어서 P포트의 압력이 내려갔을 때 표준 회로에서는 B⇨P로의 카운터 기능을 갖고 있지만, 로직 회로에서는 B⇨P로는 카운터의 작용은 없어서, 막기 위해 셔틀 밸브 회로로 하고 있는 것입니다. B⇨T로의 카운터 기능은 표준 회로도 로직 회로도 같습니다.

　일반적으로는 B⇨P로의 카운터 기능은 필요하지 않은 것이므로, 이것으로 충분히 사용할 수 없지만, 왕왕 이 셔틀 밸브 회로를 잊는 수가 있습니다. 예를 들면, 세로형 실린더 등의 자중 낙하의 위험이 있을 경우 등, 특히 주의해야 합니다.

4·5·7 실제로 로직으로 구성하려면

　실제로 로직으로 구성하려면 파일럿 제어부와 주제어부로 나누어 생각하는 쪽이 알기 쉽다고 생각합니다. 파일럿 제어부는 파일럿 밸브와 리테이너로 구성되고, 주제어부는 요소 밸브와 로직 매니폴드라고 불리는 블록으로 구성됩니다.

　그림 4-70에 그 구성을 표시했는데, 위가 파일럿 제어부, 아래가 주제어부입니다. 요소 밸브를 필요에 부응하여 로직 매니폴드에 파묻고, 그 파일럿 밸브를 리테이너에 설치하여 리테이너를 덮개로 하여 로직 밸브를 누름으로써 회로를 구성합니다.

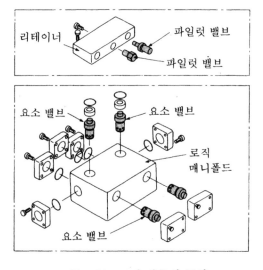

그림 4-70　로직 밸브의 구성

이와 같이 하면 어떤 회로에서도 1개의 블록 가운데에서 구성할 수 있으므로, 간소화, 파이프리스화를 달성할 수 있게 됩니다. 최근에는 4개의 로직 밸브가 들어간 몸체가 주물로 성형되어 파일럿 밸브의 조합만으로 **그림 4-71**에 표시한 **바와 같이** 종래 밸브의 형상(왼쪽)을 오른쪽의 사진과 같이 로직화할 수 있도록 되어 있습니다.

이것은 4개의 로직 밸브가 있으면 대부분의 회로를 구성할 수 있으므로 미리 4개의 로직 밸브를 만들어 두고 양산 효과를 노린 것입니다. 회로 기호를 보면 종래의 회로 구성보다 복잡하게 생각하였지만, **그림 4-71**의 로직 복합 밸브로 되면, 감탄하고 맙니다.

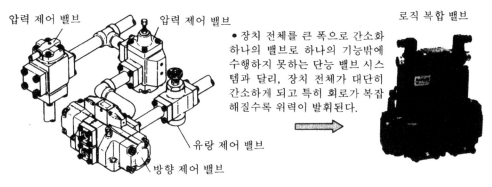

그림 4-71 로직 밸브의 구성

표 4-7은 로직 밸브 방식과 종래 방식의 차이에 대하여 정리한 것입니다. 제어 유량이 커질수록 공간 메릿, 원가 메릿이 큰 밸브입니다. 더우기 로직 밸브는 오버랩 부분이 없기 때문에 전환 응답성이 빨라, 사출성형기 등의 고응답성이 필요로 되는 곳에 자주 사용되고 있습니다.

표 4 − 7

특 징	종 래 방 식	로 직 방 식
파이프리스		
컴 팩 트	바닥 면적 [로직][종래 방식] 용 적 [로직][종래 방식] 1 2 3 4 5 6 7 8 9 10 (지수)	
총합 원가가 싸다	원가 [%] 종래 방식 120 110 100 90 로직 방식 80 100~300 [ℓ/min] 고압 용량화 다기능화	
높은 응답성[s]	0.1~0.2	0.03~0.06
쇼크리스	압력 강하, 압력 상승이 동시로 쇼크 있다	밸브의 개폐 타이밍으로 압력 강하, 압력 상승 조정이 가능
폭넓은 응용 분야 (고압·대용량)	압력 [MPa] 40 30 로직 적용 범위 20 10 종래밸브 0 1000 2000 3000 4000 5000 6000 7000 유량 [ℓ/min]	

5. 액추에이터

펌프와 밸브에 대해서는 일단 설명은 끝낸 셈입니다. 펌프와 밸브가 있으면 유압을 사용해 일을 할 수 있느냐 하면, 그렇게는 안됩니다. 얼마간 펌프가 기름을 빨아들여 토출하여도, 또 그 방향과 압력을 밸브로 제어하여도, 단지 탱크로 기름을 되돌리는 것으로는 일이 안됩니다. 유압의 압력을 일로 바꾸는 것이 필요한 것입니다.

마치 가정의 콘센트에 전기는 와 있어도 스위치나 코드만으로는 어떤 일도 할 수 없는 것과 비슷합니다.

그래서 액추에이터의 등장이 됩니다. 액추에이터는 기름이 가진 에너지를 좌우, 상하의 직선 운동이나 회전 운동으로 변환시키는 도구의 총칭입니다. 유압 액추에이터에는 직선 운동을 맡는 실린더와 회전 운동을 맡는 오일 모터, 요동 운동을 하게 하는 요동 실린더로 나누어집니다(아래 표). 각각에 대하여 설명하겠습니다.

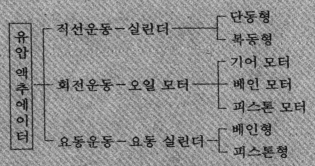

5·1 실린더

왕복 운동은 실린더의 독무대

유압 장치의 손·발의 작용을 하는 실린더는 기름의 압력과 유량을 왕복 운동의 힘과 속도로 변환하는 액추에이터입니다. 유압의 힘을 유효하게 충분히 발휘시키기 위해서는 펌프, 밸브의 선택도 중요하지만 실린더의 선택도 보다 큰 요소가 됩니다. 그를 위해서는 실린더를 잘 이해하고, 적정한 선택과 사용 방법이 포인트입니다.

5·1·1 유압 실린더의 작동 원리

실린더의 작동 원리를 1방향으로만 작동하는 단동 실린더를 예로 하여 **생각해 봅시다.** 단동 실린더의 개략을 **그림 5-1**에 표시하지만, 우선 이 실린더는 어느 정도의 힘을 발생하는 것일까요. 구동 압력을 $P[kg/cm^2]$라고 하고, 실린더의 압유가 작용하는 유효 면적을 $A[cm^2]$라고 하면, 발생하는 힘 $F[N]([kgf])$는 다음 식으로 표시됩니다.

$$F = 100 \cdot \eta \cdot P \cdot A \quad \cdots\cdots\cdots\cdots\cdots\cdots\cdots\cdots\cdots\cdots\cdots\cdots\cdots ①$$

중력 단위의 경우	F: 출력$[kgf]$
$F = \eta \cdot P \cdot A$	P: 압력$[kgf/cm^2]$ A: 면적$[cm^2]$

식①에서 η는 하중 압력 계수로, 얼마만큼 유효하게 일을 하느냐를 표시하고, 부하, 패킹의 종류, 피스톤의 속도 등에 의해서 다른 값이 됩니다. 일반적으로

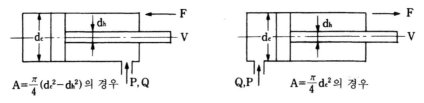

그림 5-1 실린더 출력

압력이 3.5[MPa](≒35[kgf/cm²]) 이상으로, 피스톤 부분에 고무 패킹을 사용한 실린더에서는 0.97 정도의 값이 됩니다.

다음에 실린더의 작동 속도 V[m/min]를 생각해 봅니다. 작동 속도는 기름의 유량 Q[ℓ/min]에 비례하고, 유효 면적 A[cm²]에 반비례합니다.

$$V = \eta_V \cdot 10 \cdot Q / A \cdots\cdots ②$$

식②의 η_V는 용적 효율로, 기름의 압축량과 패킹의 내부 누유(漏油)에 의한 계수입니다. 일반적으로 피스톤부에 고무 패킹을 사용하고, 저압이며 실린더 용적이 작은 것에서는 효율을 100[%]로 생각하여도 좋고, 사실 실제의 속도와 이론 속도는 거의 변하지 않습니다. 반대로 말하면 실린더의 속도로부터 유량을 잴 수 있게 됩니다.

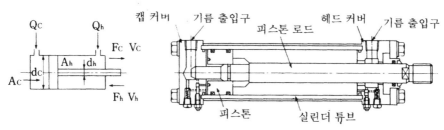

그림 5-2 복동 실린더(한쪽 로드식)

그림 5-2에 표시한 양 방향으로 작동하는 복동 실린더의 경우도 실린더 출력과 속도의 사고 방식은 단동 실린더와 같습니다. 즉 실린더 출력과 속도의 관계는 다음과 같이 정리할 수 있습니다.

실린더 전진시(캡 쪽에서 기름이 들어갔을 때)

$$F_c = \eta_{fc} \cdot (A_c P_c - A_h P_{bh}) \cdots\cdots ③$$

$$V_c = \eta_{Vc} \cdot 10 Q_c / A_c \cdots\cdots ④$$

실린더 후퇴시(헤드 쪽에서 기름이 들어갔을 때)

$$F_h = \eta_{fh} \cdot (A_h P_h - A_c P_{bc}) \cdots\cdots ⑤$$

$$V_h = \eta_{Vh} \cdot 10 Q / A_h \cdots\cdots ⑥$$

윗식에서 기름이 되돌아오는 쪽의 압력 P_{bh}, P_{bc}는 배압[MPa]으로, 출력의 손실이 됩니다. 이 배압이 크면 생각하지 않은 손실이 되므로 주의해야 합니다.

그림 5-3에 표시한 양쪽 로드식 복동 실린더의 발생하는 출력 F, 구동 속도 V

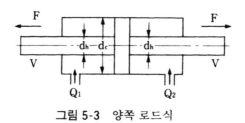

그림 5-3 양쪽 로드식

도 ③~⑥의 각 식과 똑같이 됩니다. 이들의 식에서 낮은 압력의 유압원을 사용하여 큰 출력을 얻기 위해서는 유효 단면적 $A[cm^2]$를 크게 할 필요가 있지만, 구동 속도 $V[m/min]$는 늦게 되어 버리는 것을 알 수 있습니다. 반대로 높은 압력의 유압원을 사용하면 A가 작아도 큰 출력이 얻어지고 V도 빠르게 됩니다. 그러나 높은 압력을 발생하는 유압 펌프나 제어하는 유압 밸브, 배관 등은 일반적으로 고압용의 비싼 것으로 되고, 다른 기기나 공간도 포함하여 시스템으로서 최적인 압력과 유량을 결정하는 일이 중요하게 됩니다.

5·1·2 직선 왕복 실린더의 분류

직선 왕복 실린더를 그 작동 방법에 따라 나누면 단동형(單動形), 복동형(複動形), 차동형(差動形), 특수형으로 크게 나누어집니다. 다시 단동형과 복동형을 세밀하게 나누면 **표 5-1**과 같이 정리할 수 있습니다. 이들의 실린더와 로드는 제작상 및 패킹의 형편으로 원통 형상이 됩니다.

표 5-1 작동 기능에 의한 분류

단 동 형				복 동 형			
단 동 램 형	단 동 피스톤형	단 동 양로드형	단 동 텔레스코픽형	복 동 피스톤형	복 동 양로드형	복 동 더블 실린더	복 동 텔레스코픽형

또 단동 실린더와 복동 실린더의 구조상에서의 큰 차이는, 단동형 실린더에는 기름의 입구가 한쪽(캡 쪽 또는 헤드 쪽의 어느곳인가 한쪽)밖에 설치되어 있지

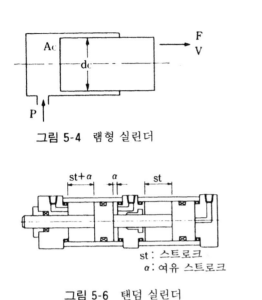

그림 5-4 램형 실린더

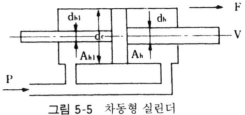

그림 5-5 차동형 실린더

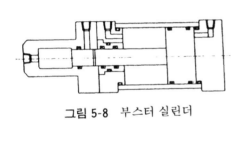

st : 스트로크
α : 여유 스트로크

그림 5-6 탠덤 실린더

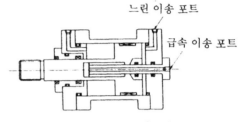

그림 5-7 급송 이송 실린더

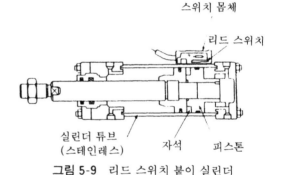

그림 5-8 부스터 실린더

그림 5-9 리드 스위치 붙이 실린더

않은 것입니다. 이 타입의 실린더는 유압에 의해서 한 방향으로만 작동하고, 복귀 행정은 자기 무게든가 다른 부하나 스프링, 또는 다른 실린더에 의해서 행해지기 때문입니다. 그 중에서도 램 방식의 것은 프레스 기계와 같이 극단적으로 큰 지름의 것에 많이 사용되고 있습니다. **그림 5-4**에 그 개략도를 표시합니다.

차동형 실린더의 개략도를 **그림 5-5**에, 특수형의 직선 왕복 실린더로서 참고로 **그림 5-6~8**에 간단히 표시해 둡니다.

5·1·3 센서 붙이 실린더

특수형 실린더의 부류에서는 조금 벗어나지만, 앞서 설명한 실린더에 센서를 직접 붙여 위치의 검출을 할 수 있는 실린더도 있으므로 소개합니다.

(1) 리드 스위치 붙이 실린더

피스톤의 이동 위치를 검출하기 위해 이제까지의 실린더에서는 주로 선단부에 리밋 스위치를 붙여 하고 있었습니다. 리드 스위치 붙이 실린더는 **그림 5-9**에 표시한 바와 같이 튜브에 비자성체 재료를 사용하여 튜브상에 리드 스위치를 몇개 설치하여 자기(磁氣)를 검지함으로써 피스톤의 이동 위치를 검출하도록 한 것입니다. 이와 같이 실린더 본체에 리드 스위치를 부착하기 때문에, 설계, 조립의 생력화 및 공간 절약화가 도모됩니다.

그러나 튜브 두께가 큰 사이즈의 것은 자기를 검지하기 어렵게 되어 사용할 수 없는 경우가 있습니다. 또 리드 스위치 가까이에 자기장이 발생하는 것이 있으면 오동작하는 일이 있으므로 주의해야 합니다.

(2) 위치 센서 붙이 실린더

리밋 스위치와 리드 스위치는 포인트(점)의 검출이지만, 위치 센서 붙이 실린더는 피스톤 위치를 연속해서 검출할 수 있도록 한 것입니다. 리드 스위치 붙이 실린더와 달리 스위치가 있는 장소만이 아니고 어디의 위치에 있어서도 그 위치를 검출할 수 있습니다. 그 때문에 검출 지령 위치의 변경을 하고 싶을 경우에는 전기적 처리만으로 가능합니다(리드 스위치 붙이의 경우는 리드 스위치를 움직일 필요가 있습니다). 또 실린더의 위치를 항상 감시할 수 있고, 섬세하고 치밀한 제어를 할 수 있게 됩니다. **그림 5-10**에 위치 센서를 피스톤 로드의 내부와 외부에 붙인 실린더의 예를 표시합니다.

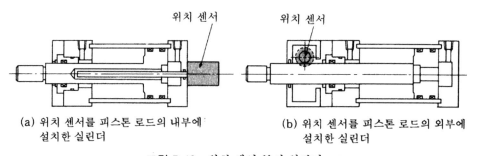

(a) 위치 센서를 피스톤 로드의 내부에 설치한 실린더   (b) 위치 센서를 피스톤 로드의 외부에 설치한 실린더

그림 5-10   위치 센서 붙이 실린더

5·1·4 실린더의 쇼크와 그 대책 기구

그런데 유압 실린더에는 숙명적인 문제가 있습니다. 그것은 왕복 운동이므로 전진·후퇴라는 스트로크의 최종 끝에서 피스톤이 커버와 충돌해서 기계적 쇼크를 일으키는 것입니다. 이 점이 나중에 설명하는 오일 모터와 다른 점입니다. 그래서 쇼크를 흡수하기 위해 속도가 빠르고 부하가 큰 것을 움직이는 실린더에는 스트로크 끝의 한쪽 또는 양쪽에 쿠션 기구를 설치합니다(그림 5-11). 이것에 의해서 피스톤이 커버와 충돌했을 때에 발생하는 쇼크를 흡수하여 실린더의 수명만이 아니고 쇼크로 발생하는 진동 등으로 유압 장치의 기기, 배관, 이음에 미치는 악영향이나 관련 장치의 손상을 없애도록 하고 있습니다.

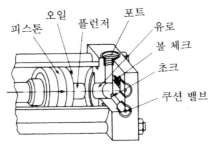

그림 5-11 쿠션 기구

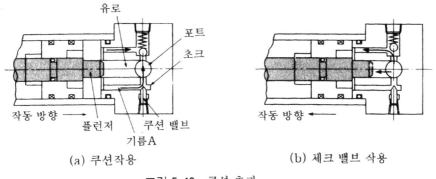

(a) 쿠션작용   (b) 체크 밸브 삭용

그림 5-12 쿠션 효과

그림 5-12를 봅시다. 쿠션 효과의 설명도입니다. (a)의 쿠션 작용도에서, 유로 (油路)에 플런저가 강제로 들어가면 차단된 실내의 오일 A는 초크를 지나서 포트에 배출되지만, 이 때 쿠션 밸브로 어떤 개구 면적으로 교축할 수 있어, 자유

로이 플런저를 감속할 수 있는 짜임새로 되어 있는 것입니다. 그러나 스트로크 도중에 왕복시킬 경우에는 쿠션 효과는 없습니다.

또 (b)의 체크 밸브 작용도에서, 피스톤이 스트로크 끝에서 나오는 방향으로 작동할 경우에는 포트에서부터 공급되는 기름은 볼 체크를 밀어 열고 피스톤 배면의 넓은 면적에 작용하여 소정의 속도로 원활히 출발할 수가 있습니다.

실린더의 속도가 빠르고 그 부하도 클 때는 이와 같이 하여 정지 때의 쇼크를 막는 것이지만, 유압 회로 자체에서 기름의 양을 교축해서 쇼크를 없앨 필요가 있습니다. 그것은 실린더의 쿠션만으로는 관성력을 흡수하여 멈추지 않고 역시 피스톤과 커버가 큰 힘으로 충돌하게 되기 때문입니다. 또 쿠션 밸브의 교축을 조여 모든 에너지를 흡수하여 감속하려고 하면 관성력은 크게 변화하여 그 순간에 **그림 5-12**(a)의 A실에 일시적으로 높은 압력(서지압)이 발생하여 패킹이나 O링 등의 시일부가 파괴되어 기름 누설을 발생하기도 하고, 실린더 튜브를 팽창시키게 되기 때문입니다. 자동차의 운전에서도 브레이크만으로 멈추는 것이 아니고, 고속으로 되면 감속하고 나서 멈출 필요가 있는 것과 같습니다.

5·1·5 실린더의 스트로크에 대하여

실런더를 선정할 경우, 소요 출력과 속도, 부착 형식, 사용 작동유 등의 사양 외에 스트로크의 결정이 중대한 문제가 됩니다. 예를 들면, **그림 5-13**에 있어서 직경에 대해 길이가 짧은 둥근 철봉과 긴 둥근 철봉을 양쪽으로부터 강한 힘으로 민 경우를 생각해 봅시다. (a)에서는 어떤 변화도 없지만, (b)에서는 그림과 같이 구부러지는 경우가 있습니다.

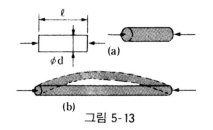

그림 5-13

즉, 로드의 축방향에 압축 하중이 작용할 때, 로드가 짧은 경우에는 압축 강도 이상이 되지 않으면 파괴되지 않지만, 지름의 10배 이상의 긴 로드에서는 어느 정도의 하중이 되면 굽힘이 일어나기 시작하여 압축 강도 이하의 작은 응력에서도 파괴되어 버립니다. 이와 같은 현상을 좌굴이라 하고, 좌굴을 일으키는 긴 로드를 장주(長柱)라 하고 있습니다. 실린더에도 같은 것이 꼭 들어맞아, 스트로크가 로드 지름의 10배 이상이 되면 좌굴을 일으킬 위험이 있는 것입니다.

로드 지름에 대하여 좌굴이 일어나지 않는 최대 스트로크를 결정하려면 오일러의 식이라는 이론적인 계산식으로 계산하는데, 참고로 목표로서 **표 5-2**에 계산 도표를 표시해 둡니다. 만약 아무리 하여도 조건이 맞지 않으면 **그림 5-14**의 (a)와 같이 로드에 인장응력이 작용하도록 변경하는 것입니다. 인장의 경우에는 좌굴 현상이 없기 때문입니다.

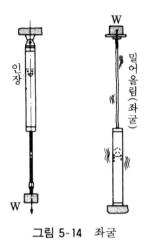

그림 5-14 좌굴

또, 피스톤 로드의 재료를 특히 음미하고 강한 것을 사용했다고 하여도 좌굴 강도는 그렇게 올라가지 않습니다. 좌굴 강도를 올리려면 로드 지름을 굵게 하는 이외에 방법은 없는 것입니다.

표 5-2 실린더의 스트로크 길이 계산 도표

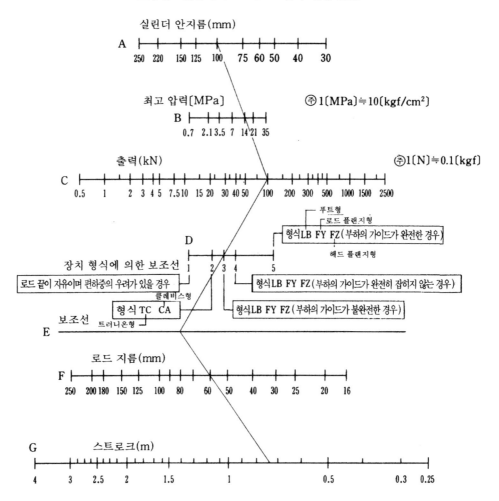

[보기] 실린더 안지름[100mm], 최고 압력 140[MPa](장치 형식 FY형 로드측 플
        래지로 부하 가이드가 불안정한 경우), 로드 지름[60mmφ] 이상일 때의 최
        대 스트로크를 구하는 방법.

1. 안지름 100[mm] (A)과 최고 압력 140[1MPa](B)의 수치를 직선으로 잇
   고, 그 연장선이 출력축(C)과 만나는 점을 읽는다(108[kN]).
2. 108[kN]의 점과 D선의 3의 점(FY형 부하의 가이드가 불안정한 경우)을 잇
   고, 그 연장선을 보조선(E)과 잇는다.
3. E선 위에 구해진 점과 로드 지름 φ 60[mm](F)의 점을 이어 연장하여 G선
   과의 교점을 읽으면, 구하는 최대 스트로크는 0.72[m](720[mm])이다.

5·2 실린더의 부착과 보수 유지

실린더의 부착 방법

유압 실린더는 직선 왕복 운동을 할 뿐이지만, 그 부착 방법에 따라서는 여러가지 동작을 시킬 수가 있습니다. 그러나 잘못된 부착을 한 것에서는 충분한 작용을 하지 못할 뿐만이 아니라 유압 실린더를 파괴해 버리거나, 기계나 장치를 파괴해 버리는 일도 있습니다. 왜냐 하면 유압 실린더는 대단히 큰 힘을 낼 수가 있는데, 반대로 말하면 그 출력과 비슷한 힘을 실린더의 부착부에서 견디어 내야 하기 때문입니다.

5·2·1 푸트형

그림 5- 15는 실린더 부착 방법의 예인데, 실린더 본체를 고정해서 사용하는 축심 고정형과, 도어의 개폐나 덤프 차의 적재함을 올리고 내리는 데 등에 쓰이는 요동형, 즉 축심 요동형으로 크게 나뉩니다.

푸트형은 축심 고정형으로, 푸트라는 것은 볼트를 고정하기 위해 설치된 발(foot)을 가리키고 있습니다. 이 푸트형에는 축방향을 평행한 선 위에 장치하는 "축방향형(LB형)"과 축방향에 직각으로 장치하는 "축직각형(LA형)"이 있습니다.

이들은 모두 실린더 중심에 대해서 부착면을 평행하게 설치하는 것이 포인트의 첫째입니다. 그리고 다시 주의해야 할 것은 실린더의 심(心) 높이로, 이것이 포인트의 둘째입니다. 그것은 피스톤 로드가 튀어 나오면 그 자체의 무게에 의해서 밑으로 휘어 심 높이가 틀어지게 되기 때문입니다. 그 때문에 반송 장치의 이송에 긴 스트로크의 실린더를 사용할 경우 등은 휘지 않도록 로드의 끝에 가이드 롤러를 설치하고, 심 높이는 스페이서로 조정하도록 해야 합니다. 또 실린더 튜브의 자체 무게에 의한 휨 방지를 위해 중간 지지대를 사용합니다.

실린더의 부착에는 볼트를 사용하는데, 이 부착 볼트에는 스러스트 방향의 힘과 모멘트에 의한 들어올리는 힘이 동시에 작용하여, 특히 큰 지름·큰 출력의 실

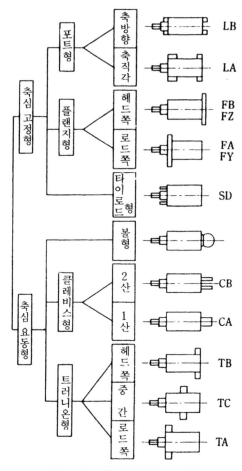

그림 5-15   실린더의 설치 방법

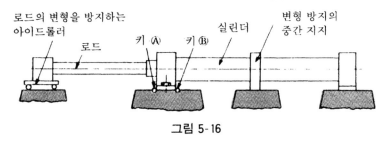

그림 5-16

린더에서는 부착 볼트만으로는 위험한 상태로 되는 일이 있습니다. 그 때문에
그림 5-16과 같이 키를 사용하여 보강하는 것이 바람직합니다. 즉 밀어내는 쪽
의 출력에 대해서는 키 B를, 잡아 당기는 쪽의 출력에 대해서는 키 A를, 또 서로
의 출력에 대해서는 키 A, B의 양쪽을 응용하는 것입니다. 이렇게 하면 키가 스

러스트 하중을 받으므로 부착 볼트는 단지 들어 올리는 힘을 막는 것만의 것이 되어 안전합니다.

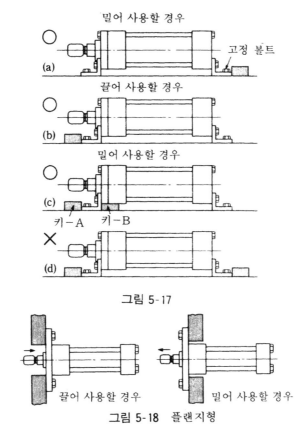

그림 5-17

그림 5-18 플랜지형

그러나 **그림 5-17(d)**와 같이 캡 쪽, 헤드 쪽의 양쪽 브래킷에 키를 설치하면 실린더내의 압력이 팽창에 의해 본체가 축방향으로 늘어나는 것을 무리하게 억제하는 것이 되어, 이것은 실린더 본체에 휨이 일어나므로 좋지 않습니다. 즉, 축방향으로의 늘어남을 충분히 감안하여 부착하도록 해야 합니다.

5·2·2 플랜지형

플랜지형도 축심 고정형 실린더의 하나입니다. 실린더를 부착하기 위한 판 모양의 것을 플랜지라 하고, 플랜지가 헤드 쪽에 있는 것을 "헤드 쪽 플랜지형(FA형·FY형)", 캡 쪽에 있는 것을 "캡 쪽 플랜지형(FB형·FZ형)"이라고 합니다. 어느 것이나 실린더 축선과 직각인 면으로 플랜지를 부착하지만(**그림 5-18**), 푸트형과 마찬가지로 출력에 대해서는 플랜지로 받아 볼트에는 실린더 자체의 중량만이 걸리도록 합니다.

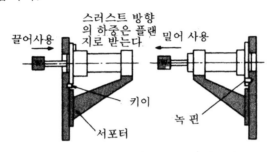

그림 5-19 녹 핀, 서포터의 사용예

그러나 큰 지름·큰 스트로크의 실린더로 되면 자체의 중량도 상당히 커집니다. 그 때문에 **그림 5-19**와 같이 녹 핀으로 자체 중량을 받아 위치정하기를 하든지, 키로 자체 중량을 받아 다시 지지대를 설치하여 변형을 막든지의 대책이 필요하게 됩니다.

5·2·3 클레비스형

앞에서 설명한 푸트형이나 플랜지형은 실린더의 축심이 고정인 데에 대해, 이 클레비스형(**그림 5-20**)이나 뒤에 설명하는 트러니온형은 로드 선단이 링크에 의해 요동하는 구조로 되어 있습니다.

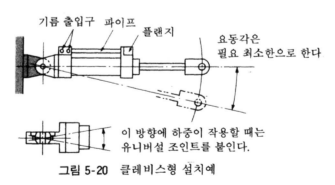

그림 5-20 클레비스형 설치예

클레비스형에는 선단이 볼록(凸)형인 1산(山) 클레비스형(CA형)과 오목(凹)형인 2산 클레비스형(CB형)이 있습니다. 부착상의 주의로서는 요동 각도를 필요 최소한으로 할 것, 유니버설 조인트를 사용하지 않을 경우는 헤드 쪽과 캡 쪽의 클레비스 핀 사이의 평행도를 내는 것이 중요합니다. 그 밖에 로드에 아무리 해도 횡하중이 걸릴 경우는 미끄럼 운동 메탈 부분의 길이를 크게 취하는 것도 필요합니다.

5·2·4 트러니온형

트러니온형도 클레비스형과 마찬가지로 축심 요동형입니다. 이것은 캡 커버 위, 헤드 커버 위 혹은 실린더 튜브 위에 실린더 축선과 직각인 방향에 핀이 있고, 이 핀을 지점으로 하여 실린더 자체가 요동하는 것입니다.

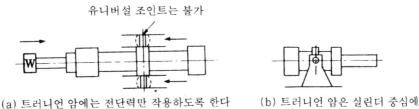

(a) 트러니언 암에는 전단력만 작용하도록 한다   (b) 트러니언 암은 실린더 중심에

그림 5-21 트러니언형 설치예

형식으로 분류하면, 헤드쪽형(TA형), 캡쪽형(TB형), 중간형(TC형)이 됩니다. 부착상의 주의점은 트러니온 암(핀)에 휨응력을 가급적 주지 않도록 베어링은 핀 한껏 당겨서 핀은 전단력을 받도록 하는 것입니다. 또, 트러니온 암은 되도록 실린더 무게중심에 장치함과 함께 브래킷의 부착 구멍은 실린더 중심선과 직각으로 고정하는 것이 필요합니다. 암 베어링에 윤활유가 끊어지지 않도록 하는 것도 주의할 포인트가 됩니다. 암 베어링에서의 저항은 실린더에 횡하중을 주게 되기 때문입니다.

5·2·5 유압 실린더의 고장과 그 대책

유압 실린더의 종류, 작용, 부착 방법 등에 대하여 설명했는데, 여기서 고장과 그 대책에 대하여 설명해 둡니다. 실린더가 움직이지 않게 되어도 실린더가 파손되어 있다고는 할 수 없습니다. 표 5-3에 고장 현상과 원인이라고 생각되는 것과 그 대책을 표시해 둡니다.

표 5-3   유압 실린더의 고장 현상에서 본 원인과 그 대책

현상	원인	대책과 방법
유압 실린더가 움직이지 않음	유압 실린더 이외의 유압 펌프, 밸브 등의 작동 불량	유압 실린더의 입구쪽에 압유가 오고 있는 것을 확인하고, 각 부품의 고장 원인을 조사하여 점검 수리한다.
	유압 실린더에 반대 방향에서 기름이 들어오고 있다.	방향 제어 밸브를 전환하여 실린더가 움직이면, 유압 회로를 조사하여 배관을 변경한다.
	피스톤과 실린더의 긁힘, 로드 부시의 긁힘 등 주요 부품의 손상에 의한 작동 불량	분해 수리하여 재조립 또는 새것과 교환한다.
	실린더의 입구 압력이 낮다	릴리프 밸브를 조작하여 세트압을 높게 한다
	유압 실린더의 부하 장치에. 외부에서 비정상적인 힘이 걸려 있다.	부하 장치의 점검, 긁힘 등으로 비정상적인 힘이 발생하고 있는 부분이 있으면 수리하고 제거한다.
실린더의 속도가 나오지 않음	유량 제어 밸브의 교축과 릴리프 밸브의 핸들 등이 진동으로 헐거워져 실린더에 소정 유량이 나오지 않는다	유량 제어 밸브의 개도 눈금, 릴리프 밸브의 핸들 등을 소정의 값으로 다시 설정한다. 또 진동원을 조사하여, 진동 방지 대책을 실시한다.
	유압 실린더의 피스톤 패킹이나 로드가 먼지나 조립상의 실수로 파손 또는 손상되어 있다.	유압 실린더의 패킹 교환 혹은 실린더를 교환한다. 패킹 삽입에는 전용의 삽입 공구를 사용하여 파손되지 않도록 한다. 또 패킹에 부적당한 압축이나 신장을 주지 않는다. 경도에 대해서도 주의한다(※1).
실린더가 부드럽게 움직이지 않음	배관내, 실린더에 공기가 혼입	공기 빼기를 충분히 한다(※2)
	실린더의 속도가 너무 느려 패킹의 미끄럼 운동 저항과의 균형이 나빠 진동을 일으키고 있다.	패킹을 저속용으로 바꾼다. 또는 속도를 올린다.
	유압 회로, 배관 등의 공진에 의해 작동 불량을 일으키고 있다.	각 밸브, 회로 등을 변경한다.
	실린더 이외의 펌프, 밸브 등의 작동 불량	각 부품의 고장 원인과 그 대책에 대하여 조사하고 점검 수리한다.
	실린더의 부하 변동의 증대 패킹류의 파손에 의한 기름 누출	부하 장치를 점검하여 이상이 있으면 수리한다. 파괴된 패킹을 새것으로 교환한다(※1)
실린더 로드에서의 기름 노출	로드에 홈이 있다.	분해 수리하든가 새것으로 교환한다
	먼지 등이 쌓여 패킹, 로드가 손상하여 기름 누출	벨로즈 부분을 설치해 먼지가 접촉하지 않도록 하고, 로드를 담금질한 것이나 도금한 것을 사용한다.
	로드가 녹슬고, 패킹이 파손하고 있다	녹슬지 않도록 벨로즈 등을 설치하든가 특수 도금이나 스테인레스재의 로드로 한다.
	작동유나 실린더 속에 이물질이 있어 패킹이나 로드에 홈집이 생겨 기름이 누출한다.	이물질의 제거, 산세척, 플러싱을 한다.

표중의 (※1)(※2)에 대하여

(※1) 유압 실린더의 트러블 가운데 패킹에 관한 것이 많이 있습니다. 패킹에 대해서는 8장의 부속품의 항에서 자세히 설명하고 여기서는 간단히 설명해 둡니다.

패킹을 삽입할 때에 사용하는 전용 공구를 **그림 5-22**에 표시합니다. 이와 같은 전용 공구를 사용하여 패킹이 파괴되지 않도록 합니다. 패킹은 의외로 경시하기 쉽지만 중요한 작용을 갖고 있는 것입니다. 파괴된 경우에는 바로

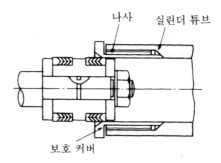

그림 5-22 패킹 삽입 전용 공구의 예

바꿀 것, 또 패킹에는 남아 있는 압축력이나 신장을 주는 사용법을 피해야 합니다. 또 적정한 경도의 것(일반적으로 H_s90 이하: 스프링 경도이고 쇼어 경도가 아닙니다)을 선정하는 것도 중요합니다. 동시에 피스톤과 실린더, 패킹 받음쇠의 틈새가 크게 되어 있지 않는가의 확인도 중요합니다.

예를 들면, O링의 스퀴즈는 압력 $14[MPa](\fallingdotseq 140[kgf/cm^2])$ 이하에서는 평균 굵기의 $15[\%]$ 정도, U패킹에서는 피스톤 실린더 내경의 틈새 $0.2[mm]$ 정도까지 시일 효과를 발휘합니다. 또한, 패킹 삽입 때에는 작동유나 그리스 등을 바르는 것을 잊어서는 안됩니다.

(※2) 공기빼기에 대하여

공기빼기는 **그림 5-23**(a)와 같이 볼트와 볼로 구성되고, 대부분의 실린더의 양끝에 만들어져 있습니다. 공기빼기의 요령은 실린더를 한 방향으로 움직여서 반대 방향의 볼트를 느슨하게 하면 실린더 안에 차있던 공기는 기포 모양으로 되어 볼을 밀어 올리고 볼트 나사부에서 나갑니다. 이렇게 하여 번갈아 공기를 빼기포가 꺼질 때까지 실린더를 왕복 운동시켜서 완전히 공기를 빼내는 것이 중요합니다.

배관의 상태로 실린더보다 배관이 위로 되었을 때는 그 위쪽의 배관부에 공기가 고여,

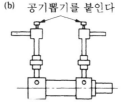

그림 5-23 공기뽑기

실린더의 공기빼기로는 빠지지 않으므로, 그림(b)와 같이 배관의 도중에 공기빼기를 설치하는 것이 필요합니다.

5·3 오일 모터

(1) 회전 작용은 오일 모터로

기름의 에너지를 직선 운동으로 변환하는 유압 실린더에 대하여 설명해 왔는데, 유압 액추에이터에는 또 하나, 기름의 에너지를 회전 운동으로 변환하여 일을 하는 오일 모터가 있습니다. 우선은 오일 모터란 어떤 것인가를 봅시다.

5·3·1 오일 모터란

오일 모터라는 것은 한마디로 말하면 유압 펌프와 거의 같은 것입니다. 2장에서 설명한 유압 펌프는 축을 회전시켜서 기름을 토출하는 것이었습니다. 그렇다면, 반대로 그 펌프에 기름을 밀어 넣어 주면 축은 회전하게 됩니다. 이것이 오일 모터입니다. 선풍기는 축을 돌려서 바람을 보내고, 풍차는 바람을 받아서 축을 회전시키는 것과 같습니다.

그것을 좀더 전문적으로 말하면, 오일 모터는 기름의 압력과 유량을 출력 토크와 출력 회전수로 변환하는 액추에이터가 됩니다. 유압 실린더는 기름의 압력을 힘으로, 유량을 속도로 변환하였습니다. 오일 모터는 유압 에너지의 압력을 출력 토크로, 유량을 출력 회전수라는 기계 에너지로 변환하는 것입니다.

유압 실린더와 마찬가지로 유압 장치가 가진 힘을 유효하게 충분히 살리려면 그 일에 적합한 오일 모터를 적정한 사용법으로 사용하는 것이 중요합니다. 우선 오일 모터가 발생하는 힘(출력 토크)과 그 속도(출력 회전수)에 대하여 설명합니다.

5·3·2 출력 토크와 출력 회전수

오일 모터의 종류와 작동 원리에 대해서는 뒤에 설명하기로 하고, 우선 오일 모터의 출력 토크와 출력 회전수에 대해 설명해 둡니다.

구동 압력을 $P[\text{MPa}](= \dfrac{100}{9.8}[\text{kgf}/\text{cm}^2])$, 오일 모터의 용량을 $q_m[\text{cm}^2/\text{rev}]$

으로 하면 오일 모터의 출력 토크 $T[N \cdot m](= \frac{100}{9.8}[kgf \cdot m])$ 는 다음 식으로 표시됩니다.

$$T = \frac{\eta_m \cdot q_m \cdot P}{2 \cdot \pi} \ [N \cdot m] \cdots\cdots\cdots\cdots\cdots\cdots\cdots\cdots\cdots\cdots\cdots\cdots\cdots\cdots ①$$

여기서, η_m: 기계 효율

　　　　q_m: 모터 용량$[cm^3/rev]$

　　　　P: 압력$[MPa](=100/9.8[kgf/cm^2])$

중력 단위의 경우 $\qquad\qquad$ T: 출력 토크 $[kgf \cdot m]$ $T = \dfrac{\eta_m \cdot q_m \cdot P}{2\pi}$ $\qquad\qquad$ P: 압력$[kgf/cm^2]$

η_m은 기계 효율(토크 효율)이라고 하며, 얼마만큼 유효하게 일을 하느냐를 표시하고, 오일 모터의 종류(구조)에 의하여 다른 값으로 됩니다.

출력 회전수 $N[rpm]$은 기름의 유량 $Q[l/min]$에 비례하고, 오일 모터의 1회전당의 용량 $q_m[cm^3/rev]$에 반비례하며, 다음 식으로 표시됩니다.

$$N = \frac{\eta_v \cdot 1000Q}{q_m} \ [rpm] \cdots\cdots\cdots\cdots\cdots\cdots\cdots\cdots\cdots\cdots\cdots\cdots ②$$

η_v는 용적 효율이라고 하며, 기계 효율(토크 효율) η_m과 마찬가지로 오일 모터의 종류(구조)에 의해서 다르고, 압력 P가 커질수록 작은 값이 됩니다. 즉 압력이 높을 때는 오일 모터 내부의 기름 누설이 커지기 때문에 회전에 유효하게 사용되는 기름의 양이 감소하여, 생각하고 있던 회전수를 얻을 수 없게 됩니다. 오일 모터나 유압 펌프의 선정 때에는, 이 기름 누설도 고려해 두지 않으면 필요한 회전수를 얻을 수 없는 일도 있으므로 주의해야 합니다.

더우기 오일 모터가 회전을 시작할 때의 토크를 스타팅 토크라고 하는데, 이것에도 주의가 필요합니다. 오일 모터의 출력 토크는 식 ①로 표시되지만, 회전 개시 때는 오일 모터 내부의 미끄럼 운동 부분에서의 저항이 운전 중보다 커지므로 기계 효율은 회전 때보다 낮은 값으로 됩니다. 정지하고 있는 것을 움직일 때에는 강한 힘을 필요로 하는 것처럼 스타팅 토크는 **그림 5-24**와 같이 회전 때의 토크(러닝 토크)보다 작은 값으로 됩니다.

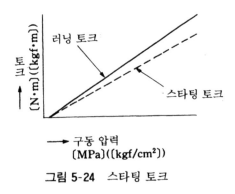

그림 5-24   스타팅 토크

이 스타팅 토크를 생각하고 유압 회로의 압력 P나 오일 모터의 용량 q_m을 결정하지 않으면 스타팅 토크가 부하보다 작기 때문에 오일 모터가 회전하지 않게도 됩니다. 유압 장치가 가진 힘을 유효하게 충분히 얻기 위해서는 이들 오일 모터 독자의 성질에도 주의하여 최적의 압력과 유량을 결정하는 일이 중요하게 됩니다.

5·3·3   오일 모터의 분류

오일 모터를 그 구조상에서 분류한 것이 **표 5-4**입니다. 이것을 보아도 오일 모터가 유압 펌프와 같은 분류로 되는 것을 이해하리라 생각합니다. 선풍기와 풍차의 차이입니다.

표 5-4   오일 모터의 분류

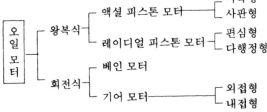

그러나 그 성능에 대해서는 유압 펌프에 비해 사용되는 범위가 넓고 종류에 따라서 성능도 틀리므로, 용도에 적합한 오일 모터를 선정하는 일이 중요하게 됩니다. 오일 모터와 유압 펌프를 사용 조건에서 비교한 것을 **표 5-5**에 표시합니다. 또 오일 모터의 일반적인 성능 비교를 **표 5-6**에 표시합니다.

표 5-5 오일 모터와 유압 펌프의 사용 조건

	유압 펌프	오일 모터
회전 속도	비교적 고속의 일정 회전수로 사용된다	저속에서 최고속까지 넓은 회전수로 운전될 가능성이 있고, 최고 압력으로 정지 혹은 극저속으로 운전되는 일도 있다.
회전 방향	일반적으로 한쪽 방향의 회전으로 운전된다.	쌍방향 회전이 보통이다. 또 부하를 감속할 때에 펌핑 작용을 요구받는 일이 있다.
기름 온도 변화	일반적으로 연속적으로 운전되므로, 흡입하는 기름의 온도 변화는 완만하다.	아이들 시간이 긴 경우가 있어, 모터 몸체와 큰 온도차가 있는 기름을 갑자기 공급받아 열 쇼크를 받을 기회가 많다.
축하중	축에 외부로부터의 레이디얼 하중을 받는 일은 적다.	외부에서의 레디이얼 하중을 받는 사용방법이 많다.

표 5-6 오일 모터의 일반적 성능 비교

작동원리	분류 대분류	분류 소분류	밀어내기 용적 [cm³/rev]	최고 압력 [MPa] ([kgf/cm²])	최고 회전수 [rpm]	전효율 (최고값) [%]	토크 효율 (최고값) [%]	기동 효율 (최고값) [%]
회전식	기어형	외접형	1~500	10~25 (100~250)	900(대형) ~3600(소형)	65~91	80~95	70~80
		내접형	50~1000 (저속용) 5~200 (고속용)	10~32 (100~320) (저속용) 21(210) (고속용)	200~1000 (저속용) 200~4000 (고속용)	60~85 77~79	75~90	65~80
	베인형	(저속 고토크용)	150~20000	14~21 (140~210)	70(대형) ~800(소형)	70~90	85~95	80~90
		(고속 저토크용)	15~400	7~21 (70~210)	1500(대형) ~4000(소형)	70~85	80~90	75~85
왕복식	액셜 피스톤형	사축형	5~2000	21~42 (210~420)	1200(대형) ~12000(소형)	88~95	92~98	85~95
		사판형	8~4100	21~42 (210~420)	150(대형) ~4000(소형)	85~92	90~95	82~93
	레이디얼 피스톤형	편심형 실린더 회전수	6~500	14~25 (140~250)	1000(대형) ~1800(소형)	85~92	88~93	80~90
		편심형 실린더 회전수	10~9000	21~35 (210~350)	60(대형) ~1500(대형)	85~92	90~95	80~90
		다행정형	25~40000	17.5~25 (175~250)	18(대형) ~750(소형)	85~92	90~95	85~95

유압 펌프는 일반적으로 전동기나 엔진의 회전수로 펌프의 회전수가 결정됩니다. 그 때문에 대부분의 펌프의 회전수는 종류를 불문하고 600~3000[rpm] 사이에서 만들어지고 있습니다. 또 회전수를 올리려고 했을 경우, 기름을 흡입하는 양이 늘어 흡입 저항이 커져 흡입되지 않거나, 회전수가 너무 낮아지면 원활한 토출 유량을 얻을 수 없다는 나쁜 상태가 발생합니다. 그 때문에 고속 쪽도 저속 쪽도 뜻밖에 제약이 크게 되어 있습니다.

그것에 대해 오일 모터는 압유를 보내서 회전을 얻는 것이므로, 저속으로 1[rpm]의 것으로부터 고속으로 10000[rpm] 이상의 것까지 있습니다. 오일 모터의 분류는 구조에 의한 것 외에, 출력 형태, 즉 회전수나 토크의 크기에 따라 고속 저토크 모터, 저속 고토크 모터 등이라는 분류도 있습니다.

오일 모터에 대해 일반적인 것은 이해했다고 생각하므로, 오일 모터의 종류와 각각의 특징에 대하여 다음 항에서 설명하겠습니다.

5·3 오일 모터

(2) 오일 모터를 알고, 바르게 사용한다

오일 모터에는 구조·원리상에서 왕복식과 회전식이 있는 것, 다시 몇개인가의 형식으로 분류되는 것은 앞에서 설명했습니다. 그러면, 각각의 오일 모터의 구조를 알고, 특징을 이해하여 올바르게 사용하기 위한 포인트를 설명하겠습니다.

5·3·4 피스톤 모터

피스톤 모터를 그 구조상에서 분류하면, 피스톤이 출력축과 동일 방향으로 원주상에 배열되어 있는 액셜 피스톤 타입과, 피스톤이 출력축에 대하여 직각으로 반경 방향으로 배열되어 있는 레이디얼 피스톤 타입의 2가지로 대별됩니다.

(1) 액셜 피스톤 모터

액셜 타입의 피스톤 모터가 회전하는 원리부터 설명하는데, 우선 **그림 5-25**를

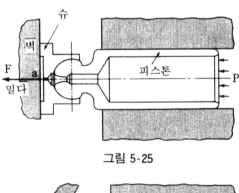

그림 5-25

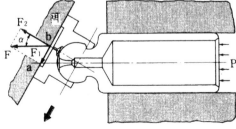

그림 5-26 피스톤이 회전하는 이유

봅시다. 이 상태에서는 피스톤에 압유가 작용하여 피스톤이 앞의 벽을 F의 힘으로 어느 정도 밀어도 힘은 어디까지나 F의 방향으로만 한정되어 회전하기 때문에 작용하는 힘은 나오지 않습니다.

그런데, **그림 5-26**과 같이 벽이 각도 α만큼 기울어져 있다면 어떨까요. 이 상태에서는 피스톤의 미는 힘 F는 피스톤 중심축의 연장선 위의 a점에서 조금 벗어난 b의 위치에서 슈를 통해서 벽을 밉니다. 그리고 피스톤을 미는 힘 F는 벽에 평행한 힘 F_1과 수직한 힘 F_2로 나뉘어집니다. 벽은 고정하여 움직이지 않는다고 하면, F_1의 힘에 의해서 피스톤은 슈와 함께 벽을 미끄러지듯이 하여 화살표 방향으로 움직입니다.

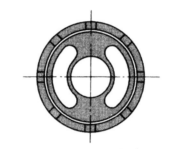

그림 5-27 밸브 플레이트

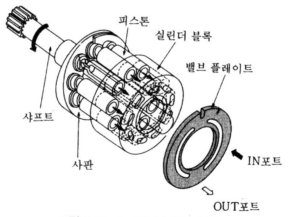

그림 5-28 액셜형 피스톤 모터

액셜 타입 피스톤 모터에서는, 이 피스톤을 출력축 둘레에 여러 개, 축방향으로 나란히 설치되어 있습니다. 그러므로 **그림 5-27**과 같은 밸브 플레이트로 간막이된 고압이 작용하는 쪽의 포트에 연결된 피스톤이 차례차례 움직여 **그림**

5-28과 같이 저압쪽으로 이동합니다. 그 움직임이 출력축의 회전 운동으로 되는 것입니다. 그림 5-29는 사판형 액셜 피스톤 모터의 단면 구조를 표시한 것입니다. 다.

또 그림 5-26에서 피스톤과 사판이 접하는 각도 α를 크게 하면 당연히 F_1은 커지므로 출력 토크도 커집니다. 이것은, 이 각도 α를 외부로부터 조절함으로써 출력 토크가 커지거나 작아집니다. 이것이 가변 용량 액셜 피스톤 모터인 것입니다. 다.

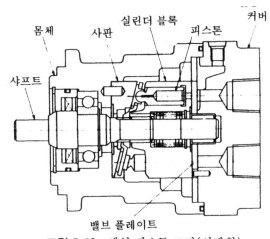

그림 5-29 액셜 피스톤 모터(사판형)

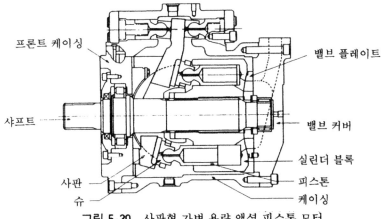

그림 5-30 사판형 가변 용량 액셜 피스톤 모터

물론 일정 압력, 일정 유량으로 사용할 경우에는, 각도 α가 클 때는 큰 출력 토크를 얻을 수 있지만 피스톤의 스트로크(축방향의 이동량)도 커져 모터 용량이 커지고 회전수는 작아집니다. 각도 α가 작을 때는 반대로 출력 토크는 작아지고, 반대로 회전수는 커집니다. **그림 5-30**은 사판형 가변 용량 액셜 피스톤 **모터**의 단면 구조입니다.

액셜 피스톤형 오일 모터의 회전수는 일반적으로 중∼고속이지만, **그림 5-31**과 같이 피스톤을 대향하여 설치하여, 배의 용량을 갖게 한 저속 고토크 모터도 있습니다.

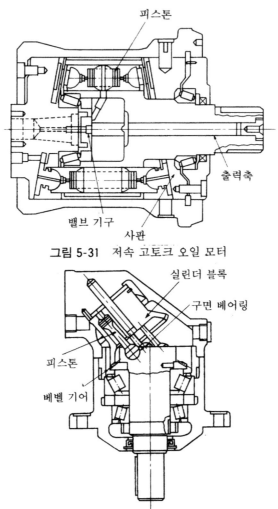

피스톤

출력축

밸브 기구

사판

그림 5-31　저속 고토크 오일 모터

실린더 블록

구면 베어링

피스톤

베벨 기어

그림 5-32　사축형 액셜 피스톤 모터

그림 5-32는 사축 타입이라고 불리는 액셜 피스톤형 모터의 하나입니다. 작동 원리는 사판형 모터와 같지만, 사판 대신에 몸체의 반을 기울여 사축으로 한 것

입니다. 사판형에서는 슈와 사판 사이에 미끄럼이 발생하여 회전 부분의 질량도 커져 고속 회전이 곤란하지만, 사축형에서는 피스톤을 구면 베어링 등을 사이에 두고 접합하여 미끄럼 등이 발생하지 않도록 되어 있습니다. 피스톤의 미는 힘은 직접 구동축을 밀어 축을 돌리고, 피스톤이 원주 모양으로 배치되어 있는 실린더 블록은 베벨 기어로 축과 함께 회전하여 피스톤이 비틀리거나 하지 않도록 동기를 취하는 구조로 하고 있습니다. 그 때문에 축과 피스톤의 각도를 크게 잡을 수 있으므로(최대 40°의 것까지 있다) 용량에 비해서는 소형화할 수 있는 특징이 있고, 고속 회전도 가능하게 됩니다.

그러나 모터의 용량을 바꾸려면 몸체의 가공에서부터 바꿀 필요가 있고, 사판식일수록 간단하지 않습니다. 그 때문에 사축식의 가변 용량 오일 모터는 사판식에 비해 큰 것으로 되어 버립니다.

(2) 레이디얼 피스톤 모터

레이디얼 피스톤 모터에는 편심형(모노 스트로크형)과 다행정형(멀티 스트로크형)이 있습니다. 액셜 피스톤 모터가 비교적 중~고속 저토크 모터인 데에 대하여, 레이디얼 피스톤 모터는 저속 고토크 모터의 대표적인 것의 하나라고 할 수 있습니다.

그림 5-33 레이디얼 피스톤 모터

일반적으로 레이디얼 피스톤 모터라고 하면, **그림 5-33**과 같은 별꼴(星形)의 것을 가리킵니다. 작동 원리는 **그림 5-34**와 같이 피스톤의 머리 부분에 압유가 들어가면 피스톤에는 F라는 힘이 작용하고, 이 힘 F는 편심 캠면 위에서는 F_1과 F_2의 힘으로 나누어집니다. 이 때의 힘 F_2가 회전력으로서 작용하여 F_2 방향으로 **회전**합니다. 압유를 공급·배출하는 포트는 편심 캠과 동기하여 함께 회전하

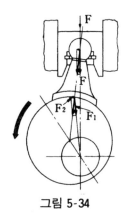

그림 5-34

는 밸브 플레이트에 의해서 차례로 이동하고, 모터는 연속하여 회전합니다.

다시 저속 성능을 향상시키기 위해서는 피스톤 갯수를 늘리든가 1회전 중에 **몇회고** 피스톤을 왕복 운동시키는 것이 필요하게 됩니다. 이렇게 하여 만들어진 것이 **그림 5-35**의 다행정 레이디얼 피스톤 모터입니다.

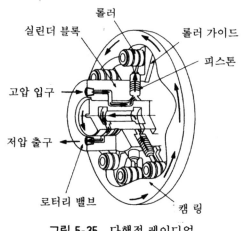

그림 5-35   다행정 레이디얼
피스톤 모터

이것은 편심형과는 구조가 완전히 반대로, 실린더가 안쪽으로 캠이 바깥쪽으로 되어 있습니다. 즉 실린더를 안쪽으로 함으로써 캠의 형상을 자유로이 설계할 수가 있고 오일 모터를 보다 부드럽게 회전시켜 1회전 중에 몇회고 피스톤이 출입할 수 있도록 되어 있는 것입니다.

5·3·5 기어 모터

외접형 기어 모터와 내접형 기어 모터의 2가지 타입이 있습니다.

(1) 외접형 기어 모터

그림 5-36에 외접형 기어 모터의 구조를 표시합니다. 모터에 고압의 기름이 들어가면 그림 5-36(b)와 같이 화살표 방향으로 회전합니다. 언뜻 보면, 화살표와는 반대 방향으로 회전하는 것으로 생각하는데, 그 구조를 설명해 둡니다.

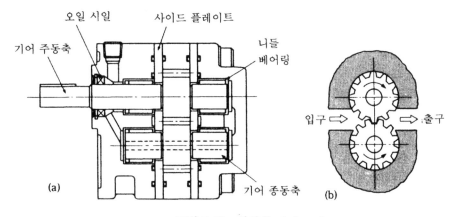

그림 5-36 외접형 기어 모터

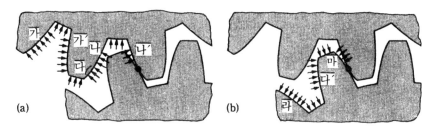

그림 5-37 위의 기어에 걸리는 힘(a)과 아래 기어에 걸리는 힘(b)

그림 5-37(a)를 봅시다. 우선 위의 기어에 대해서만 생가해 보면, 기름의 압력은 가, 가′, 나, 나′, 다의 각 단면에 똑같이 작용합니다. 그렇게 하면, 잇면에 걸리는 힘은, 가와 가′면은 상쇄되어 기어를 돌리는 힘은 발생하지 않습니다. 또 이끝과 이바닥에 걸리는 압력은 축심에 직각으로 작용하기 때문에 회전하는 힘으로는 되지 않습니다. 나, 다면과 나′면에서는 우선 나면과 나′면은 상쇄되고, 다면만이 상쇄되지 않고 남습니다. 즉 이 부분에만 힘이 걸려서 회전력을 발생

시킵니다.

그림 5-37(b)가 아래의 기어에 걸리는 힘을 표시한 것입니다. 우선 잇면 라, 라′에서는 걸려 있는 힘이 상쇄되어 회전시키는 힘은 나오지 않습니다. 단면 마에 걸리는 힘만이 상쇄되지 않고 남으므로, 마면에만 기어를 회전시키는 힘이 발생하는 것입니다. 그리고 **그림 5-38**과 같이 상쇄되지 않고 잇면에 힘이 걸려 있는 화살표 부분에서 회전력이 발생하여 화살표와 같이 기어가 회전하는 것입니다.

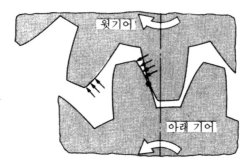

그림 5-38 기어의 회전 방향

(2) 내접형 기어 모터

내접형 기어 모터는 **그림 5-39**와 같이 내접 기어(큰 기어)의 가운데에 작은 기어가 들어 있으므로 형상은 작아집니다. 큰 기어, 작은 기어의 작용은 외접형 기어와 같고, 잇면에 걸리는 힘의 평형에 의해서 회전력이 발생합니다.

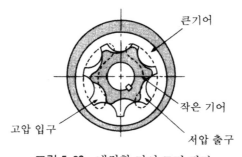

그림 5-39 내접형 기어 모터 단면

그림 5-40을 봅시다. **그림 5-39**와 비슷하지만, **그림 5-40**은 마치 내부에 감속기를 내장한 것과 같은 작용을 가지고 있고, 저속 고토크 모터인 것입니다.

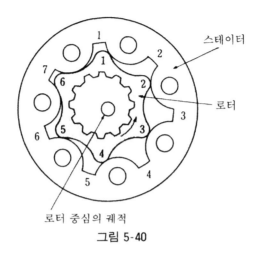

그림 5-40

1쌍의 트로코이드 기어가 주구성 요소이며, 내접 기어(그림 5-40의 스테이터)와 피니언(로터)의 잇수차가 1로, 그 회전 때의 차를 꺼내는 구조로 되어 있습니다. 즉 로터의 이끝이 스테이터의 이홈을 구를 때(公轉), 공전이 1회에 대하여 로터의 이가 1개 진행하여 1개분만큼 회전한 것이 됩니다. 그림을 보면서 설명하겠습니다. 로터가 1회 공전하면 로터의 2의 이가 스테이터의 1에 맞물립니다. 이것을 자전이라고 부르기로 하면, 로터 중심점의 회전이 자전으로서, 중심점의 회전 운동을 유니버설 조인트에 의해서 축의 회전으로서 밖으로 꺼내도록 되어 있습니다.

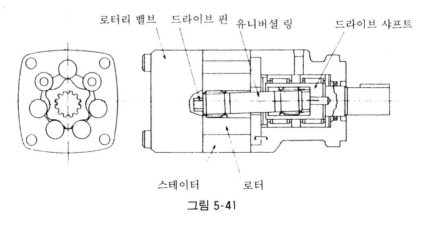

그림 5-41

이 기구는 공전 1회전마다 자전으로서 로터와 스테이터의 잇수차, 1만큼 회전하므로 결과로서 내부에 감속기를 내장한 형태로 되어 있는 것입니다. 그 때문에 저속 운동을 할 수 있어 그만큼 출력 토크가 증대할 수 있는 것입니다. 그림 5-41에 그 단면도를 표시합니다. 자전을 회전으로서 꺼내기 위해 운동을 억제하는 구조로서 그림 5-41과 같이 공전에 따라서 압유를 넣는 포트를 차례로 이동시키도록 밸브 플레이트를 회전하는 구조로 되어 있는 것입니다.

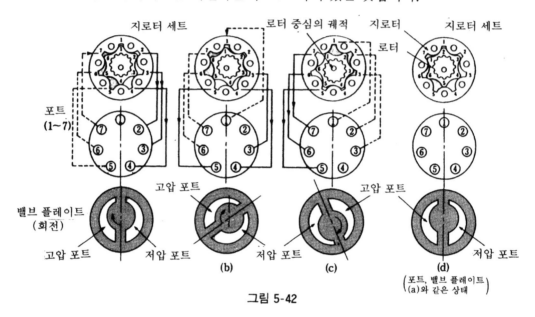

그림 5-42

예를 들면 그림 5-40과 같이 스테이터의 잇수가 7, 로터의 잇수가 6인 경우, 로터의 회전을 출력축에 꺼내면 1/6의 감속기가 내장된 것과 같게 되어, 50 [cm^3/rev] 정도의 1쌍의 기어이면 6배인 300[cm^3/rev] 용량의 저속 고토크 모터와 같은 작용을 하는 것입니다.

5·3·6 베인 모터

그림 5-43은 베인 모터의 부분 절단도입니다. 베인 모터는 얼핏 보기에는 외관도 구조도 베인 펌프와 거의 같습니다. 그러나 그림 5-44에 표시한 바와 같이, 단 하나 틀리는 것은 베인 모터에는 베인을 밀어올리기 위한 스프링이 있는 것입니다. 이 스프링에 의해서 베인으로 칸막이된 방이 생기고, 더구나 그 크기가 장소에 따라 다르기 때문에 회전력을 낼 수 있도록 되는 것입니다.

그림 5-45를 봅시다. 펌프로부터 보내어진 기름은 고압 포트에 들어가, 거기

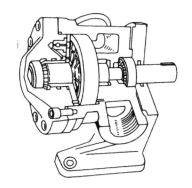

그림 5-43 베인 모터

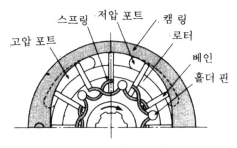

그림 5-44 베인 모터의 구조

서 모터 안의 베인으로 칸막이된 유실(油室)에 들어갑니다. 유실에 들어간 기름
은 압력이 가해지고 있으므로 유실 안에서 가득히 퍼지려고 합니다. 이때 베인
의 칸막이면의 면적이 좌우에서 틀리기 때문에 **그림 5-45**에서는 시계 회전 방향
으로 작용하는 힘이 이겨 로터를 회전하는 힘으로 되는 것입니다.

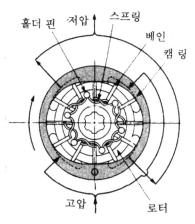

그림 5-45 베인 모터의 단면

또 로터가 1회전하는 사이에 보통의 베인 모터의 2배의, 4회의 기름의 공급·토출을 하여, 1회전당의 모터 용량을 크게 한 것이 **그림 5-46**과 같은 구조의 저속 고토크화한 다행정식 베인 모터입니다. 오일 모터의 회전 속도는 1회전당의 용량에 반비례하고 토크는 용량에 비례하므로, 보통의 베인 모터보다 저속 고토크에 적합한 것입니다.

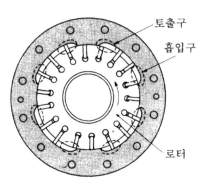

그림 5-46　다행정식 베인 모터

이 타입의 베인 모터는 유압 밸브를 사용하여 기름을 공급하는 포트의 수를 제한하는 것으로, 용량이 작은 고속 저토크 모터로 할 수도 있습니다. 그러므로 가변 용량 모터에 대해 구조가 간단한 2속 모터(2용량 모터)로서 사출성형기의 스크류 회전 등에 사용되고 있습니다.

5·3·7　오일 모터의 쇼크에 대하여

오일 모터를 정지시키고 싶을 때는 펌프에서 오일 모터에 보내고 있는 기름을 전환 밸브로 차단해 주면 되는 것입니다. 그러나 회전을 계속하고 있던 물체에는 회전을 계속하려고 하는 관성이 있으므로 그것만으로는 쉽사리 멈추어지지 않습니다. 정지시킬 물체가 언제까지나 회전하고 있거나, 정지할 때까지에 시간이 걸려서는 곤란합니다.

그래서 회전체를 바로 정지시키고 싶을 때나, 정지 위치에서 멈추어 두고 싶을 경우에는 오일 모터 기름의 입구·출구를 막아 주는 것이 필요하게 됩니다. 이렇게 하면 펌프에서 보내져 오는 기름이 차단됨과 동시에 오일 모터에서 탱크로 돌아올 기름도 차단되므로 회전을 계속하려고 하는 오일 모터는 바로 정지한다는 것입니다. 이래서 바로 회전을 정지시키고 싶은 희망은 충족시킬 수 있습니다.

그런데 오일 모터 출구쪽의 기름은 막혀 있어 도피 장소가 없기 때문에 비정상으로 높은 압력(서지 압력)을 발생하여, 배관만이 아니고 오일 모터의 파손이 되기도 합니다. 그래서 물체의 회전을 급정지시켜도 오일 모터의 출구 쪽에 서지 압력이 발생하지 않도록 연구하는 일이 필요하게 됩니다. 일반적으로는 정회전·역회전으로 사용하는 회로에서는 릴리프 밸브와 체크 밸브를 조합한 브레이크 유닛이라고 불리는 유압 회로를 채용하고 있는 예가 많습니다.

5·3·8 그 밖의 오일 모터

오일 모터의 부착은, 일반적으로는 유압 펌프와 마찬가지로, 푸트 부착, 플랜지 부착 등의 방법에 의해서 모터 본체를 고정하고, 모터의 출력축과 구동시키려고 하는 축을 연결하여 회전을 전합니다. 말할 필요도 없이 오일 모터는 액추에이터이므로 될 수 있는대로 용도에 맞는 형상의 것이 좋은 것입니다.

그림 5-47

예를 들면, 차바퀴를 돌릴 때 등은 출력축을 외부에 직접 내보내지 않고 본체를 2개로 나누어 한쪽을 고정쪽으로 하고 다른쪽의 본체를 회전할 수 있도록 하면, 오일 모터에 그대로 타이어를 끼울 수가 있고 부착 공간이 작게 되어 편리합니다. 이와 같이 용도에 맞추어 모터 형상을 연구한 것으로서 **그림 5-47**의 권양용 오일 모터와 **그림 5-48**의 캡스턴이 있습니다.

또 **그림 5-49**는 건설기계에 사용되고 있는 크롤러 구동용 주행 모터이고, 그

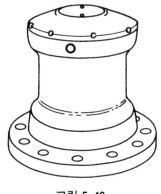

그림 5-48

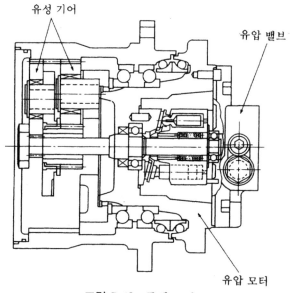

유성 기어

유압 밸브

유압 모터

그림 5-49 주행 모터

림 5-50은 선회 모터의 구조 단면도입니다. 이들에는 브레이크 밸브, 무충격 밸브 등을 내장한 고속 저토크 모터와 감속기를 조합하여 저속 고토크 모터의 작용을 갖게 하고 있습니다.

5·3·9 오일 모터의 고장과 그 대책

오일 모터의 고장과 그 대책에 대하여 표 5-7에 표시합니다. 오일 모터가 회전하지 않아도 원인이 오일 모터에 있다고는 할 수 없습니다. 원인을 조사하여 올바른 대응을 하려는 마음이 필요합니다.

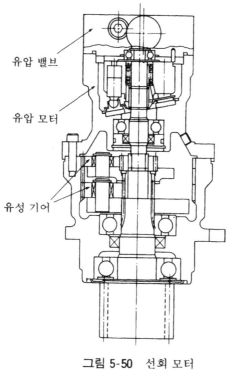

유압 밸브

유압 모터

유성 기어

그림 5-50 선회 모터

표 5-7 오일 모터의 고장과 그 대책

현상	원 인	대 책 과 방 법
오일 모터가 회전하지 않음	오일 모터 이외의 유압 펌프, 유압 밸브 등이 작동불량을 일으키고 있다.	오일 모터의 입구 쪽에 압력이 오고 있는 것을 조사하고 나서 각 부품의 고장 원인과 그 대책을 조사하여 점검 수리한다.
	오일 모터 자체에 원인이 있고, 작동부에 먼지가 막혀 작동 불량을 일으키고 있다.	분해 세정하여 먼지를 완전히 제거하고, 다시 조립한다.
	오일 모터의 입구쪽 압력이 낮다	릴리프 밸브를 조작하여 세트 압력을 높인다.
	오일 모터 주요 부품의 파괴에 의해서 작동 불량을 일으키고 있다.	파손 부품의 교환
	오일 모터를 회전시키고 있는 부하 장치에 외부로부터 비정상적인 힘이 걸리고 있다.	부하 장치를 점검하여, 긁힘 등으로 비정상적인 힘이 발생하고 있는 곳이 있으면 제거한다.
회전수가 충분치 못함	유량 제어 밸브의 교축이나 릴리프 밸브의 핸들 등이 기계 등의 진동으로 헐거워져 오일 모터에 소정의 유량이 오지 않는다.	유량 제어 밸브의 개도 눈금, 릴리프 밸브의 핸들 등을 소정의 값으로 바르게 다시 설정한다.
	오일 모터의 미끄럼 운동 부분의 마모에 의해 고압 쪽으로부터 저압 쪽으로 기름이 계속 빠지게 되어, 용적 효율이 저하하고 있다.	오일 모터를 수리하든가 교환한다.
	오일 모터 커버의 체결 부족으로 내부 누출이 많아 회전수가 충분하지 못하다.	커버를 다시 체결한다.
소음이 큼	커플링 파손이나 축심맞춤 불량이 되어 커플링 부분에서 소리가 난다.	커플링의 교환 및 축심맞춤을 정확하게 한다.
	베어링 마모, 파손, 스프링의 절손 등으로 소음이 나온다.	베어링, 스프링 등의 파손품이나 소모품의 교환
	회전수가 규정 이상으로 돌고 있다.	유량 제어 밸브의 눈금을 바르게 다시 설정한다.
기름 누출	오일 시일, O링, 패킹 등의 파손 때문에 기름이 누출하고 있다.	파손한 오일 시일, O링, 패킹을 신품으로 교환한다.
	미끄럼 운동 부분의 마모로 드레인양이 많아 오일 시일이 파괴되어 있다.	오일 모터를 수리하고, 새로운 오일 시일로 교환한다.
	드레인 배관에 먼지가 막혀 오일 시일을 파괴한 경우	드레인 배관의 눈막힘을 세정하고, 오일 시일을 교환하든지, 드레인 배관을 굵게 한다.

5·4 요동 실린더

요동 실린더의 작동과 종류

요동 운동이라는 말을 들은 일이 있습니까. 선풍기의 머리 흔들기 운동을 생각해 내어 봅시다. 좌우로 어느 각도만큼 움직이고 있습니다. 이것이 요동 운동인 것입니다. 그것을 유압 실린더로 하게 합시다! 그래서, 요동 실린더의 등장입니다.

5·4·1 요동 실린더란

선풍기의 머리 흔들기 운동만이 아니고 로킹 체어의 움직임 등도 요동 운동이라고 할 수 있습니다. 요동 운동은 직선 왕복 실린더나 오일 모터에 링크 기구를 조합하는 것에 의해서도 만들어 낼 수가 있습니다. 그러나 이것으로는 큰 장치로 되어 버립니다. 그래서 요동 실린더가 등장합니다. 이것은 요동 모터라든가 로터리 액추에이터라고도 부르고 있습니다.

요동 실린더는 일반적으로 구조가 간단하여 간소하게 할 수 있고, 좌우 어떤 방향으로도 움직입니다. 특수한 것에서는 몇 회전하는 것도 있지만, 일반적으로는 최고 270~280° 정도의 범위에서 움직입니다. 즉 한정된 범위 안에서 유압이 갖고 있는 에너지를 회전 요동 운동이라는 기계 에너지로 변환하기 위한 액추에이터인 것입니다.

요동 실린더에는 베인형, 피스톤형, 나사식 등이 있습니다. 각각에 대하여 설명합니다.

5·4·2 베인형 요동 실린더

베인형 요동 실린더는 **그림 5-51**에 표시한 바와 같이 케이싱, 스테이터, 베인으로 구성되며, 토출구, 압입구의 2포트에 번갈아서 압유를 보내어 요동 회전시킵니다. 베인의 수에 따라서 싱글 베인과 더블 베인 타입이 있습니다.

싱글 베인식은 요동 각도를 크게 할 수 있지만 축에 유압이 치우쳐서 걸리기

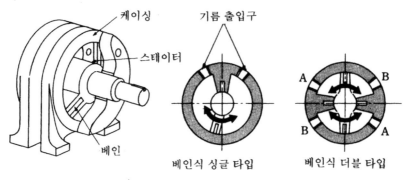

그림 5-51 베인형 요동 실린더

때문에 작동 압력을 높게 할 수 없습니다. 이에 대하여 더블 베인식은 요동 각도는 작지만, 베인이 같은 분할로 배치되어 있어 유압의 힘도 평형되므로 큰 토크의 것을 얻을 수 있습니다.

5·4·3 피스톤형 요동 실린더

피스톤형 요동 실린더는 직선 왕복 실린더에 그림 5-52와 같이 랙이나 피니언, 체인지 레버 등을 조합해서(그림 5-53) 직선 운동을 요동 운동으로 바꾸는 구조의 것입니다.

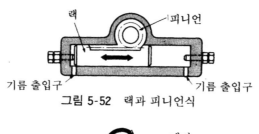

그림 5-52 랙과 피니언식

그림 5-53 레버식

5·4·4 나사식 요동 실린더

나사식 요동 실린더의 대표적인 것은 그림 5-54와 같이 피스톤과 스크류의 조

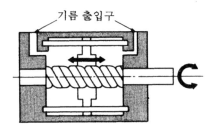

기름 출입구

그림 5-54 나사식

합에 의한 것입니다. 실린더는 직선형을 사용하여 직선 운동하는 피스톤으로 나사축에 회전 운동을 준 것입니다. 고압 큰 토크의 것에 사용되고 있습니다.

주의해야 할 것은 내부의 기름 누설량이 많으므로 압력 유지가 어렵고, 부하가 작용할 때는 항상 최대한 유압을 걸어서 기름 누설에 의한 압력의 손실을 방지하도록 해야 합니다.

6. 기름 탱크

유압 장치 내에서 일을 하고 순환하여 온 작동유는 회로 중의 오염물질, 이물질, 수분, 공기 등을 함유하고 탱크로 돌아옵니다. 그것도 뜨겁게 되어서 입니다. 바로 인간의 동맥을 흐르는 혈액이 빨갛고 맑은 것에 대해, 정맥이 여러 가지 노폐물을 함유해 검붉게 되어서 오는 것과 같습니다. 인간은 혈액을 항상 맑게 하기 위해 신장을 갖고 있고, 오래된 적혈구 등은 대개 120일마다 새로 만들어져, 혈액은 노폐물이 없고 깨끗한 상태가 유지되도록 되어 있습니다. 유압 장치에도 인간으로 말하면 신장의 작용을 하는 것이 필요합니다. 그 작용을 하여 주는 것이 오일 탱크라고 할 수 있습니다.

그래서, 특히 탱크의 설명을 붙여, 기름 탱크의 작용을 중심으로 설명하기로 합니다.

6·1 기름 탱크의 역할

기름 탱크의 작용

기름 탱크의 역할은 말할 것도 없이 필요한 기름을 저장해
두는 것입니다. 그러나, 단지 필요한 기름을 저장만 해두면
좋다는 것은 아닙니다. 여러 모로 연구하여 탱크로서의 충분
한 작용을 할 수 있도록 만들어져 있습니다. 우선, 기름 탱크
의 작용에 대하여 설명하겠습니다.

6·1·1 작동유의 정화 작용

그림 6-1에 표준적인 기름 탱크의 구조를 표시하는데, 유압 장치를 순환하여
온 기름은 회로 중의 오염물, 이물질, 수분, 공기를 함유하고 탱크로 돌아옵니
다.

여러가지 불순물을 함유하고 돌아온 기름을 정화하는 방법으로서는, 원시적
인 방법이지만 제일 싼 침전법이 채용됩니다. 즉, 질량의 차이에 따라 기름보다

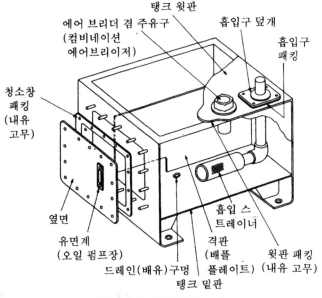

그림 6-1 표준적인 오일 탱크

무거운 것은 아래로, 가벼운 것은 위로 분리됩니다. 그리고 침전 혹은 분리하는 시간을 거친 다음, 다시 펌프의 흡입 쪽으로 기름을 흘려 주는 것입니다.

이 불순물을 침전 혹은 분리할 때에 큰 먼지 등의 무거운 것은 짧은 시간에 아래로 떨어지지만 작은 것은 분리하는 데에 시간이 걸립니다. 그 때문에 작은 것이라도 충분히 분리하도록 기름이 천천히 시간을 걸려 탱크 안을 흐르도록 해야 합니다. 또 애써서 분리한 것이 확산되지 않도록 주의합니다.

탱크 안에서 불순물이 충분히 침전, 분리하는 데에 요하는 시간은, 불순물의 종류, 양이 각각의 장치에 따라 틀립니다. 그래서 일반적으로는 펌프 토출량의 몇 배의 탱크 용량으로 하느냐 하는 경험값으로 결정됩니다. 유압 장치의 용도나 사용 빈도도 있어서 한마디로는 말할 수 없지만, 펌프 토출량의 3~5배는 확보하는 것이 바람직합니다. 그러나 펌프 토출량의 몇배이면 그것으로 모두 OK라는 것은 아닙니다. 장치 전체의 간소화에 따라서 탱크 용량도 점점 작아지고 있어 그것에도 대응해야 합니다. 자연히 침전하는 것을 기다릴 뿐만이 아니고 마그넷 세퍼레이터라고 불리는 자석을 탱크 내에 설치하여 자성이 있는 먼지를 응집 침전시키는 것으로, 탱크 내의 기름의 정화를 빨리 하고, 탱크의 소용량화에도 대응하고 있습니다. 마그넷 세퍼레이터에 대해서는 8장의 액세서리에서 자세히 설명합니다.

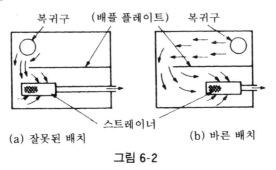

(a) 잘못된 배치   (b) 바른 배치

그림 6-2

그림 6-2는 침전을 충분히 하기 위한 복귀 배관과 흡입 스트레이너의 위치 관계를 표시합니다. 우선 복귀 배관이 있는 쪽과 스트레이너가 있는 쪽을 격판을 설치하여 분리하고, 기름이 흐르는 시간을 벌기 위해 복귀구와 스트레이너를 극력 떨어진 위치에 하는 것이 바람직한 구조입니다. 그림 6-2(b)가 올바른 배치

입니다.

그림 **6-3**은 복귀 배관구와 유면(油面)의 관계를 표시한 것입니다. 의외로 경시되기 쉽지만 주의해야 합니다. 또 공기를 말려 들어가지 않도록 유면이 설계되어 있는 데에, 외부 기름 누설 등으로 유면이 내려간 채로 하여 보급을 잊고 있으면 그림(a)의 상태로 되어 있는 경우도 있습니다. 정기적으로 유면계를 보

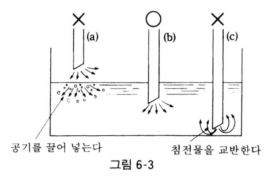

공기를 끌어 넣는다   침전물을 교반한다
그림 6-3

아 유면의 위치가 유지되고 있도록 확인할 필요가 있습니다.

배관의 사이즈도 문제가 됩니다. 배관 사이즈가 작으면 같은 유량이 돌아와도 유속 v가 커집니다. 관내 유속 v[m/s]는 다음 식으로 표시됩니다.

$$v = \frac{10}{60} \cdot \frac{Q}{A}$$

여기서, Q: 유량[l/min]

60: 분을 초로 환산하는 계수

A: 관내 단면적[cm²]

즉 유속이 크면 탱크내에 분출하는 속도도 빠른 것으로, 교반 작용이 커져 침전한 불순물도 기름 속에 혼입시켜 버립니다. 참고로서 일반적으로 말해지는 관내 유속을 표시하므로, 이것을 고려하여 배관 사이즈를 선정합니다.

· 흡입 쪽 배관 ………… 0.6~1.5[m/s]

· 토출 라인 쪽 배관…… 3~6[m/s]

· 복귀 라인 쪽 배관…… 1~2[m/s]

6·1·2 실린더의 움직임에 맞춘 기름량의 확보

유압 실린더를 움직였을 때, 한쪽 로드 실린더에서는 기름의 출입이 있습니

다. **그림 6-4**와 같이 전진할 경우는 로드의 체적분이 실린더에서 증가하고, 후퇴할 경우는 로드의 체적분이 실린더에서 감소합니다. 이 증가하는 양, 감소하는 양은 기름 탱크로부터 보급 혹은 축적됩니다. 이것이 기름 탱크 작용의 하나입니다.

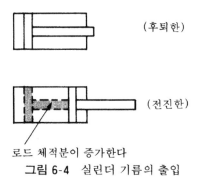

(후퇴한)

(전진한)

로드 체적분이 증가한다
그림 6-4 실린더 기름의 출입

실린더가 1개이면 기름량의 증감은 적어도 되지만, 2개, 3개로 되고, 그것에 실린더 사이즈(로드 지름)가 커지면 뜻밖에 큰 양의 증감으로 됩니다. 이 기름량 변화를 흡수하기 위해 아무래도 기름 탱크는 필요하게 됩니다.

예를 들면, 실린더 지름 300[mm], 로드 지름 200[mm], 스트로크 2000[mm] 의 실린더 1개를 20[l/min]의 펌프 1대로 가동할 경우, 실린더부에서의 기름의 증감은 다음과 같이 계산됩니다.

$$V_1 = \frac{\pi}{4} \times 20^2 \times 200 \times 10^{-3} = 62.8[l]$$

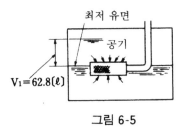

최저 유면

공기

$V_1 = 62.8[l]$

그림 6-5

탱크 용량을 단순히 펌프 토출량의 3~5배라는 것으로, 최대인 5배를 선정해 20×5=100[l]로서 만들어 두면 실린더가 전진할 때에 62.8[l]가 탱크에서 없어집니다. **그림 6-5**는 기름의 출입량으로 스트레이너가 유면에서 나와 버린 예입니다. 이렇게 되면 펌프가 공기를 빨아버려 승압 불량이 될 뿐만 아니라, 캐비테

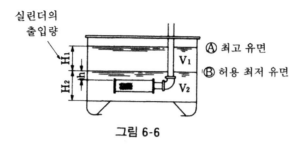

실린더의
출입량

ⓐ 최고 유면

ⓑ 허용 최저 유면

V_1

V_2

H_1

H_2

h

그림 6-6

이션에 의해서 펌프 파손이 되는 것도 생각할 수 있습니다.

그림 6-6은 실린더 출입량과 탱크 액면에 대하여 설명한 것입니다. H_1은 실린 더 출입량에 의한 액면의 변화량, h는 스트레이너가 공기를 빨아들이지 않는 액 면 높이입니다. H_1은 실린더로부터 계산합니다. h는 펌프 흡입량, 기름 온도 등 이 관계하여 확실히 말할 수는 없지만 대략 50~100[mm]는 필요합니다. 더우기 장치에 따라서는 배관의 길이가 길어질 경우, 그 배관내에 기름을 충만시키기 위해 탱크 유면이 내려가므로 그 계산도 필요합니다.

탱크에 설치된 유면계는 그림 6-6의 ⓑ면을 최저 유면으로서 표시하고 있습니 다. 그 의미에서도 유면을 정기적으로 점검할 때는 유면이 제일 내려간 상태에 서 점검합니다. 흔히 기계나 장치의 가동 전에 유면을 점검하여 ⓑ면 이상 있으 므로 OK로 판단하고 있는 것을 가끔 보지만, 이것은 그다지 의미는 없습니다. 일련의 실린더를 가동시켜 유면이 제일 내려간 상태에서도 ⓑ면보다 내려가지 않는 것을 점검해야 합니다. 유면의 점검은 유면계를 눈으로 보고 확인하는 것 이 확실하지만, 자동적으로 이상을 검출할 목적으로 전기 신호를 이용한 플로트 스위치도 사용됩니다(구조 등은 액세서리의 항에서 설명합니다).

이 유면 높이를 조사하고 있는 것만으로 장치의 여러 가지 정보를 얻을 수 있 습니다.

(1) 유면이 저하하고 있을 경우

당연히 유압계 내의 어딘가에서 외부로 기름이 누설하고 있습니다. 단지 기름 을 보급하는 것만이 아니고, 기름이 누설되고 있는 부분을 찾아 수리하는 것입 니다. 또 수성계 작동유의 경우는 기름이 누설되고 있지 않아도 수분의 증발에 따라 유면이 내려갑니다. 이 경우는 수분 함유율의 저하를 가르쳐 주고 있는 것 입니다.

(2) 유면이 상승해 가는 경우

보통으로는 생각할 수 없다고 생각하지만, 공작기계의 유압 장치 등에서 드물게 경험하는 것입니다. 절삭액, 연삭액 등이 탱크로 침수해 오고 있는 경우입니다. 기름 속에 물이 들어가는 것이므로 좋은 현상은 아닙니다. 증가한다는 것은 감소하는 것 이상으로 비정상이라고 생각합시다.

6·1·3 작동유의 냉각 작용

장치의 각 부분에서 발생하는 손실 에너지는 모두 열로 되어 기름이 뜨겁게 되어 탱크로 돌아옵니다. 유압의 에너지 효율은 30[%] 정도라고 말하기도 하므로 상당한 손실 에너지가 열로 되어 있다고 생각할 수 있습니다.

작동유의 최적 온도는 30~55[℃]로, 뜨거워진 작동유는 냉각할 필요가 있습니다. 쿨러를 사용하는 방법도 있지만, 탱크의 표면적을 이용하여 외부로 방열하는 것도 간단하고 경제적인 방법입니다. 그 점에서 탱크의 표면적을 크게 하는 일이나, 바람이 통하기 좋은 장소에 탱크를 설치하는 일이 행해지고 있습니다. 탱크의 밑이 바닥면보다 높게 되어 있는 것은 탱크 밑면에서의 방열 효과를 노리고 있기 때문입니다.

작동유의 항에서도 설명하지만, 기름 온도가 높아지면 작동유의 열화가 빠르게 됩니다. 동시에 기름의 열이 기계나 장치에 전해져 기계의 열변형에 따라 기계 정밀도나 가공 정밀도도 악화합니다. 공작 기계에서는 특히 이 온도 상승을 싫어합니다. 기름 온도 상승의 요인으로서는 다음과 같은 것을 생각할 수 있습니다.

(1) 펌프로부터 발생하는 열량

펌프에서의 손실 에너지는 다음과 같이 됩니다.

$$\boxed{\text{펌프 축입력}} \xRightarrow{\;L_0\;} \boxed{\text{펌프}} \xRightarrow{\;L_1\;} \boxed{\text{토출 압력(P)·유량(Q)}}$$
$$\downarrow \Delta L \quad \text{(손실 에너지)}$$

펌프의 전효율은 펌프 형식 및 토출 압력·유량마다 카탈로그에 표시되어 있으므로 아래 식으로 계산할 수 있습니다.

펌프의 전효율 $\eta = L_1 / L_0$, 그런데 실제로 가동하고 있을 때의 축입력 L_0는 측정이 어렵기 때문에 토출 압력(P), 토출 유량(Q)으로부터 계산하도록 식을 변형하면 다음과 같이 됩니다.

손실 에너지 $\Delta L = L_0 - L_1 = L_1(1/\eta - 1)$

단위 환산을 SI 단위로 생각하면 다음과 같이 됩니다.

$$\Delta H = \Delta L \times 3600 = 3600 \times L_1 \left(\frac{1-\eta}{\eta} \right)$$

또, P, Q와 L의 관계는 $L_1 = \dfrac{P \cdot Q}{60}$로, 이것을 윗식에 넣으면,

$$\Delta H = \frac{P \cdot Q}{60} \times 3600 \times \left(\frac{1-\eta}{\eta} \right) = 60 \cdot P \cdot Q \cdot \left(\frac{1-\eta}{\eta} \right)$$

가 됩니다.

여기서, P: 압력[MPa]$\left(= \dfrac{100}{9.8} [\text{kgf}/\text{cm}^2] \right)$

Q: 유량[l/min]

η: 펌프 전효율

ΔH: 에너지[kJ/h]

L: 동력[kW]

중력 단위의 경우

$$\Delta H = \Delta L \times 860 = 860 \times L_1 \left(\frac{1-\eta}{\eta} \right)$$

$$L_1 = \frac{P \cdot Q}{612}$$

$$\Delta H = \frac{P \cdot Q}{612} \times 860 \times L_1 \times \left(\frac{1-\eta}{\eta} \right) = 1.4 \cdot P \cdot Q \cdot \left(\frac{1-\eta}{\eta} \right)$$

P: 압력[kgf/cm^2]　　　Q: 유량[l/min]　　　η: 펌프 전효율

ΔH: 에너지[kcal/h]　　　L: 동력[kW]

---

(2) 각 부분의 압력 손실로 발생하는 열량

관로에서의 압력 손실, 밸브에서의 압력 손실 등은 모두 아래 식으로 표시됩니다.

$$\Delta H = 60 \cdot \Delta P \cdot Q$$

여기서, ΔH: 압력 손실부에서 발생하는 열량[kJ/h]

ΔP: 차압력[MPa]$\left(= \dfrac{100}{9.8} [\text{kgf}/\text{cm}^2] \right)$

Q: 유량[l/min]

중력 단위의 경우

$\Delta H = 1.4 \cdot P \cdot Q$

ΔH: 열량[kcal/h]　　ΔP: 차압력[kgf/cm^2]　　Q: 유량[l/min]

밸브 및 배관 사이즈를 생각할 때 조금이라도 압력 손실이 적은 것을 선정하는 이유는 여기에 있습니다.

탱크로부터의 방열량 H[kJ/h]는 다음 식으로 계산합니다.

　　$H = 3.6 \cdot K \cdot A \cdot (t_2 - t_1)$

　　여기서, H: 방열량[kJ/h]($\fallingdotseq 4.186$[kcal/h])

　　　　　　A: 탱크의 표면적[m^2]

　　　　　　t_2: 기름 온도[K]($= 273.16 + t_2$[℃])

　　　　　　t_1: 외기 온도[K]($= 273.16 + t_1$[℃])

　　　　　　K: 열전달률[W/(m^2·K)]($\fallingdotseq 1.163$[kcal/m^2·h·℃])

중력 단위의 경우

　$H = K \cdot A \cdot (t_2 - t_1)$

　H: 방열량[kcal/h]　　　　K: 열전달률[kcal/m^2·h·℃]

　t_2: 기름 온도[℃]　　　　t_1: 외기 온도[℃]

위 식에서도 방열량(H)을 크게 하기 위해서는 표면적(A)을 크게 하든가 온도차(t_2-t_1)를 크게 하든가, 열전달률(K)을 크게 하든가밖에 없는 것을 알 수 있습니다. 그러므로 탱크를 선정할 경우, 단지 용적만이 아니고 방열도 고려해야 합니다. 표면적을 크게 하기 위해 탱크를 크게 하거나, 열전달률을 크게 하기 위해 판두께를 얇게 하거나, 통풍이 좋은 곳에 설치합니다. 또 전동기의 팬에 의한 바람을 탱크에 닿도록 배치를 고려하기도 합니다.

6·1·4 유압 장치의 건강 수첩으로서의 역할

인간의 건강 상태는 혈액 검사를 하면 거의 알 수 있다고 합니다. 그것과 같이

유압 장치의 건강 상태는 작동유의 상태를 조사하면 알 수 있습니다. 어딘가의 **밸브**가 이상 마모하여 있으면 탱크 안에 자꾸 오염물이 돌아옵니다. 펌프의 **효율**이 나빠지면 거기서 발열하여 평상시보다 기름 온도가 올라갑니다. 외부로의 기름 누설이 있으면 유면은 서서히 저하하여 갑니다. 이와 같이 여러 가지 정보가 탱크에 저장되어 있습니다.

탱크 유면, 작동유의 색, 백탁의 상태, 기름 온도 등을 항상 점검하여 건강 수첩 대신으로 하면 큰 병이 되기 전에 예방이 가능합니다.

6·2 기름 탱크의 구조

기름 탱크의 구조와 필요한 조건

기름 탱크의 역할은 이해했을 것으로 생각합니다. 이 역할을 완수하기 위해서는 여러가지 조건이 있습니다. 기름 탱크의 구조상에서의 조건이란 무엇인가에 대하여 설명해 둡니다.

6·2·1 기름 탱크에 필요한 조건

작동유의 정화 작용, 기름량의 확보, 작동유의 냉각 작용이라는 오일 탱크의 역할을 완수하기 위해 **그림 6**-1과 같은 오일 탱크가 만들어지고 있습니다. 실제로는 좀더 여러 가지 조건을 생각할 필요가 있습니다. 예를 들면, 탱크에 침전한 오염물을 어떻게 하느냐, 기름을 교환할 때에 작업하기 쉬운가, 혹은 도장을 어떻게 하느냐 하는 것입니다. 이들의 문제점도 생각해서, 기름 탱크의 구조상의 조건을 정리해 봅시다.

① 필요한 기름의 양을 저장할 수 있을 것 : 정화 작용이 충분히 행해지는 용량이고, 또 실린더의 출입량을 고려한 용량을 갖고 있을 것.

② 주유구나 공기 출입구가 있을 것 : 주유구는 기름을 넣을 때에 이물이 함께 들어가지 않도록 쇠그물 등의 필터를 갖추고 있어야 합니다. 또 실린더의 출입에 따른 유면 변동에 대해서는 공기의 출입이 필요하게 되므로 공기 구멍이 있어야 합니다. 이 공기 구멍에도 필터를 설치하여 공기와 함께 오염물이 들어가지 않도록 합니다. 주유구 겸 에어 블리저라는 부속품이 제일 많이 사용되고 있습니다.

③ 격판(배플 플레이트)이 있을 것 : 정화 작용을 위함과 펌프의 공기 흡입 방지를 위해 설치합니다.

④ 청소창이 있을 것 : 탱크에 고인 침전물을 제거하거나 작동유를 교환할 경우에, 기름을 빼낸 뒤에 탱크 내면을 청소할 필요가 있습니다. 그때 탱크 안이

전부 보이는, 혹은 작업을 할 수 있는 공간을 확보한 청소창이 필요하게 됩니다.

⑤ 유면계가 있을 것: 플로트 스위치를 사용한 경우에도 역시 눈으로 보아 확인할 수 있는 편이 편리하므로 어떤 탱크라도 반드시 유면계를 설치합니다.

⑥ 배유구가 있을 것: 기름을 빼기 위한 포트이지만, 작업성을 고려하면 스톱 밸브를 붙여 두는 수도 있습니다.

이상이 최소한 필요한 조건이 됩니다. 이들 외에도 탱크의 바닥은 배유가 잘 되도록 기울기를 만들어 두는 일과, 고정할 수 있도록 고정 볼트용 구멍을 마련하고, 더우기 윗판에 전동기 등을 설치할 경우에는 변형하거나 진동하지 **않을** 정도의 강성을 지니는 것도 요구됩니다.

6·2·2 기름 탱크의 녹막이

일반적으로 기름 탱크는 보통 강판(SS400)으로 만듭니다. 가정용 석유 난로의 등유 탱크도 같습니다. 보통 강판은 그대로는 녹을 발생하므로 광유계 작동유를 사용할 경우에도 녹막이 처리로서 도장을 실시합니다.

이 도장이 박리된 것에서는 탱크 안에 자체에서 먼지를 내는 것이므로 충분히 주의하여 도장합니다. 그 때문에 바탕 처리를 하는 것은 물론, 도장도 2번 칠해주는 일도 있습니다.

또, 난연성 작동유로서 사용되는 물·글라이콜계나 인산에스테르계 작동유는 도장을 침식하므로 탱크내에 도장은 할 수 없습니다. 이러한 경우에는 원가 상승이 되지만, 스테인레스 강판을 사용합니다. 최근에는 플라스틱 탱크도 있지만, 금형비와의 관계로 양산하지 않으면 경제적으로 메릿은 적어, 용도는 아직 한정되어 있습니다.

7. 작동유

인간의 건강 상태는 혈액 검사를 하면 대략 80%가 판명된다고 합니다. 정상적인 혈액에는 혈구(적혈구·백혈구·혈소판), 혈장으로서 피브리노겐과 혈청(단백질·유기물·무기물·물)이라는 성분이 함유되어 있어, 이들이 우리들의 건강을 유지하기 위해 작용하고 있는 것입니다. 그 혈액량은 성인 남자로 체중 1[kgf]에 대하여 81[cm³]라고 하고 있으므로, 체중 60[kgf]의 남자에는 약 4.8[ℓ]의 양이 있습니다. 유압 장치에서 인간의 혈액에 상당하는 것이 작동유입니다. 어디까지나 쾌적하게 유압 장치를 가동시키기 위해서는 이 작동유의 점검을 정기적으로 하는 것은 물론, 그 정상적인 상태도 기름을 능숙하게 쓰는 위에 알고 있어야 합니다.

작동유의 성질, 특징, 종류 등에 대해서 설명합니다.

7·1 우선은 기름에 대해서 알자

작동유로 적정한 기름이란

유압 장치에 사용하는 기름은 인간에 비유하면 혈액에 상
당합니다. 유압을 잘 다루기 위해서는 이 작동유의 선정이 큰
포인트가 됩니다. 그러므로 유압 기기에 대할 때와 같이 기름
에도 깊은 지식과 이해가 필요합니다. 우선은 기름에 강하게
되기 위해 기름의 성질을 아는 일에서부터 시작합시다.

7·1·1 기름의 성질을 알자

유압은 말할것도 없이 압력을 전달하여 일을 하는 것이므로 압력 자체를 전하
는 기름의 지식도 중요하게 됩니다. 유압 장치를 생각하면 작동유의 선택에는
사용하는 압력의 차이, 옥내인가 옥외에서 사용하는가에서의 외기 온도(최종적
으로는 기름 온도)의 차이, 가까이에 화기가 있어 누출된 경우 화재 위험성의 유
무 문제, 사용하는 펌프나 밸브에서의 제약이 없는가 등을 고려해야 합니다.

예를 들면, 항공기에도 유압은 사용되고 있지만, 적도상을 비행하기도 하고
추운 알래스카로 비행하기도 하여, 기름 온도(외기 온도)는 크게 바뀝니다. 비
행하는 장소마다 작동유를 바꾸어 넣을 수는 없으므로, 기름 온도에 따라 점도
변화가 적은 기름을 사용합니다. 또 철강 관련 설비의 유압 장치에서는 가까이
에 수100[℃]를 넘는 철이 흐르고 있으므로, 누출해도 화재의 위험성이 없는 것
을 사용해야 합니다.

단순히 생각해도 35[MPa]($\fallingdotseq$350[kgf/cm^2])에서 사용하는 장치의 기름과
7[MPa]($\fallingdotseq$70[kgf/cm^2])에서 사용하는 경우에는 기름에 요구되는 성질도 다
릅니다. 그래서 기름이 갖고 있는 성질에 대하여 설명을 진행합니다.

7·1·2 비중에 대하여

비중은 작동유의 종류나 점도에 따라 다른 외에 정제도에 따라서도 다릅니다.
같은 종류, 같은 점도의 작동유에서는 비중이 작은 것일수록 유압에 적합하다고

할 수 있습니다. 일반적으로 광유계 작동유에서 0.85~0.95 정도이지만, 물·글라이콜계 작동유나 인산에스테르계 작동유 등 난연성의 것에서는 1이상의 비중을 나타내는 것도 있습니다(작동유의 종류에 대해서는 뒤에 설명합니다).

이 비중은 펌프 흡입시의 저항, 압력 손실, 관로내 저항 등의 계산에는 대단히 중요하게 되어, 오염물의 침전에서는 비중은 작은 쪽이 좋다고 할 수 있습니다. 비중이 큰 작동유에서는 오염물이 침전하는 데에 시간이 걸리므로 탱크 통과 시간이 길어지도록 탱크 용량을 크게 하는 등의 배려가 필요하게 됩니다.

비중의 표시 방법은 JIS에서는 "4[℃]의 증류수와 같은 용적의 작동유의 15[℃]에서의 무게의 비"로 되어 있습니다. 엄밀히는 작동유의 비중은 기름 온도 혹은 압력에 따라서도 변화하지만, 온도에 의한 변화율이 10[℃]당 약 0.7[%], 압력에 의한 변화율이 7[MPa]($\fallingdotseq$70[kgf/cm²])당 약 0.3[%]로 대단히 작은 변화이므로 실용상 문제가 되는 수준은 아닙니다.

7·1·3 인화점에 대하여

기름은 물과 달라서 연소하는 성질을 가지고 있으므로, 장치가 어떤 고장으로 파열해서 기름이 내뿜었을 때 가까이에 화기라도 있으면 기름은 곧 타오릅니다. 그리고 장치뿐만이 아니고 건물 전체를 태워 버리게 되므로, 사용할 경우는 등유나 휘발유와 같이 타기 쉬운 기름을 사용해서는 안됩니다.

기름이 타는 성질을 표시하는 방법으로서는, 인화점, 발화점, 자연 발화 온도가 있는데, 일반적으로는 인화점으로서 연소하기 쉬움을 표시하고 있습니다. 이 인화점이란, 기름을 용기에 넣고 서서히 가열해 가면 증기를 발생하는데, 그 증기에 불꽃을 가까이 대어 순간적으로 섬광을 발하며 타오를 때의 증기의 온도를 말합니다. 인화점이 높은 기름일수록 작동유로시 적힙하고, 광유계 작동유에서는 180~240[℃]로 되어 있습니다.

표 7-1에 소방법에 규제된 위험물(인화성 액체)로 지정 수량을 표시하는데, 시, 도 조례에 따라서는 지정 미만이라도 소방법의 적용을 받는 지구가 있으므로 충분한 조사가 필요합니다. 또, 지정 수량의 방안으로서 참고로 **표 7-2**에 석유류의 총량 규제를 표시해 둡니다.

표 7-1 제4류 위험물(인화성 액체)과 지정 수량

품 명	세 목	지정 수량[*l*]
특수 인화물	에테르 및 이황화탄소 기타 착화 온도가 100[℃]이하의 것 또는 인화점이 −20[℃]이하이고 비등점이 40[℃]이하의 것	50
제1석유류	가솔린, 아세톤, 기타 인화점이 21[℃]미만의 것(특수인화물을 제외)	200
알콜류		400
제2석유류	등유 및 경유 기타, 인화점이 21[℃]이상 70[℃]미만의 것 (도료류 등 가연성 액체와 비가연성 물질을 혼합한 것에 있어서는 다음 조건을 모두 만족시키는 것 이외의 것) 가연성액체량 : 40[%]이하 인 화 점 : 40[℃]이상 연 소 점 : 60[℃]이상	1000
제3석유류	중유 및 크레오소트유 기타 인화점이 70[℃]이상 200[℃] 미만의 것(도료류 등 가연성 액체와 비가연성 물질을 혼합한 것에 있어서는 가연성 액체량 40[%]을 넘는 것)	2000
제4석유류	기어유 및 실린더유 기타 인화점이 200[℃]이상의 것(도료류 등 가연성 액체와 비가연성 물질을 혼합한 것에 있어서는 가연성 액체량이 40[%]를 넘는 것)	6000
동식물 유류		10000
제1·2·3석유류의 수용성 액체		위의 양의 2배의 양

표 7-2 석유류의 총량 규제

(a) 1탱크 용량이 6000[*l*] 이상
(b) 동일 실내에 있는 같은 종류의 작동유 총합이 6000[*l*] 이상
(c) 동일 실내에 있는 품명 또는 종류가 다른 위험물은 그 품명마다의 수량을 각각의 지정 수량으로 나누고, 그 몫의 합이 1 또는 그 이상이 될 경우

예) 품 명	저장 최대 수량	지정 수량	저장 최대 수량 / 지정 수량
식물유	3300[*l*]	10000[*l*]	0.33
경 우	400[*l*]	1000[*l*]	0.4
작동유	4000[*l*]	6000[*l*]	$\dfrac{0.6}{1.33}$

 이 실내의 최대 수량은 지정 수량의 1.33배로 소방법의 적용을 받는다. 또 지정 수량 미만의 위험물이라도 그 취급 기준은 시읍면 조례에 이것을 정하는 일이 있으므로, 계획 시점에 관할 소방서에 확인하는 것이 바람직하다(법 제9조의 3참조).

7·1·4 저온에서의 유동성

유동성이란 기름의 흐름 상태를 나타내는 성질입니다.

작동유는 본 바로는 투명하고 매끈하나 서서히 냉각시켜 가면 매끈하던 상태가 차츰 끈적끈적해지고, 투명성이 없어지고 흰빛을 띠어 갑니다. 이 때의 온도를 흐림점(cloud point)이라고 합니다. 이 흐림점에서 더욱 냉각해 가면, 흐르는 상태를 잃고 드디어는 굳어져 버립니다. 이 때의 온도를 응고점이라 하고, 이 온도보다 25[℃] 높은 온도를 유동점이라고 합니다.

유동성을 나타내는 온도로서는, 이 흐림점, 응고점, 유동점이 있는데, 일반적으로는 유동점을 사용하고 있습니다.

그러나, 실용상 유동점에서의 온도로는 도저히 사용할 수 없기 때문에 사용 최저 온도는 유동점보다 20~25[℃] 정도 높은 온도를 한계 온도로 생각하고 있습니다. 이와 같이 유동점을 알면 최저 사용 온도를 결정하기 위한 가늠을 할 수 있습니다. 일반 작동유의 유동점이 -20~-35[℃] 정도라고 알면 그들로부터 사용 최저 온도는 0~-10[℃] 정도로 억제하지 않으면 안된다는 것을 알 수 있습니다.

7·1·5 점도에 대하여

점도란 끈적끈적한 정도를 표시하는 척도로, 이 기름은 점도가 높다든가, 낮다든가 말합니다. 일정 온도에서 같은 용량의 용기에 같은 용량의 물, 기름, 그리스를 넣어 세우고 용기 바닥의 같은 크기의 구멍으로부터 흘리고 있다고 생각해 봅시다. 물은 매우 급하게 흐르고, 기름은 실을 끄는 것처럼 흐르지만, 그리스는 연속적으로는 도저히 흐르지 못한다고 추정할 수 있습니다. 이와 같이 물처럼 잘 흐르는 상태의 액체는 점도가 낮다고 하고, 기름과 같이 끈적이는 성질을 가진 액체는 점도가 높다고 합니다.

그런데 한마디로 기름이라고 해도 기름의 종류는 많고 각각 점도가 다릅니다. 유압 장치에서의 점도의 영향은 상당히 커서, 어떤 기름, 어떤 점도의 기름을 선택할지는 중요한 포인트가 됩니다. 즉 유압 장치에서는 작동유의 점도는 기기의 윤활 작용에도, 동력 전달에도 크게 영향을 미치기 때문입니다. 펌프류에서는 점도가 높으면 미끄럼 운동이나 회전할 때에 큰 힘을 필요로 하고, 흡입 저항이 커집니다. 그러나 누설은 적게 되어 효율이 높아지고 마모도 적어집니다. 반대로 너무 낮으면 틈새로 기름이 누출되기 쉬워 펌프 효율은 나빠져 버립니다. 밸브 등에서는 적정한 점도의 작동유를 사용하지 않으면 미끄럼 운동하는 밸브가 작동 불량이 되든지 압력 손실이 커지든지 합니다. 이와 같이 장치 전체의 효율이나 수명에 미치는 영향이 대단히 크므로, 기름의 성질을 알아볼 때는 먼저 점도를 조사할 필요가 있습니다.

일반적으로 이 점도는 동점도로 표시되고, 그 단위는 센티스토크스[cSt]가 사용되고 있습니다. 그 밖에 세이볼트 유니버설 초, 레드우드 초 등이 사용되는 수도 있습니다.

표 7-3 각종 펌프와 점도   [cSt]

	적정 점도	최저 점도	최고 점도
베인 펌프	20~ 80	10	500
기어 펌프	25~150	15	500
피스톤 펌프	25~100	15	500

점도의 정의는 JIS에서는 "점도(절대 점도)를 그 액체와 동일 상태(온도·압력)에서의 밀도로 나눈 값을 말한다"라고 규정되어 있습니다. 점도도 역시 온도 및 압력의 영향을 받아 변화합니다. 특히 온도(기름 온도)에 대하여 크게 변화하므로 주의해야 합니다. 또 사용하는 펌프나 압력에 따라 사용 가능 점도 범위가 다르지만, 일반적으로는 15~500[cSt]의 범위입니다. 다시 최적 점도 범위를 생각하면 각 형식에서 약간의 차이는 있지만 20~80[cSt]의 범위로 보아도 좋을 것입니다. 표 7-3에 각종 펌프와 작동유의 점도를 표시합니다. 참고로 해 주십시오.

공업용 윤활유의 점도 표시는 각 석유 메이커에서 여러가지인데 ISO 점도 분류에 따라 국제적으로 통일된 분류법에 의해서 표시하도록 되어 있습니다. 이것은 40[℃]에 있어서의 센티스토크스[cSt]로, 저점도에서 고점도 기름까지를 17 종류로 나누고 있는 것입니다.

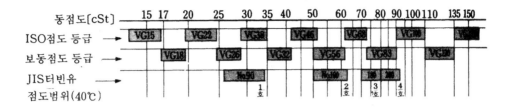

7·1·6 점도와 온도에 대하여

앞에 설명한 바와 같이 작동유는 온도를 바꾸어 가면 점도도 변화합니다. 온도가 변하여도 점도가 변하지 않는 이상적인 기름은 없으므로 점도 변화가 작은 것일수록 유압에 적합한 작동유라고 할 수 있습니다. 이 점도의 온도에 의한 변화의 정도를 표시하는 것이 점도 지수 VI(Viscocity Index)라고 하는 것입니다.

이 점도 지수가 클수록 사용할 수 있는 온도 범위가 넓어져서, 좋은 작동유라고 합니다. 일반 작동유의 점도 지수는 100 전후, 저온용 작동유·고점도 지수 작동유·광유계 항공기용 작동유 등에서는 130~225 정도의 것도 있습니다.

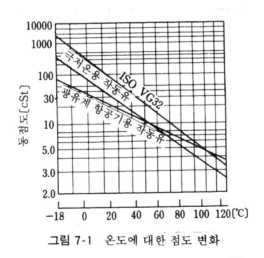

그림 7-1 온도에 대한 점도 변화

그림 7-1은 온도에 대한 점도 변화, 그림 7-2는 점도 지수 VI의 고저와 점도·온도 특성의 변화를 표시한 것입니다. 이것으로부터도 어떻게 온도에 의해서 점도가 좌우되고 있는지를 잘 알 수 있습니다.

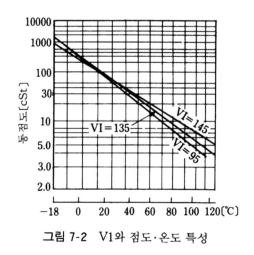

그림 7-2 V1와 점도·온도 특성

7·1·7 산화에 대하여

작동유는 항상 고압에서 공기나 습기, 금속 등과 접하고 있으며, 심한 교반 상태로 사용되고 있습니다. 그 때문에 산화와 열화에 의해서 산화 생성물을 발생하여 이윽고는 수명이라는 것으로 되어 버립니다. 이 작동유의 수명을 나타내는 것으로서 산화 안정성이라는 척도가 사용됩니다. 이 척도의 대표적인 것이 작동유의 전산가(全酸價)를 측정하는 것입니다.

전산가의 측정 방법은 JIS에서는 "시료 1[g] 중의 산성 성분을 중화하는데 요하는 수산화칼륨의 mg수"로 표시한 값을 말하고, [mg·KOH /g]으로 표시합니다.

미사용 새 기름에서의 전산가의 값은 무첨가 터빈유의 경우에는 0.01~0.02 [mgKOH /g], 첨가제가 들어 있는 작동유의 경우에 0.1~0.3[mgKOH /g], 또 내마모성 작동유의 경우 0.5~1.8[mgKOH /g]의 값이 됩니다. 즉 각 작동유에서 전산가의 값이 다르므로 작동유의 산화·열화 상태를 판단하는 데는 새 기름과의 비교에 의해서 합니다. 일반적으로는 광유계 작동유의 전산가의 상승 한도는 새 기름에 대하여 0.1~0.5[mgKOH /g]을 관리 기준으로 하면 좋을 것입니다.

7·1·8 압축성에 대하여

기름은 공기에 비하여 압축 정도는 매우 작아, 일반적으로는 문제가 되지 **않습니다.** 그러나 오늘날과 같이 유압의 이용 범위가 넓고, 고압으로 사용할 경우나 제어 기기의 고도의 제어에 의하여 높은 응답성이 요구될 경우 등은 작동유의 압축성도 무시할 수 없게 됩니다. 이것은 작동유 자체의 압축성 외에, 보다 **영향이** 큰 혼입 공기의 압축성을 생각해야 하기 때문입니다.

작동유 자체의 압축성, 즉 작동유의 압축률은 작동유에 압력을 가해 가면 미**소하더라도** 체적이 작아지므로, 그 작아진 체적과 본래의 체적과의 비율로 표시**합니다.** 이것은 작동유의 종류에 따라서 다르고, 다음 식으로 표시됩니다.

$$\beta = \frac{1}{P} \cdot \frac{(V_1 - V_2)}{V_1}$$

여기서, β: 압축률[1/MPa]

표 7-4 각종 작동유의 압축률

종　　　류	압축률[1/MPa]($\fallingdotseq$1/10[kgf/cm²])
광유계 작동유	$6 \sim 7 \times 10^{-4}$
물·그라이콜계 작동유	2.87×10^{-4}
W/O에멀젼계 작동유	4.39×10^{-4}
인산에스테르계 작동유	3.3×10^{-4}

※ 혼입 공기가 거의 없는 경우(용해 공기는 존재한다)

표 7-5 공기 혼입의 영향

압력 ＼ 공기 혼입량	0.1 [%]	5 [%]
1[MPa]($\fallingdotseq$10[kgf/cm²])	33.33×10^{-4}	142.86×10^{-4}
10[MPa]($\fallingdotseq$100[kgf/cm²])	6.25×10^{-4}	16.67×10^{-4}

V_1: 본래의 체적(P_1에서의 체적)[cm³]

P: 가압력($P_2 - P_1$)[MPa]

V_2: P_2에서의 체적[cm³]

따라서, 압축률 β를 알면, 변화하는 체적 ΔV는 다음의 식으로 구할 수 있습니다.

$$\Delta V = \beta \cdot P \cdot V_1 [cm^3]$$

여기서, ΔV: $(V_1 - V_2)$

표 7-4는 각종 작동유의 압축률입니다. 단, 기름 속에 공기가 섞였을 때의 압축성은 표의 수치와 달리 대단히 큰 값으로 되는 것에 주의해야 합니다. **표 7-5**에 광유계 작동유인 경우의 혼입 공기량의 영향을 표시합니다.

여기서, 기름 속에 공기가 섞인다는 것은 어떠한 것인지 생각해 봅시다. 기름은 공기를 용해하는 성질이 있습니다. 그리고 녹은 공기는 눈에 보이지 않습니다. 마치 커피 속에 설탕을 넣으면 녹아 버려서 커피와 일체로 되어 버리는 것과 같은 상태이며, 이처럼 녹아들어간 공기를 용해 공기라고 합니다.

그러나 다시 커피 속에 설탕을 계속 넣으면 녹지 않고 컵 바닥에 가라앉게 됩니다. 작동유에도 기름 속에 공기 그대로 흰 입자로 되어 있는 것이 있고, 지름 0.25~0.5[mm] 정도의 기포 상태로 부유합니다. 이것을 혼입 공기(混入空氣)라고 합니다. 이와 같은 용해 공기, 혼입 공기는 압축성에 큰 영향을 미쳐, 문제가 되는 것입니다.

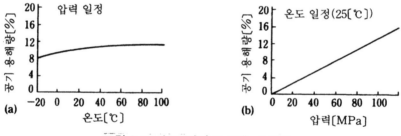

그림 7-3 온도·압력과 공기 용해량

또, 이 용해 공기도 사용 중에 압력이 작아지면, 용해한 공기가 분리되어 기포가 되어서 기름 속에 나와 혼입 공기로 되어서 기름의 압축성에 영향을 미치게 됩니다. 그림 7-3은 온도 및 압력과 공기 용해량의 관계를 나타낸 것입니다. (b)를 봅시다. 온도는 25[℃]로 일정하더라도 압력이 오르면 자꾸만 공기가 용해해 버리는 것을 알 수 있습니다. 이것을 반대로 말하면, 압력이 내려가면 많은 공기가 기포가 되어서 나온다는 것입니다. 압력의 변화에 대해서 충분한 주의가 필요하다는 것을 잘 알 수 있으리라 생각합니다.

7·1·9 유압에 적정한 기름의 조건

유압에 적정한 기름이라는 것을 알기 위해 기름의 성질에 대해 설명해 **왔는**데, 정리해 봅시다.

압력의 전달에 필요한 성질로서

① 기기에 대한 적정한 점도를 가지며, 온도에 대하여 점도 변화가 작을 것.

② 유동성이 좋을 것.

③ 인화점이 높을 것.

④ 시일 재질과 적합할 것.

윤활유로서의 성질

① 온도, 압력 등 운전 조건이 바뀌어도 충분한 윤활성이 있을 것.

② 방청성이 좋을 것.

③ 물이나 불순물의 분리성이 좋을 것.

작동유의 수명에서의 성질

① 화학적으로 안정돼 있을 것.

② 산화 안정성이 좋고, 장기간 사용하여도 열화가 적을 것.

그 밖의 조건으로

① 소포성(消泡性)이 좋을 것.

② 용도에 따라서는 난연성일 것.

등을 들 수 있습니다.

7·2 작동유의 종류

작동유의 분류와 연소하기 어려운 기름

앞에 기름의 성질을 설명해 오는 중에서 몇개인가의 작동유 명칭이 나왔습니다. 적정한 작동유의 조건에 맞는 것을 선정하기 위해서는 어떤 작동유가 있는가를 알고 있어야 합니다. 우선 작동유를 분류하여, 연소하기 어려운 기름, 난연성 작동유에 대하여 설명합니다.

7·2·1 작동유의 분류

유압에 사용되는 작동유의 종류로 말한다면, 그것만으로 1권의 책이 될 정도의 수가 될 것입니다. 각 석유 메이커, 윤활유 메이커 등이 여러 가지 용도에 응하여 많은 작동유를 시판하고 있기 때문입니다. 그러나 체계적으로 분류하면 3종류로 정리됩니다. 표 7-6에 그 예를 표시합니다.

표 7-6 작동유의 분류

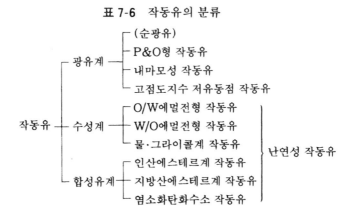

(1) 광유계 작동유

현재 제일 많이 사용되고 있는 것은 광유계 작동유로, 기유(基油; base oil)를 광유로 하여 목적에 응하여 적정한 첨가제를 배합한 것이며, 중요한 것으로서 표 7-6과 같이 3가지로 나누어집니다.

R&O형 작동유는 일반 작동유로서 사용되고 있습니다. 방청제와 산화 방지제

가 첨가되어 산화·열안정성이 우수하고, 비교적 저압인 유압 장치의 작동유로서 사용되고 있습니다.

내마모성 작동유는 R&O형 작동유에 극압제나 마모 방지제 등의 첨가제를 배합하여, 비교적 높은 압력에서도 사용할 수 있도록 마모 방지 효과를 올린 작동유입니다.

고점도지수 저유동점 작동유는 온도 변화에 대해 점도 변화가 적어지도록 점도지수 향상제가 배합되어 있습니다. 그러므로 보다 넓은 온도 범위에서 사용할 수 있는 외에 고응답성, 정밀도가 요구될 경우 등에 사용됩니다.

(2) 수성계 작동유

수성계 작동유에는 물 속에 기름을 분산시킨 O/W형 에멀전계 작동유, 기름 속에 물을 분산시킨 W/O형 에멀전계 작동유, 물과 글라이콜을 용액으로 한 물·글라이콜계 작동유가 있습니다. O/W, W/O란, 각각 Oil in Water, Water in Oil의 약어이지만, 일반적으로는 W/O 에멀전계 작동유, 물·글라이콜계 작동유가 유압 작동유로서 흔히 사용되고 있습니다.

이들의 수성계 작동유는 기름 누출 등에 의해서 불꽃이 발생할 위험성이 큰 장치, 예를 들면 다이캐스팅 머신, 압연기, 가열로 등에서 난연성 작동유로서 사용되고 있습니다. 또 도시 가운데나 시가지에 공장이 있는 경우, 화재 방지의 면에서도 지방 조례로 석유류의 총량 규제가 행해져, 그 점으로부터도 용도는 늘어가고 있습니다.

(3) 합성유계 작동유

특수한 조건에서 사용되는 항공기용으로서 개발된 유기화합물로, 우수한 온도 특성이나 저온에서의 유동성을 갖고 있지만, 비싼 작동유입니다. 인산에스테르계 작동유, 지방산에스테르계 작동유도 합성유계 작동유에 속합니다.

이상 3분류로 정리하여 설명했는데, 수성계 작동유, 합성유계 작동유는 **표 7-6**과 같이 난연성 작동유라고 불리고 있습니다. 그 구분에서 말하면 광유계 작동유와 난연성 작동유의 2가지로 크게 나눌 수도 있습니다. 화재 사고 방지면에서 사용되고 있는 난연성 작동유 중에서도 자주 사용되고 있는 작동유에 대하여 조금 더 자세히 설명하겠습니다.

7·2·2 W/O 에멀전계 작동유

W/O 에멀전계 작동유는 광유 40~60[%]+물 35~60[%]+유화제+첨가제로 되어 있습니다. 기름 속에 물을 지름 2[μm] 정도의 미세한 물방울의 형태로 용입하여, 이 물에 의해서 타지 않도록 하고 있는 것입니다.

물이 기름에 둘러싸여 있기 때문에 O/W 에멀전계 작동유와 같이 기름이 물에 둘러싸여 있는 것보다 윤활성이 좋고, 가격도 다른 난연성 작동유에 비해 싸다는 장점을 갖고 있습니다. 그러나 결점으로서 제일 문제가 되는 것은 안정성이 나쁘다는 것입니다. 그 때문에 장기간 방치해 둘 수는 없고, 사용 조건에 따라서는 기름과 물이 분리되어 펌프가 수분에 의해서 마모를 발생시키거나 하는 일이 있습니다. 더우기 사용 온도 범위도 저온에서는 5[℃], 고온에서 50~60 [℃]라는 제한을 받으므로, 사용 때에는 주의가 필요합니다.

즉, 다음에 설명하는 물·글라이콜계 작동유를 포함하여 수성계 작동유에서는 수분이 증발하므로, 고온하에서는 사용할 수 없는 것입니다.

7·2·3 물·글라이콜계 작동유

물을 기초로 하고 있는 작동유로, 30~40[%]의 물과 글라이콜이 주성분이고, 점도를 늘리는 첨가제나 방청제 등을 배합한 작동유입니다. 물을 기초로 하고 있기 때문에 화기에 닿아도 수분의 증발에 의한 냉각 작용과, 증기의 발생에 의한 공기와의 차단 작용에 의해서 연소를 막습니다.

글라이콜을 주성분으로 하고 있으므로 −40[℃] 이하에서도 저온에서의 유동성이 좋고, 점도 지수가 VI 140~200으로 높은 것이 장점입니다. 결점으로서는, 물을 기초로 하는 관계상 윤활성이 나쁜 것입니다. 그러나 점점 윤활성의 향상 개선이 되어 수성계 작동유로는 좋은 쪽에 들어갑니다. 또 알루미늄이나 아연 등의 금속이나 도료와 반응하기 때문에, 용도에 따라서는 주의를 요하는 것도 결점이라고 할 수 있습니다.

사용 온도 범위도 물을 함유한 작동유이기 때문에 50~60[℃]를 넘으면 수분이 증발해서 적어지므로 정기적으로 수분에 대하여 점검·유지 보급해야 합니다. 특히 기름 흐름이 나쁜 곳으로 고온이 되는 부분, 예를 들면 습식 솔레노이드 밸브의 가이드 내 등은 주의를 필요로 합니다.

7·2·4 인산에스테르계 작동유

화학적으로 합성하여서 만들어진 것으로, 인화점 590[℃] 이상의 난연성 작동유이며, 인화하여도 곧 꺼져 버립니다. 또 다른 난연성 작동유에 비해 윤활성이 우수합니다. 게다가 금속에 대한 부식성은 거의 없다는 장점을 갖고 있습니다.

단, 유압 장치에서 중요한 패킹이나 고무 호스 등의 재질에 적부(適否)가 있다는 결점을 갖습니다. 그러므로 인산에스테르계 작동유를 사용할 경우는 모두 특수한 고무 재질의 기기나 부속품을 사용해야 합니다.

또 도료와는 합쳐지지 않아서 직접 작동유에 닿는 부분은 도장하여도 부풀어오른다든가 벗겨져 버리는 결점도 있습니다. 그 때문에 탱크 도장을 하지 않고, 스테인레스재로 탱크를 만들게 됩니다.

7·2·5 지방산에스테르계 작동유

지방산에스테르계 작동유는 네오펜틸폴리올과 유기지방산의 에스테르로, 이것에 각종 첨가제를 배합한 것입니다. 본격적으로 사용된 것은 비교적 새롭고, 장점으로서 점도 지수가 높아 광유계 작동유와 같은 시일 재질이나 금속 재료를 사용할 수 있고, 윤활성, 안정성이 우수합니다. 게다가 인산에스테르계 작동유와 같은 유독 가스의 발생 등의 염려도 없고, 수성계 작동유와 같이 수분을 포함하지 않기 때문에 수분의 유지·관리도 불필요합니다.

그러나 난연성의 면에서는 광유계 작동유보다 우수하지만, 인산에스테르계 작동유보다 떨어져, 그 점에서의 주의가 필요합니다.

참고로 표 7-7에 작동유 선정의 플로우 차트를, 다시 표 7-8에 일반적 작동유의 특성 개요를 정리하여 표시해 둡니다.

표 7-7 작동유 선정의 플로 차트

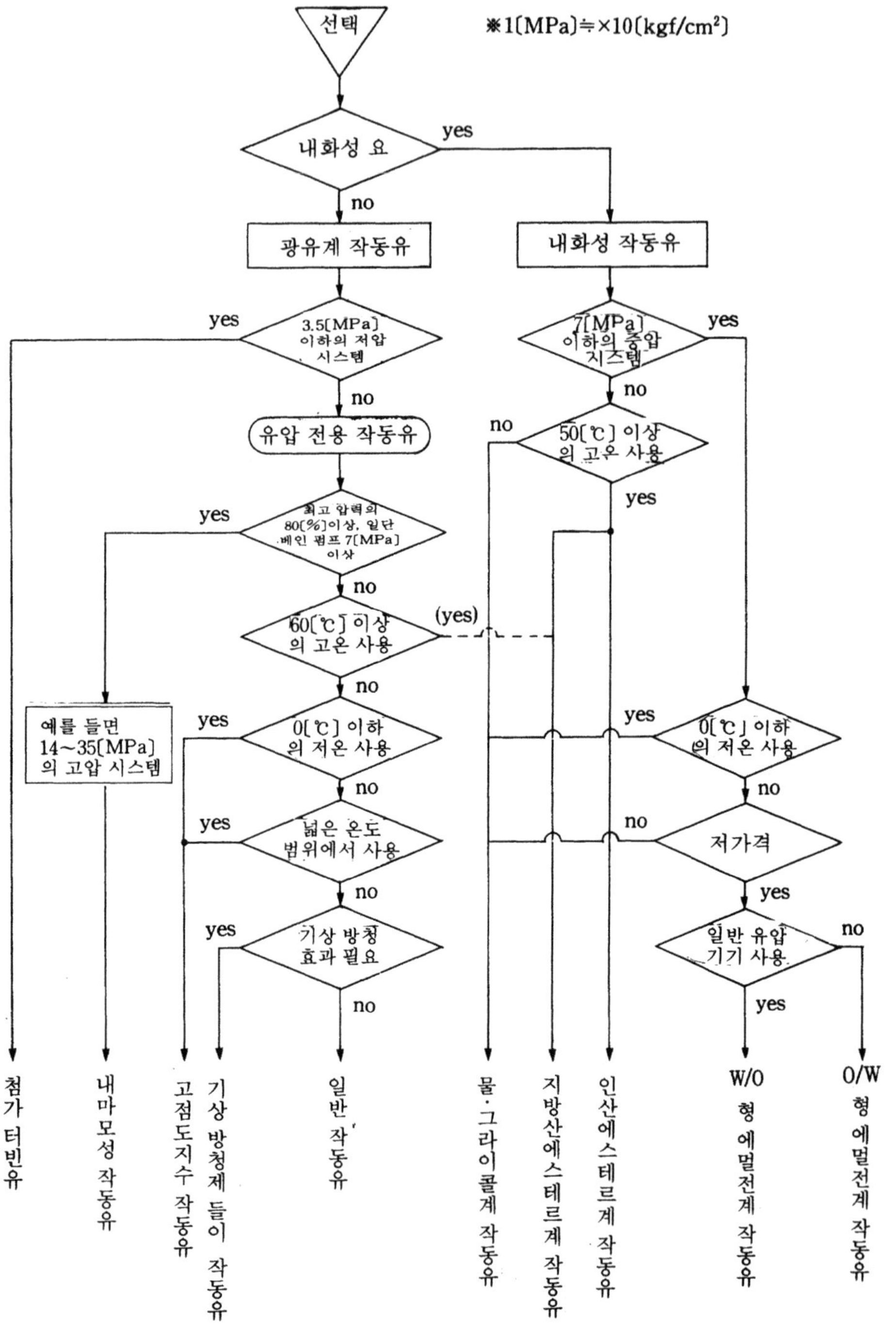

※1〔MPa〕≒×10〔kgf/cm²〕

선택

내화성 요 ── yes

no

| 광유계 작동유 | 내화성 작동유 |

yes ── 3.5〔MPa〕 이하의 저압 시스템

7〔MPa〕 이하의 중압 시스템 ── yes

no

유압 전용 작동유

no ── 50〔℃〕 이상 의 고온 사용 ── yes

yes ── 최고 압력의 80〔%〕이상, 일단 베인 펌프 7〔MPa〕 이상

no

60〔℃〕 이상 의 고온 사용 ── (yes)

예를 들면 14~35〔MPa〕 의 고압 시스템

no

yes ── 0〔℃〕 이하 의 저온 사용

yes ── 0〔℃〕 이하 의 저온 사용

no

yes ── 넓은 온도 범위에서 사용

no ── 저가격 ── yes

no

yes ── 기상 방청 효과 필요

일반 유압 기기 사용 ── no

no

yes

첨가 터빈유

내마모성 작동유

고점도지수 작동유

기상 방청제 들이 작동유

일반 작동유

물·그라이콜계 작동유

지방산에스테르계 작동유

인산에스테르계 작동유

W/O 형 에멀전계 작동유

O/W 형 에멀전계 작동유

표 7-8 작동유의 특징

성상 ＼ 작동유	물	광유계 작동유	O/W형 에멀전	W/O형 에멀전	물·그라 이콜	인산 에르텔	지방산 에스테르
비중	1	0.86~0.92 0.87	1.0	0.92~1.0	1.04~1.1	1.1~1.3	0.900
점도 100[℉] [cSt]	소	소~대단히 대	소	소	소~대	소~대	중
점도지수	대단히 높음	70~110	대단히 높음	높음 (130~170)	대단히 높음 (140~170)	저~고 (30~180)	높음
증기압	대	소	대	대	대	소	소
방청방식	불량	우	가	양	양	가~양	양
불연성	불연	연	불연	난연	난연	난연	준난연
광유와의 혼합	불가	―	불가	가	3[%]	3[%]	가
시일, 패킹 재질	고무·직물	아크릴니트 릴, 아크릴에 스테르, 기타 특수 고무	고무·직물	광유와 같음	광유와 같고, 니트릴 고무 는 약간 팽윤 한다.	아크릴에스테 르, 실리콘, 불소, 니트릴 고무 불가	NBR, 불소 고무, 실리 콘 고무 가
보통 도료 내성	양	양	양	양	불량	불가	페놀 수지 도료 불가
펌프 수명	불량	보통	불량-양	대강 보통	10.5[MPa] 까지 보통	35[MPa] 까지 우	양
구름 베어링 윤활성	불가	우	불량	가	불량	우	양
일반 윤활성	불량	우	가	양	양상	우	우
사용 온도 한계	65~95	65~140	―	―	65	150	100
독성	없음	없음	없음	없음	없음	가벼움	없음
상대적 가격	1	100	10~15	150	400	900	700
상대적 밀도	117	100	116	110	120	125	120
사용상의 특징	불연성이고 싸다	표준적	불연성이고 싸다	난연성이고 싸다	항착화성	항착화성	준난연성, 윤활성 양호
적용상의 제한이 되는 결점	윤활성불량, 사용 온도에 한계	연소하기 쉬움	물과 같음	사용 온도 에 한계	구름 베어링 윤활성 불량	원가 높음· 시일재 특수	부틸 고무 및 페놀수지의 사용 불가

7·3 작동유의 유지

작동유의 열화를 판정한다

작동유는 사용하고 있는 동안에 점점 열화합니다. 그것을 생각하지 않고 사용을 계속하면 열화하기 시작한 기름은 급속히 열화가 진행되어, 유압 장치의 운전 수명을 단축시키거나, 트러블의 발생도 많아지거나 하여, 열화의 판정을 해두면 ……새 기름으로 교환해 두었다면……하고 후회의 반성을 하게 됩니다. 그러므로 작동유의 열화 상태를 확인하기 위해서는 운전 중의 보수 안전 일지 등을 만들어 정기적으로 조사하는 일이 필요해집니다.

7·3·1 눈으로 보고 열화를 아는 방법

작동유의 열화를 판정하는 방법에는 눈으로 보고 아는 방법과 작동유를 분석해서 아는 성상 시험(性狀試驗)이 있습니다. 어느 쪽이든 새 기름과의 비교에 의해서 판정합니다.

눈으로 보는 외관적 방법은 운전 중의 기름 탱크에서 기름을 채취하여, 다시 장치를 운전 정지 후 24시간 정도 방치한 상태에서 기름 탱크 바닥에서 5[cm] 정도 위의 기름을 채취하여 시험관에 넣고 새로운 기름과 비교합니다. 눈으로 본 상태에서의 판정은 표 7-9와 같지만, 비교 시험 결과 기름이 희게 되어 있거나 거품이 일든지 하는 것은 기름 탱크의 구조나 관리의 잘못에서 오는 기름의

표 7-9 눈으로 본 기름의 판정법(새 기름과의 비교)

외　　관	냄 새	상　　태	대　　책
투명하며 색채 변화가 없다	좋다	좋다	그대로 사용한다
투명하나 색이 엷다	좋다	다른 종류의 기름이 섞여 있다	점도를 조사하고, 좋으면 사용한다
젖빛으로 변화해 있다	좋다	물거품이나 수분이 섞여 있다	수분을 분리시킨다
흑갈색으로 변화해 있다.	악취	산화·열화돼 있다	기름을 교환한다
투명하나 작은 흑점이 있다	좋다	이물이 섞여 있다	여과해서 사용한다

트러블로 판단할 수 있습니다.

그것은, 기름은 물을 흡수하는 성질이 있어 정상적인 기름일지라도 물을 0.04 [%] 정도 함유하고 있습니다. 오일 쿨러에서의 물의 누설 등으로 수분이 기름 탱크에 들어가면 수분 함유율이 증가하여 기름은 우유빛으로 되어 버립니다. 그 결과, 펌프 등의 유압 기기의 윤활성이 없어지거나, 시일재와 서로 맞지 않아 시일재가 뚝뚝 떨어져 버리는 트러블로 연결됩니다. 기름 속의 수분 함유율을 0.05 ~0.1[%]가 한도라고 생각하고, 우유빛으로 된 기름은 원심분리기에 걸어 물을 분리해야 합니다.

또 그리스 등이 혼입해도 거품이 일어나고, 기름 탱크에 절삭유 등의 다른 종류의 기름이 혼입해도 색이 변화하여 정상적인 성질을 잃어버리게 됩니다. 기름 탱크의 밀폐도나 설치 장소 등을 검토하여 대처해야 합니다.

기름 탱크 안의 상태나 채취한 기름에 고형물이나 산화 생성물이 침전해 있지 않은가, 혹은 취각을 작용시켜 냄새를 조사하는 것으로도 열화를 알 수가 있습니다.

7·3·2 작동유의 성상 시험

작동유의 열화나 오염도를 양적으로 나타내면 교환 시기의 판정에 도움이 됩니다. 일반적으로는 색상·비중·인화점·점도·산가 등을 측정합니다. 현장에서는

표 7-10 작동유의 성상 변화와 원인

성 상	열화 오염에 의한 변화	원인과 검사·검토 항목
비중	증가	작동유의 열화, 종류가 다른 기름의 혼입
인화점	저하	작동유의 열화, 종류가 다른 기름의 혼입
색상	진해지며, 투명도가 악화	작동유의 산화, 수분 혼입에 의한 유화, 금속가루 등의 혼입
점도	증가, 저하	작동유의 열화로 증가, 플러싱유 등의 혼입으로 저하
산값	증가	유온 상승에 의한 경우, 금속 가루의 혼입에 의한 경우
항유화성	증기 유화도가 높아진다	작동유의 열화
소포성	거품이 늘어나며, 소포성 악화	첨가제의 소모, 작동유의 열화

(주) 수용액의 산성도는 액중의 수소 이온의 양에 따라 표시할 수가 있다. 그래서 수소 이온 농도(그램이온/l)의 역수 상용 로그를 취하여, 이들을 수소 이온 지수라 하고 기호 pH로 표시한다. pH<7이면 산성, pH=7이면 중성, pH>7이면 염기성이 된다.

어렵겠지만, 기름 메이커에 의뢰하면 약 1[*l*] 정도의 시료로 간단히 판정해 줍니다. 메이커에서의 보고를 검토하는 기준으로서 **표 7-10**에 광유계 작동유의 경우 사용 한계의 목표를 표시해 둡니다.

난연성 작동유의 경우는 그 종류에 따라 관리 방법도 달라집니다. 물·글라이 콜계와 W/O 에멀전계 작동유 등은 혼입 수분의 증발량을 측정합니다. 수분의 증발에 의해서 pH(**표 7-10**$^{(주)}$)가 저하하여, 점도가 높아져서 안정성이 깨지기 때문입니다. 대응책으로서는 기름 메이커에 의뢰하는 것이 틀림이 없어 좋을 것 이지만, 그것이 불가능할 경우에는 점도계에 의해서 점도를 측정하여, 함유 수 분량 그래프로 증발량을 안 뒤에 천천히 교반하면서 물을 추가합니다.

7·3·3 작동유의 청정도 시험

우리들이 생활하고 있는 대기 중에는 대단히 많은 먼지가 떠다니고 있는 것은 이미 알고 있으리라 생각합니다. 유압에 사용하는 작동유 중에도 대단히 많은 먼지가 존재하여, 이 먼지가 유압기기의 미끄럼 운동면이나 베어링면에 들어가 그 마모를 빠르게 하여 장치나 기기의 수명을 짧게 해 버립니다.

도움이 되지 못할 뿐만 아니라, 나쁜 상태를 초래하는 이 먼지의 양은 어떻게 계산할까요. 작동유 중의 먼지 측정에는 크게 나누어 계수법과 질량법의 2가지 가 있습니다. 현재 제일 많이 채용되고 있는 것에는 계수법에 의해서 자동적으 로 먼지의 수를 세는 자동 미립자 측정기가 있습니다. 이 자동 미립자 측정기로 계수된 먼지의 수치는 NAS−1638의 규격에 기초하여 등급으로 나누어집니다. **표 7-11**에 작동유 중의 허용 입자수와 등급 분류를 표시합니다.

표 7-11 작동유 중의 허용 입자수(NAS-1638) 계수법 : 100[m*l*] 중

입자의 크기 [μm]	등 급													
	00	0	1	2	3	4	5	6	7	8	9	10	11	12
5~15	125	250	500	1000	2000	4000	8000	16000	32000	64000	128000	256000	512000	1024000
15~25	22	44	88	178	356	712	1425	2850	5700	11400	22800	45000	91000	182000
25~50	4	8	16	32	63	126	253	506	1012	2025	4050	18100	16200	32400
50~100	1	2	3	6	11	22	45	90	180	360	2720	1440	2880	2760
100이상	0	0	1	1	2	4	8	16	32	64	128	256	512	1024

일반적으로 사용되고 있는 작동유는 NAS-11~12급이고, 비교적 높은 압력으로 사용될 경우에는 9~10급 이내로 되어 있습니다. 더우기 서보계에서 사용되는 작동유에서는 나빠도 7급이 사용 한계이고, 6급 이내에서의 사용이 바람직**합니다.**

질량법에 의한 측정은 셀룰로즈 에스테르제의 멤브레인 필터로 여과하고, 이 여과된 먼지의 질량을 측정하는 것입니다. 규격은 SAE, ARP-785에 기초하여 등급을 분류합니다. 이 경우에는 일반적으로 사용되고 있는 작동유로 4~5[mg] 이내(NAS 12급)에서의 사용이 바람직합니다(**표 7-12**).

이와 같은 작동유 중의 먼지를 제거하는 방법으로서 필터가 사용되고, 펌프의 흡입 쪽에는 150~200메시(105~74[μm])의 석션 스트레이너가, 토출 쪽에는 10~40[μm]의 라인 필터가 일반적으로 사용됩니다.

참고로 [메시]와 [μm]의 대조표를 **표 7-13**에 표시해 둡니다.

표 7-12 작동유 중의 오염물 질량

등 급	100	101	102	103	104	105	106	107	108
질량[mg]	0.02	0.05	0.10	0.30	0.50	0.70	1.0	2.0	4.0

표 7-13 메시와 μm

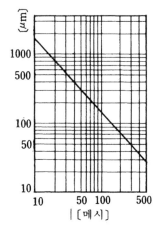

호칭(JIS) [μm]	호칭 [메시]	호칭(JIS) [μm]	호칭 [메시]
44	325	297	48
53	270	350	42
62	250	420	35
74	200	500	32
88	170	590	28
105	150	710	24
125	115	840	20
149	100	1000	16
177	80	1190	14
210	65	1410	12
250	60	1680	10

8. 액세서리

유압용 기기에 대하여 주요한 것은 이해하였을 것입니다. 그러나 실제의 장치에는 앞으로 설명할 액세서리라는 것이 많이 사용되고 있습니다. 액세서리란, 장신구·부속품이라고 번역되지만, 유압에 있어서는 없어도 지장이 없는 부속품이라는 위치보다, 좀더 중요한 역할을 연출하고 있습니다. 그 의미에서도 충분히 이해하여, 잘 활용하여 주역을 끌고 가고 싶은 것입니다.

아래에 액세서리의 개략도를 표시합니다. 유압에 한정한 것은 아니지만, 우선 목적이 있어서 물건이 만들어집니다. 그러므로 그 제품의 목적으로 하는 바를 중점으로 생각하면 이해하기 쉬워집니다. 그러면 액세서리에 대해 설명을 시작합니다.

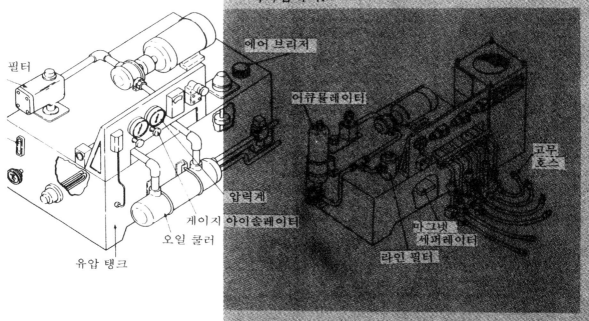

필터 / 에어 브리저 / 어큐물레이터 / 고무 호스 / 압력계 / 게이지 아이솔레이터 / 오일 쿨러 / 마그넷 세퍼레이터 / 라인 필터 / 유압 탱크

8·1 필터류

먼지의 침입을 막기 위하여

「유압의 천적」은 먼지입니다. 반도체의 제조도 먼지와의 싸움이라고 하며, 그 제조 공정은 클린 룸에서 행해지고, 엄중히 먼지가 들어가지 않도록 관리되어 만들어집니다. 정밀 기계라고 하는 것은 모두 이 먼지의 침입을 막기 위한 싸움이 따릅니다. 그러나 반도체에서는, 그 제품은 플라스틱 몰드하여 버리면, 거기서 먼지와의 싸움은 끝나 버립니다. 그러므로 사용할 때에는 먼지에 대하여 그렇게 신경질이 될 필요는 없습니다.

그런데 유압에서는 플라스틱 몰드할 수 없습니다. 여기가 크게 다릅니다. 제조 공정은 물론, 사용 중도 먼지에 신경을 쓰지 않으면 안되는 것입니다. 그러나 방법은 있습니다. 천적을 막기 위한 액세서리에 대하여 설명을 진행하겠습니다.

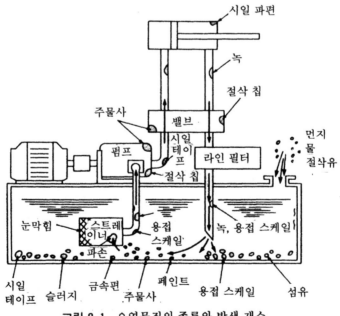

그림 8-1 오염물질의 종류와 발생 개소

8·1·1 필터가 필요한 이유

그림 8-1을 봅시다. 유압 장치 중에서 생각되는 오염 물질의 종류와 발생 부분을 표시한 것입니다. 조금 과장된 말일지도 모르지만, 먼지 속에 장치가 있다는 느낌이 듭니다. 이와 같이 유압에서는 장치를 만드는 단계에서도, 사용하고 있는 동안도 오염물(먼지)에 대해 주의해야 합니다. 특히 사용 중에 있어서는 유압 기기의 대부분이 기계적인 미끄럼 운동 부분을 갖고 있으므로, 미끄럼 운동에 따라서도 약간 마모 가루가 나오고, 작동유의 열화에 따라서 슬러지가 발생하여 작동유 중의 먼지로 됩니다. 이와 같이 생각하면, 유압은 항상 먼지와 싸워야 하는 셈입니다. 그것을 도와주는 것이 필터입니다.

필터의 원리는 비교적 단순하여, 인간이 풍치를 뺐을 때나 꽃가루병에 괴로와 할 때에 사용하는 마스크와 같은 것입니다. 즉, 쇠그물·소결 금속·종이 등을 사용하여 그물 모양의 마스크를 만들어, 그 그물코보다 큰 먼지를 통과하지 않도록 한 것입니다. 그물코의 크기를 표시하는 데에 1인치 안에 있는 그물코의 수를 표시하는 메시라는 단위를 사용합니다. 당연히 메시가 큰(그물코의 수가 많은) 것일수록 미세한 먼지를 잡아 줍니다.

또 메시 단위에서는 실제로 어느 정도의 그물코의 크기인 것인지 알기 어려우므로, 실제 그물코의 크기 자체를 표시하여 5[μm], 20[μm]로 표시하는 방법도 있습니다. 이 경우의 5 혹은 20[μm]라는 것은 5, 20[μm] 이상 크기의 먼지를 통과시키지 않는 것을 바로 알 수 있어 실용적입니다. 그러나 정확히 5[μm]의 것을 만드는 것은 곤란하고, 반드시 제조의 편차가 생기므로 공칭값·절대값의 사용 방법을 하고 있습니다. 단순히 말하면 **그림 8-2**와 같이 평균값으로 표현하는

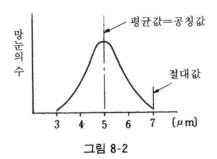

그림 8-2

것이 공칭 5[μm], 절대값으로 표현하는 것이 7절대[μm]라고 합니다. 일반적으로는 공칭값으로 표현되고 있습니다.

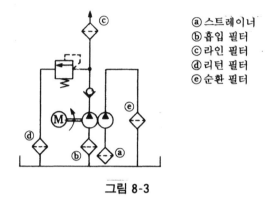

ⓐ 스트레이너
ⓑ 흡입 필터
ⓒ 라인 필터
ⓓ 리턴 필터
ⓔ 순환 필터

그림 8-3

필터는 유압 장치의 어느 라인에 설치하느냐로, 다음과 같이 분류되고 있습니다. 그림 8-3을 참조해 봅시다.

① 펌프 흡입 라인: 스트레이너, 흡입 필터

② 펌프 토출 라인: 라인 필터, 순환 필터

③ 복귀 라인: 리턴 필터

④ 공기가 출입하는 부분: 주유구 겸 에어 블리저, 에어 블리저

①~③은 기름 중의 먼지를 잡는 필터이지만 ④는 공기 중의 먼지를 잡는 것입니다. 유압 라인에서 구분하고 있는 것은 사용 압력이 크게 다르기 때문에 필터의 내압이 다른 것이고 구조적으로는 그다지 차는 없습니다.

그러면 각각에 대해 설명합니다.

8·1·2 스트레이너

스트레이너는 기름 탱크의 구조도에서도 설명했지만, 탱크 안에 직접 설치하여 사용하는 일이 많으며, 그 구조를 **그림 8-4**에 표시합니다. 일반적으로 그물코가 거친 것, 즉 작동유를 흘리는 저항이 작은 것을 스트레이너라 하고, 그물코가 고운 것, 즉 작동유를 흘리는 저항이 큰 것을 필터라고 구별해서 부르고 있습니다. 스트레이너는 철망이나 노치 와이어로 만들어지고, 필터는 소결 금속, 세라믹, 펠트, 페놀 수지로 처리된 종이가 사용되고 있습니다.

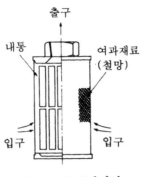

그림 8-4 스트레이너

펌프의 흡인 라인에 사용할 경우, 100~150메시의 것이 사용됩니다. 또 눈이 막히면 펌프의 캐비테이션의 원인이 되므로, 될 수 있는대로 용량이 큰 것이 선정됩니다. 일반적으로는 펌프 토출량의 2배 이상의 용량을 목표로 하고 있습니다.

8·1·3 흡입 필터

스트레이너와 마찬가지로, 펌프의 흡입 쪽에 사용합니다. 스트레이너에 상당하는 엘리먼트를 상자에 넣어 배관에 접속 가능하게 한 것입니다.

구조는 뒤에 설명하는 라인 필터와 큰 차이는 없습니다. 그러므로 눈막힘에 의한 엘리먼트의 세정이, 스트레이너와 같이 탱크 안에서 꺼낼 필요가 없어, 간단히 할 수 있습니다. 또 엘리먼트의 눈막힘 상태를 눈으로 볼 수 있는 차압 지시계나 눈막힌 것을 전기 신호로 처리할 수 있는 전기 접점 붙이 흡입 필터도 있습니다. 단, 탱크 밖에 설치하므로 그 공간이 스트레이너에 비하여 필요하게 됩니다.

8·1·4 라인 필터

라인 필터는 펌프의 토출 쪽에 설치됩니다. 토출 라인은 비교적 압력 손실에 여유가 있으므로(다소의 압력 손실이 있어도 큰 문제가 되지 않음), 압력 손실을 크게 잡으므로 라인 필터는 간소화할 수 있습니다. 그림 8-5에 구조를 표시합니다.

스트레이너, 흡입 필터의 주목적은 펌프 보호였지만, 라인 필터는 유압 밸브

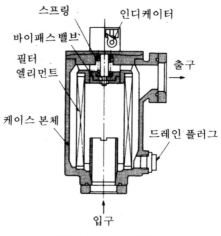

그림 8-5 라인 필터

의 보호를 그 목적으로 하고 있습니다. 그 때문에 그물코의 크기는 한마디로는 말할 수 없어, 서보 밸브를 사용한 경우 3~5[μm]의 것도 사용되고, 그밖의 경우에도 유압 장치의 안전에 대한 중요도로부터 10[μm]의 것도 사용됩니다. 각각의 경우에서 판단하여 선정하게 되지만 20[μm] 이하의 것을 사용하는 것이 바람직합니다.

필터는 먼지를 모아 가므로 어느곳은 눈막힘을 일으킵니다. 그대로 사용하고 있으면, 기름을 흘리기 위해 큰 차압이 필요하게 됩니다. 극단적인 경우, 완전히 먼지가 막혀 기름이 흐르지 않게 되면, 필터의 엘리먼트에는 차압으로서 공급 압력 자체가 작용하게 됩니다. 그렇게 하면 엘리먼트가 파손되어, 애써 모았던 먼지를 단숨에 해방하게 되어 큰 문제입니다.

필터 엘리먼트의 내압 강도는 JIS에 규정되어 있지만, 탱크용에서 0.15 [MPa]($\fallingdotseq$1.5[kgf/cm^2]), 라인용에서 0.6[MPa]($\fallingdotseq$6[kgf/cm^2])로 그렇게 큰 것은 아닙니다. 그래서 체크 밸브에서도 설명했지만, 안전 밸브를 사용하는 방법, 눈막힌 것을 알리는 방법이 채택됩니다. 눈막힘 상태를 알리는 방법에는 인디케이터에 의한 표시나 전기적 처리를 할 수 있는 전기 접점 붙이의 것이 사용됩니다. 전기적으로 눈막힌 것을 조작반에 표시하거나, 적극적으로 기계 정지를 시키거나 하여 유압 장치를 보호합니다.

8·1·5 리턴 필터

리턴 필터는 액추에이터 혹은 릴리프 밸브에서 탱크로 돌아오는 관로에 사용하는 필터입니다. 복귀 관로는 저압이므로 강도적으로는 강하게 할 필요는 없습니다. 그러나 주의해야 할 것은, 복귀유이므로 실린더에 면적차가 있을 경우에 펌프 토출량 이상의 기름이 흐르는 것도 미리 고려해야 합니다.

압력은 일반적으로 2.1~3.5[MPa]($\doteqdot$21~35[kgf/cm^2])의 것이 사용되고, 여과도는 10~40[μm]의 필터가 사용되고 있습니다.

8·1·6 순환 필터

여과 작용 전용의 회로를 설치하여 탱크 안의 기름을 필터에만 공급하여 탱크 안의 작동유를 청정하게 할 목적으로 사용되는 것이 순환 필터입니다.

순환 필터를 사용하면 기계가 가동하고 있지 않을 때에도 필터에 걸릴 수가 있으므로 작은 용량의 기름에서도 여과를 할 수 있습니다. 대형의 유압 장치에서 많이 사용되고, 필터는 리턴 필터용의 것이 사용됩니다.

8·1·7 에어 블리저

에어 블리저는 기름 탱크 윗판에 설치되어 공기 중의 먼지가 탱크 안에 침입하지 않도록 하는 것입니다. 액추에이터의 움직임에 맞추어 탱크 유면은 오르내리는데, 그 때의 공기 출입구로 되는 부분입니다. 유압 장치에서 유일하게 외기와 통하고 있는 곳이므로 가볍게 볼 수 없습니다. 그림 8-6에 주유구와 에어 블리저를 겸용한 컴비네이션 에어 블리저의 단면을 표시합니다. 탱크에 기름을 넣을 때의 여과와 탱크 안의 공기 출입의 여과를 시킵니다. 용량적으로는 펌프 토출량의 5~10배의 것이 사용됩니다.

8·1·8 필터의 선정에 임해서

그런데, 필터에 대하여 설명해 왔지만, 필터의 선정에 있어서는 다음과 같은 것에 주의해야 합니다.

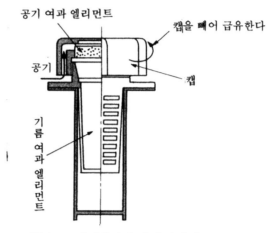

공기 여과 엘리먼트

캡을 빼어 급유한다

공기

캡

기름여과엘리먼트

그림 8-6 컴비네이션 에어 브리더

① 작동유와 엘리먼트 재질의 적합성: 특히 난연성 작동유의 경우는 용량의 문제도 있지만, 비중이 크므로 압력 손실이 커지는 점, 또 패킹이나 엘리먼트 재질과 서로 맞지 않아 부식 등이 문제가 되는 일이 있습니다.

② 여과 입도와 여과 특성: 공칭값이냐, 절대값이냐의 판정입니다.

③ 사용 유량과 압력 손실: 저온에서의 기동을 생각할 때는 온도에 의한 점도 변화의 영향을 체크하여 둡니다.

④ 사용 압력과 엘리먼트 내압: 회로 서지 압력도 고려합니다.

참고로 표 8-1에 필터의 일반적인 여과 입도와 용도를 표시합니다.

표 8-1 여과입도와 유압기기의 관계

용 도		여과입도	오염농도의 목표
탱크용 필터		100~150[메시]	—
관로용 필터	일반유압장치 저 압	100~150[메시]	
	일반유압장치 중고압	25[μm]	
	피스톤 펌프 저 압	25[μm]	NAS 12급
	피스톤 펌프 중고압	10[μm]	NAS 9급
	서보 밸브	5~10[μm]	NAS 6~9급

8·1·9 마그넷 분리기

마그넷 분리기는 그림 8-7에 표시한 것과 같은 형상의 것으로, 영구자석을 스테인레스강 등의 녹슬기 어려운 상자에 넣은 것입니다. 그것을 탱크 내 기름의

그림 8-7 마그넷 분리기

가장 유속이 느린 곳이고, 또한 기름이 반드시 통과하는 곳에 설치합니다.

이제까지의 필터와는 약간 다른 작용이지만, 자석의 힘을 이용하여 기름 속의 쇳가루나 칩, 자성화한 섬유나 이물을 응집 침전시켜, 마그넷 분리기 위를 지나는 기름 속의 먼지를 포획합니다. 자성체는 물론이지만, 기름의 열화물(슬러지)도 극히 미소한 자화물을 매체로서 응집 침전시키므로, 작동유의 정화 작용, 열화 방지에 대해서도 효과가 있다고 합니다. 탱크 용량에 맞추어 필요수를 탱크 안에 넣어 사용합니다.

8·2   유온의 관리

적정 유온으로 사용하기 위하여

유압 장치의 각부에서 발생하는 손실 에너지는 열로 되어 기름 온도를 올립니다. 또 기름 온도의 변화는 작동유의 점도에 영향을 미쳐 여러 가지 트러블의 원인으로도 됩니다. 적정한 기름 온도로 사용하는 데는 기름 온도를 알기 위한 온도계, 뜨거우면 식히고 차면 덥게 하는 쿨러나 히터, 이들도 중요한 액세서리입니다.

8·2·1   온도계

탱크 내부의 작동유의 온도를 측정하기 위해 온도계가 사용됩니다. 수은의 팽창·수축을 이용한 수은 지시 온도계와, 바이메탈을 사용한 바이메탈식 온도계가 사용됩니다.

감온통(減溫筒)(수은, 바이메탈이 들어 있는 곳)을 탱크 안에 삽입하는데, 탱크 윗판에서 혹은 탱크 옆면에 구멍을 뚫어 설치합니다. 표시부는 조작 위치의 보기 쉬운 곳에 잡습니다. 다음에 설명하는 서모스탯과 마찬가지로 전기 접점붙이의 것도 있으므로, 이상 기름 온도일 때에 경보음을 내거나 기계 정지를 하는 것도 가능합니다. 온도 측정 범위는 일반적으로 0~100[℃]입니다.

또 기름 온도에는 주의해야 하는데, 1[℃], 2[℃]의 엄밀함을 문제 삼지 않으므로 서모 라벨이라고 불리는 온도에 의해서 인쇄된 색이 변하는 라벨을 탱크 옆판에 붙여 온도를 감시하는 경우도 있습니다.

8·2·2   서모스탯

작동유를 적정 온도로 유지하기 위해 쿨러 혹은 히터를 사용하는데, 기름 온도 고저의 전기 신호를 잡기 위해 서모스탯을 설치합니다. 서모스탯에는 기름 온도의 값을 지시하는 지시계식과 무지시식이 있습니다. 그림 8-8에 표시한 것은 무지시식의 예입니다.

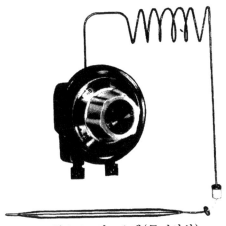

그림 8-8 서모스탯(무지시식)

유압 장치에 사용하는 서모스탯은 일반적으로 설정 온도가 20~80[℃] 정도 사이에서 조절할 수 있는 것이면 좋고, 히터 작동용으로는 10~30[℃], 쿨러 자동 입·절용으로서는 30~60[℃]의 조절폭이 있으면 충분합니다. 선정에 있어서는 이 조절폭 이외에 계기의 내온(耐溫)을 확인하여 두는 것이 중요합니다.

또 전기 신호를 중개로 하지 않고 직접 수은의 팽창을 이용하여 쿨러의 물의 양을 전환하여 온도를 조절하는 자동 온도 조정 밸브도 있습니다.

8·2·3 쿨러(셸 앤드 튜브식)

기름 온도가 일정하고 안정해 있으면 작동유의 점도도 일정하게 되므로 밸브의 응답성이 일정하여, 교축 밸브 등을 사용한 회로에서는 실린더 속도가 일정하게 된다는 메릿이 있습니다. 그 때문에 기름 온도는 일정해지도록 조정합니다. 또 작동유의 온도가 60[℃] 이상이 되면 작동유의 열화가 급속히 진행하는 등의 장해가 일어나므로 기름 온도를 내려줄 필요가 있습니다. 열발생이 적은 경우는 탱크 표면이나 파이프 표면 등에서 방열하는데, 발열량이 많을 경우에는 강제적으로 열을 제거할 필요가 있습니다. 이 발생열을 제거하는 것이 쿨러입니다.

이 쿨러는 **그림 8-9**에 표시한 셸 앤드 튜브식의 물 쿨러가 많이 쓰이고 있습니다. 이것은 관 밖으로 작동유를, 관 속으로 냉각수를 통하게 하는 것이 보통인 것입니다. 즉 찬물로 기름이 갖고 있는 높은 열을 빼앗아 주는 것입니다. 냉각수

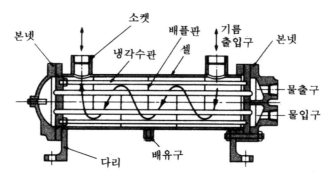

그림 8-9   셸앤드 튜브식 쿨러

는 그림과 같이 아래로 들어와 위로 나가도록 합니다. 이것은 항상 쿨러 속에 물이 충만하여 흐르도록 하기 위해서입니다. 위에서 들어오면, 물의 양이 적을 경우에 냉각수 관의 일부에밖에 물이 흐르지 않기 때문입니다.

난연성 작동유를 사용할 때는 쿨러의 시일재, 냉각수관 재질(일반적으로는 구리)과의 적합성을 확인해 두는 것도 필요합니다.

물을 사용할 수 없는 곳에는 공기로 식히는 쿨러도 있습니다. 쿨러의 내압은 메이커에 따라 다르지만 대개 $0.5 \sim 1[\text{MPa}](\fallingdotseq 5 \sim 10[\text{kgf}/\text{cm}^2])$ 정도입니다. 그러므로 안전을 위해 체크 밸브를 사용한 바이패스 회로를 설치하는 것이 일반적입니다. 쿨러는 회로의 복귀 라인에 설치합니다.

8·2·4 히터

한랭시에 유압 장치를 시동할 때, 기름은 점도가 높아 반 그리스 모양으로 되어 있어, 흡입 불량에 의해 펌프가 정상적인 기름량을 토출하지 못하거나 혹은 기계적 저항의 증대에 의해서 펌프가 돌지 않는 일조차 생깁니다. 이와 같은 상태로 반복하여 사용하면 펌프를 파손하게도 됩니다. 그래서 탱크 속의 기름을 적정 점도로 하기 위해 히터를 탱크에 넣어 적당한 온도까지 올리고 나서 작동시킵니다. 즉 히터는 기름의 최저 온도를 유지하기 위해 사용합니다. 최저 온도는 사용하는 작동유나 펌프의 종류 등에 따라 다르지만, 일반적으로 광유계 작동유에서는 20[℃] 전후입니다.

그림 8-10은 탱크 옆면에 붙이는 시즈 히터인데, 그 선정 및 사용에 있어서는 다음의 것에 주의가 필요합니다.

그림 8-10   시즈 히터

① 히터의 와트 밀도는 1~3[W/cm²]의 것을 선정합니다. 전열체의 와트 밀도가 높은 것일수록 히터 가까이의 작동유만을 가열하게 되어, 작동유의 열화를 빨리하여 냄새의 발생을 수반하게 됩니다.

② 히터의 발열부는 기름 속에 완전히 담가 연소를 하지 않도록 합니다. 또 작동유가 충분히 대류하는 장소에 설치하는 것도 중요합니다.

8·3 압력계

기름의 압력을 알기 위하여

　　말할 것도 없이 유압 장치에 있어서는 압력이 어떻게 되어 있는 것인가, 적정한 압유가 흐르고 있는가가 가장 중요한 문제입니다. 압유의 흐름은 밖에서는 보이지 않습니다. 기름이 정말로 흐르고 있는가를 아는 수단으로서 각 부분의 압력을 측정하여 판단하는데, 그것에 사용되는 것이 압력계입니다. 압력계는 계측기이므로 그 정밀도가 문제로 되는 경우도 있습니다.

8·3·1 압력계

　　압력의 측정에는 일반적으로 부르돈관식 압력계가 널리 쓰이고 있습니다. 그 구조는 **그림 8-11**과 같습니다. 그 원리를 설명하겠습니다.

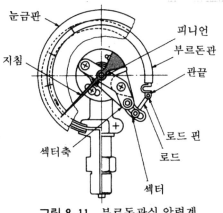

그림 8-11 부르돈관식 압력계

　　그림 8-12를 봅시다. 개구단 A와 밀봉된 자유단 B를 가진 중공의 휜 탄성관 안에 측정하려는 압력을 개구단 A에서 작용시키면, 작용한 압력으로 탄성관의 곡률이 변화하여(R⇨R′), 밀봉 자유단 B가 B′로 이동합니다. 이 이동은 그 양이 작은 동안은 직선 모양으로 압력에 비례하므로, 그 이동량을 링크 기구의 섹터, 피니언을 통해서 확대하여 압력을 지시시키는 것입니다.

　　일반적으로 압력계라고 불리고 있는 이 원형 지시 압력계는 JIS B 7505에 규

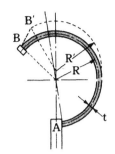

그림 8-12 부르돈관식의 원리

정되어 있습니다. 이 규정에 의한 것은 게이지 압력계이므로 대기압을 기준으로 하여 압력을 재는 것입니다. 케이스는 부착 방법에 따라 A형, B형, C형, D형으로 분류되어 있습니다(그림 8-13). 또 **표 8-2**에 압력계의 성능 구분, **표 8-3**에 압력 범위의 규격값을 표시합니다. 내진(耐振), 내열, 내충격의 필요 정도를 고려하여 선정합니다.

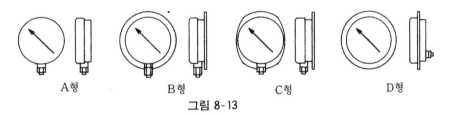

그림 8-13

표 8-2 압력계의 성능 구분

성능 구분 형 명	기 호	시 험 항 목					사 용 주위온도 〔℃〕
		시 도	정 압	내충격	내 열	내 진	
보통	주)	○	○				−5〜+40
증기용 보통	M	○	○		○		+10〜+50
내열	H	○	○		○		−5〜+80
내진	V	○	○	○		○	−5〜+40
증기용 내진	MV	○	○	○	○	○	+10〜+50
내열 내진	HV	○	○	○	○	○	−5〜+80

주) 정밀도 등급으로 표시한다. ⓪⑤:0.5급, ①⓪:1.0급, ①⑤:1.5급, ③⓪:3.0급

압력계에 필요한 최고 압력 범위를 결정할 경우, 압력의 변동이나 맥동의 유무에 따라 다르지만, 압력 변동이 적을 경우에는 상용 압력이 최고 눈금의 압력값의 2/3 이하로, 압력 변동이 크거나 맥동이 있을 경우에는 1/2 이하로 되도록 선정하고 있습니다. 이것은 서지 압력 등으로 압력계가 파손하지 않도록 하

표 8-3 압력계의 종류

	압 력 [MPa] ([kgf/cm²])										
저압	0.05, (0.5)	0.1, (1)	0.2, (2)	0.3, (3)	0.4, (4)	0.6, (6)	1.0, (10)	1.5, (15)	2.0, (20)	2.5, (25)	3.5, (35) 5.0 (50)
고압	7 , (70)	10 , (100)	15 , (150)	25 , (250)	35 , (350)	70 , (700)	100 , (1000)	200 (2000)			
연성	−0.1~1.0,	−0.1~0.2,	−0.1~0.3,	−0.1~0.4,	−0.1~0.6,	−0.1~1.0,	−0,1~1.5	−0.1~2.0			

기 위해 여유를 보고 있는 것입니다.

압력계에는 대기압보다 낮은 압력을 재는 진공계, 대기압 이상과 대기압 이하의 양쪽 압력을 측정할 수 있는 연성계(連成計)도 있습니다.

8·3·2 프레셔 스위치

어느 설정 압력이 된다면 그것을 전기 신호로 바꾸는 것을 프레셔 스위치라고 합니다. 압력의 변화를 위치의 변화로 바꾸는 데에는 벨로즈, 부르돈관, 피스톤, 다이아프램 등을 사용합니다.

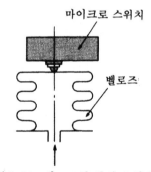

그림 8-14 벨로즈형 압력 스위치

그림 8-14는 벨로즈형 프레셔 스위치의 작동 원리를 표시한 것입니다. 압력의 변화에 의한 벨로즈의 신축을 이용하여 전기 접점에 전하는 것입니다. 일반적으로 저압용으로, 유압에는 거의 사용되지 않습니다.

그림 8-15는 유압에 잘 사용되는 제일 기본적인 기구를 가진 피스톤형 프레셔 스위치입니다. 작동 원리는 유압의 접속구 ⓒ에 압력이 가해지면 피스톤 단면적과 압력의 곱에 비례한 힘이 하향으로 작용하여, 피스톤은 스프링 ⓑ와 평형되는 위치까지 내려갑니다. 로드 ⓓ는 피스톤과 연동하여 내려가고, 마이크로 스

위치의 핀 플런저 ⓔ와 로드 사이에 틈새가 생겨 마이크로 스위치 ⓕ가 작동합니다.

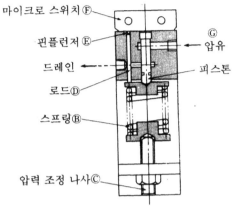

그림 8-15 피스톤형 압력 스위치

다음에 압력이 감소하면 피스톤과 로드는 스프링의 힘에 의해서 상향으로 이동하므로 ⓔ가 밀어 올려져서 마이크로 스위치는 가압 때와는 반대의 작동을 하게 됩니다. 압력의 설정은 압력 조정 나사 ⓒ에 의해서 스프링의 휨을 바꾸어 조정할 수가 있습니다. **그림 8-15**의 예에서는, 피스톤, 마이크로 스위치 등이 1세트밖에 없지만 하나의 본체에 2세트의 요소가 각각 독자로 내장되어 상한과 하한의 압력을 검출하는 것도 있습니다.

다음에 접점 붙이 압력계에 대해 설명합니다. 작동 원리를 **그림 8-16**에 표시하는데, 부르돈관의 움직임을 지레 기구에 의해서 확대하여 진공 스위치의 접점을 개폐하는 것입니다.

압력이 올라가면 지레가 내려가, 접촉자에 의해서 진공 스위치가 작동합니다. 압력이 내려가면 지레가 올라가, 스위치는 반대의 작동을 합니다. 압력의 설정

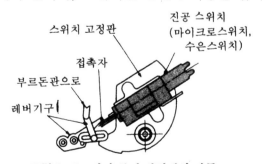

그림 8-16 접점 붙이 압력계의 작동

은 외부에서 조정나사를 돌려, 스위치 부착판을 회전시켜서 진공 스위치의 **접촉**
자 위치를 바꾸어서 합니다.

압력의 변화를 위치의 변위로 하는 방법은 앞에서 설명한 바와 같습니다. 전
기 접점은 진공 스위치, 마이크로 스위치, 수은 스위치의 3종류로 나누어집니다.
마이크로 스위치가 일반적이지만, 그 밖의 것도 잇점을 살려서 많이 사용되고
있습니다.

압력의 변화를 위치의 변위로 하는 기구와 전기 접점의 조합을 **그림 8-17**에
표시합니다.

또 연속적으로 전기 신호로서 압력을 검지하는 타입으로, 스트레인 게이지 등
을 이용한 압력 센서도 있습니다.

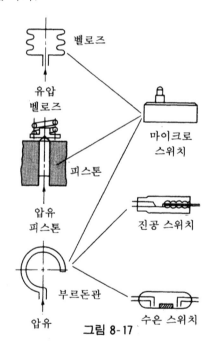

그림 8-17

8·3·3 맥동이나 쇼크를 막는 게이지 콕과 댐퍼

맥동 압력이나 급격한 쇼크가 있으면 압력계의 수명을 짧게 할 뿐만 아니라,
정확한 압력을 읽어낼 수도 없습니다. 또 프레셔 스위치 등은 급격한 서지 압력
으로 작동하여 소기의 목적이 달성되지 않는 수도 있습니다.

이와 같은 급격한 압력의 변동을 압력계나 프레셔 스위치에 주지 않기 위해서는 이들의 라인에 교축을 넣는 것입니다. 이 교축이 게이지 콕과 댐퍼로, **그림 8-18**에 댐퍼를, **그림 8-19**에 게이지 콕의 개략도를 게재합니다.

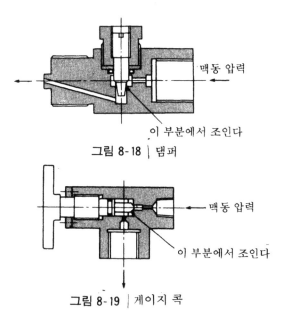

맥동 압력

이 부분에서 조인다

그림 8-18 │ 댐퍼

맥동 압력

이 부분에서 조인다

그림 8-19 │ 게이지 콕

게이지 콕과 댐퍼의 차이는, 게이지 콕은 액체를 완전히 막을 수 있지만 댐퍼는 완전히는 차단할 수 없는 점입니다.

8·4 기름의 양의 검지

기름의 적량을 알기 위하여

작동유 속에의 먼지 침입을 막고 기름 온도와 압력을 아는 액세서리에 대해서는 알고 있으리라 생각합니다. 이번에는 기름의 양을 검지하는 액세서리의 설명입니다. 작동유에 수성계 작동유를 사용할 경우는 증발에 의하여 기름의 양은 감소해 갑니다. 그것을 알지 못하고 장치를 계속 가동하면 유면의 저하에 따라 스트레이너에서 공기를 흡입하기도 하여 트러블의 원인이 됩니다.

8·4·1 유면계

가동 중인 유압 장치의 오일 탱크 안의 유면이 정상인지 어떤지를 알기 위해 탱크 옆면에 유면계를 설치합니다. 유면계는 눈으로 보고 확인하는 것이므로,

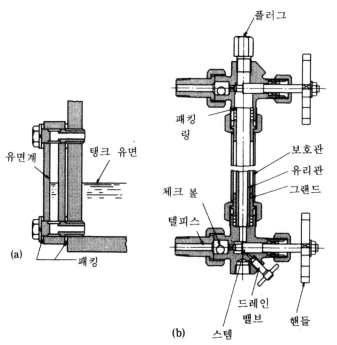

그림 8-20 유면계

유면이 보이도록 투명한 플라스틱이나 유리 등을 사용하고 있습니다.

광유계 작동유를 사용할 경우에는 그다지 문제가 되지 않지만, 기름 온도가 높아지는(80〔℃〕이상) 경우나 난연성 작동유를 사용할 때에는 내열성이나 내약품성을 고려하고 선택할 필요가 있습니다. **그림 8-20**(a)(b)에 유면계의 예를 표시합니다.

작동유의 곳에서 설명한 소방법의 적용 범위를 지키기 위해 유면계가 파손하여도 탱크 안의 기름이 밖으로 누출하지 않는 구조로 하여 내열 등급이 큰 재질의 것을 사용할 필요도 있습니다. **그림 8-20**(b)는 가시부(可視部)에 유리관을 사용하고, 유리관이 파손했을 때에는 자동적으로 밸브 기구가 작용하여 기름 누출을 막는 타입의 유면계입니다.

8·4·2 액면 스위치

액면계는 눈으로 보는 것에 의해서 유면의 관리를 하는데, 액면 스위치는 유면이 정상인가 이상인지를 전기 신호에 의해 조작반 등에 지령을 내서 유면의 상태를 알리는 것입니다. 자동 운전의 유압 장치나 특히 장치가 대형이고 오일 탱크가 조작 위치와 멀리 떨어져 설치되어 있을 경우에는 아무래도 필요하게 됩니다.

액면 스위치는 무지시식과 지시계식으로 크게 나누어집니다. 무지시식의 것은 액면의 설정이 반고정형이 많고, 지시계식의 것은 액면 지시의 설정을 바꿀 수 있습니다. 그 밖에도 정전 용량식과 초음파식의 것도 있으나, 연속하여 액면을 관리, 감시하는 플랜트용으로 값이 비싸기 때문에 특별한 경우 이외는 유압 장치에는 사용되지 않습니다.

(1) 무지시식 액면 스위치

그림 8-21은 리드 스위치식 액면 스위치로, 액면의 상하를 플로트의 중력 및 부력으로 검지하기 때문에 플로트 스위치라고 부르고 있습니다. 파이프 속에 리드 스위치가 내장되고, 파이프의 바깥쪽을 플로트가 오르내립니다. 플로트 중에 영구자석이 파묻혀 리드 스위치의 중앙부에 자석이 접근하면 스위치가 작동합니다. 값싸고 사용하기 쉬운 것이지만 전기 접점 용량이 작아집니다.

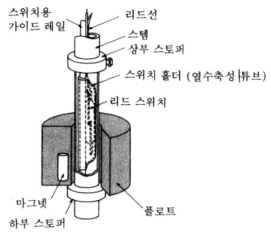

스위치용
가이드 레일

리드선

스템

상부 스토퍼

스위치 홀더 (열수축성 튜브)

리드 스위치

마그넷

하부 스토퍼

플로트

그림 8-21 무지시식 액면 스위치

그림 8-22는 마이크로 스위치를 사용하고, 플로트 스위치로 부력을 크게 잡아 마이크로 스위치의 개폐를 하는 것입니다. 전기 접점 용량도 5∼10〔A〕로 커지지만, 마이크로 스위치를 움직이는 힘을 얻기 위해 플로트가 커진다는 결점도 있습니다.

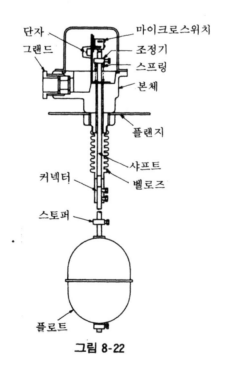

단자

그랜드

마이크로스위치

조정기

스프링

본체

플랜지

샤프트

벨로즈

커넥터

스토퍼

플로트

그림 8-22

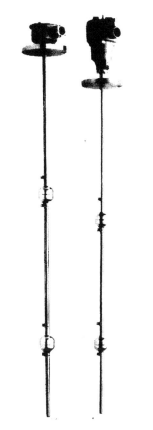

그림 8-23 지시계식 액면 스위치

(2) 지시계식 액면 스위치

지시계식 액면 스위치의 예를 **그림 8-23**에 표시합니다. 계기 내의 지시계 구동축과 플로트 사이를 스틸 테이프로 연결하여 액면 높이를 지시함과 동시에 구동축에 부착한 캠이 마이크로 스위치를 작동시킵니다. 스위치는 상한·하한용으로서 2~4개가 부착되고, 캠의 위치를 바꿈으로써 임의의 액면 설정을 할 수 있는 것입니다.

플로트 스위치는 무지시식에서도 지시계식에서도 액면이 그다지 변동하지 않는 곳에 설치하는 배려가 필요하게 됩니다. 예를 들면, 복귀 배관 가까이에 두면, 복귀 기름이 단숨에 돌아와 유면이 물결쳤을 때에 오작동하여 버리기 때문입니다.

8·5 어큐뮬레이터

어큐뮬레이터의 작용과 종류

에너지를 저장하는 것은 유압에 한하지 않고 어려운 것인데, 그것을 할 수 있으면 편리합니다. 실제로 여러가지 연구가 되어 기계적 에너지를 저장하는 것에 플라이휠이, 전기 에너지를 저장하는 것에 전지가 있습니다. 유압에서는 **어큐뮬레이터**가 그 작용을 합니다. 어큐뮬레이터는 에너지를 저장할 뿐 아니라, 그밖의 작용도 합니다. 우선은 그 작용과 저장법부터 설명합니다.

8·5·1 어큐뮬레이터의 역할

우선 어큐뮬레이터는 어떤 구조로 에너지를 저장하는 것인가를 생각해 봅시다. 기름은 비압축성 유체이므로 고압의 기름 자체를 저장하려고 해도, 그 양은 조금밖에 안됩니다. 그러므로 다른 에너지로 변환하여 저장하여 두게 됩니다.

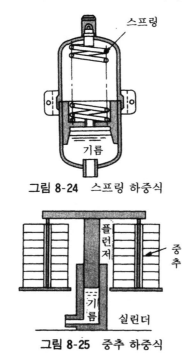

그림 8-24 스프링 하중식

그림 8-25 중추 하중식

그림 8-24~26에 축압(蓄壓) 방법을 표시합니다. **그림 8-24**는 스프링 힘으로 변환하는 방법, **그림 8-25**는 중추의 위치 에너지로 변환하는 것, **그림 8-26**은 기체의 압축 에너지로서 저장하는 것입니다. 유압적으로 생각하면 비압축성인·유압계에 압축성 요소를 넣은 형으로 되어 있습니다.

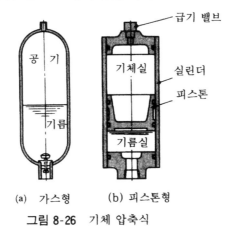

(a) 가스형   (b) 피스톤형
그림 8-26 기체 압축식

그러면 어큐뮬레이터의 작용에 대하여 생각해 봅니다.

어큐뮬레이터를 사용 목적면에서 나누면 다음과 같이 됩니다.

① 에너지의 보조: 펌프 보조, 누출의 보조, 정전이나 펌프 고장 등 긴급시의 유압원.

② 충격압의 흡수: 서지 압력의 흡수

③ 유체 맥동의 흡수: 펌프 맥동의 흡수

이들 중에서 가장 많이 사용되는 것은 ①의 에너지 보조입니다. 그것에 대해서 조금 설명합니다.

8·5·2 에너지 보조로서의 어큐뮬레이터

복수의 실린더를 움직일 경우, 펌프 토출량은 실린더에서 계산한 최대 유량을 기준으로 선정합니다. 이것은 틀림은 없지만 비경제적으로 되는 일이 있습니다.

그림 8-27을 봅시다. 이것은 기계의 1사이클에 필요한 유량을 그래프로 표시한 것입니다. (a)와 같이 필요 유량은 시간에 대하여 꽤 변동이 심합니다. 이 볼록부의 제일 높은 부분, 즉 최대 필요 유량(Q_{max})에서 펌프 토출량을 정하면, 상

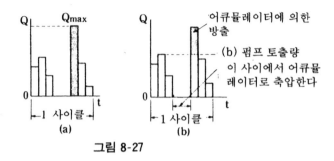

그림 8-27

당히 큰 펌프가 필요하고, Q_{max} 이외에서는 펌프 유량은 남아버립니다.

이것에 대하여 (b)에서는 펌프 토출량을 Q_{max}가 아니고 제2번째의 유량이 큰 것으로 하여 Q_{max} 때에 부족한 유량은 어큐뮬레이터로 방출하는 것을 생각한 경우입니다. 이렇게 하면 펌프 용량을 소형화할 수 있어, 대단히 유리한 방법이 됩니다. 단, 어큐뮬레이터에의 축압의 시간이 있는가, 언제 축압하는가를 미리 계산하여, 그를 위한 회로를 짤 필요가 있습니다. (b)의 경우에서는 $Q=0[l/min]$에 가까울 때에 어큐뮬레이터에의 축압을 생각할 수 있습니다.

에너지 보조로서의 어큐뮬레이터의 작용에는, 이 밖에 정전 때에도 유압 장치를 움직이고 싶은 경우나 펌프가 고장났을 때에도 실린더를 움직이고 싶은 경우 등의 긴급시에도(용량의 문제는 있지만) 채용됩니다.

②의 충격압의 흡수, ③의 유체 맥동의 흡수는 유압 회로에 압축성 부분을 적극적으로 추가함으로써 얻어지는 효과입니다. 이 경우는 큰 에너지를 저장하는 것이 아니고 순간적인 압력 에너지를 흡수하는 것이므로, 작은 용량의 어큐뮬레이터로도 충분히 그 목적이 달성됩니다. 그림 8-28에 배관 도중에 사용되는 인

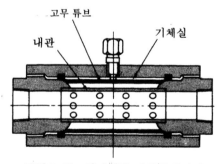

그림 8-28   인라인형 어큐뮬레이터

라인형 어큐뮬레이터를 표시합니다.

8·5·3 블래더형 어큐뮬레이터

일반적으로 많이 사용되고 있는 어큐뮬레이터는 가스를 사용한 타입의 것입니다(**그림 8-26**(a)). 그 대표적인 것의 단면도를 **그림 8-29**에 표시합니다.

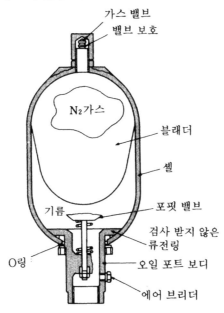

그림 8-29 블래더형 어큐뮬레이터

사용되는 가스는 안전성에서 질소(N_2) 가스가 이용됩니다. 높은 내압성 강철제 용기(셸) 속에 질소 가스를 봉입한 고무 주머니(블래더)가 들어 있습니다. 이 블래더는 관성도 작고 응답성도 대단히 좋으며, 보수도 간단하고 간소화한 형상을 하고 있습니다. 포핏 밸브는 능력 이상의 고속으로 기름이 방출되었을 때 블래더가 기름과 함께 오일 포트에 끌어당겨지는 것을 막는 작용과, 기름이 없는 상태에서 질소 가스를 봉입하므로, 똑같이 블래더가 오일 포트에 비어져 나오는 것을 막습니다.

어큐뮬레이터를 사용할 때에 주의해야 하는 것은 블래더의 재질과 작동유의 적합성입니다. 광유계 작동유에서는 문제없지만, 난연성 작동유를 사용할 경우는 어큐뮬레이터 메이커와 충분한 협의와 확인이 필요합니다. 또 가스를 고압에서 사용하는 것에서 고압 가스 취급법의 제조상의 법 규제가 있으므로 블래더형에 한하지 않고 피스톤형에서도 가스를 사용할 경우에는 편리하게 제조할 수 없으므로 주의해야 합니다. **표 8-4**에 고압 가스 취급법의 적용 범위와 필요한 수속을 표시합니다.

표 8-4   고압 가스 단속법의 적용 범위와 필요한 수속

최고사용 가스 압력(게이지)	법률규제의 유무	적용 조건(용적)	대 관할 관청 필요 처리 사항	어큐뮬레이터 사용 회사에 있어서 고압 가스 제조 보안 통괄자 등의 선임의 필요 여부	
10[kgf/cm²] 미만일 때	노동안전위생법의 적용있음	2[kgf/cm²] 이상이고 내용적이 40[l]이상인 것 또는 내경 φ 200[mm] 이상이고 또 안길이 1000[mm] 이상의 것	어큐뮬레이터 메이커가, 보일러협회에 대하여 수험하고 있는 것	—	불필요
	없음	상기 외	—	—	불필요
10[kgf/cm²] 이상일 때	고압가스 단속법의 적용있음	하기 조건의 것 ①불활성 가스 또는 공기 봉입 ②외부의 가스 공급원과 배관에 의해서 접속시키지 않을 것 ③설정 압력을 넘는 압력이 되지 않는 구조	없음	—	불필요
		상기 외에 처리 능력 30[m³] 미만의 것	사용자가 어큐뮬레이터 설치 장소를 도도부현 지사에 신고할 것	—	불필요
		상기 외에 처리 능력 30[m³] 이상의 것	사용자가 어큐뮬레이터 설치 장소를 도도부현 지사에게 허가 신청할 것	(a)사용하는 어큐뮬레이터 1개마다의 용적이 10[m³] 이상의 경우	불필요
				(b)1개당 10[m³]을 넘는 어큐뮬레이터를 모아, 총합계가 100[m³] 이하일 경우	불필요
				상기 (b)의 총합계가 100[m³]를 넘을 경우	필요

8·6 배관·이음매

유압 기기를 연결하기 위하여

유압 장치에서는 인간의 혈액을 운반하는 일을 하는 혈관에 상당하는 것이 배관(파이프)입니다. 배관에는 금속관과 비금속관의 플렉시블 호스가 있고, 고압의 기름을 새지 않게 장기간의 사용에 견디는 것을 선정함과 동시에, 배관 작업을 할 경우, 관로내에 먼지가 들어가지 않도록 하는 것이 중요합니다.

8·6·1 금속제 배관과 용도

금속제 배관에는 강철, 구리, 알루미늄, 스테인레스강관 등이 있는데, 압력의 고저, 사용 환경 등에 의해서 구분 사용합니다. 일반적으로 복귀 라인에는 저압용 배관이, 펌프, 액추에이터 라인에는 고압용 배관이 사용됩니다. 실제로는 각 **배**관부에 필요한 압력 범위에서, 배관의 재질, 두께, 접속 방법을 결정하게 됩니다.

(1) 가스관

펌프의 흡입 쪽이나 드레인 배관, 기름 탱크에의 복귀 등의 저압 부분에 사용되고, 두께가 얇고 일반적으로 관용 테이퍼 나사 가공을 하여 접속과 동시에 나사에 의해서 유압을 시일하는 방법이 사용됩니다(**그림 8-30**). 두께가 적은 위에 파이프 외주부에 관용 테이퍼 나사 가공을 하므로 나사부의 두께는 점점 적어져, 아무래도 고압에는 견딜 수 없다는 결점이 있습니다. 또 용접하여 사용되는

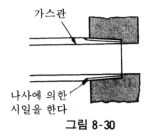

가스관

나사에 의한 시일을 한다

그림 8-30

것은 두께의 점에서도 특별한 경우 이외에는 별로 없습니다.

수도의 배관은 거의 이 파이프와 접합 방법이 채용되고 있습니다. SGP관이라고도 불리며, 그 접속에 관해서는 제일 값싼 방법이라고 할 수 있습니다.

(2) 배관용 강철관

고압용에 사용되고, 용접하여 사용하는 압력 배관용 강철관과 물림 이음쇠를 이용하여 사용되는 정밀 탄소강 강철관이 있습니다. 그림 8-31~33에 그 이음 (접속) 방법을 표시합니다.

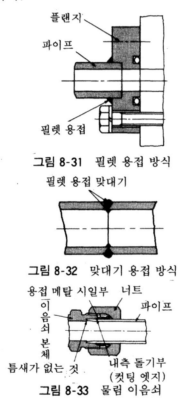

그림 8-31 필렛 용접 방식

그림 8-32 맞대기 용접 방식

그림 8-33 물림 이음쇠

용접에 의한 것으로서는 그림 8-31과 같이 파이프의 바깥쪽만을 파이프에 따라 용접하는 필릿 용접 방식과, 파이프의 두께 부분 모두를 용접하는 맞대기 용접 방식이 채용됩니다. 강도적으로는 맞대기 용접 방식 쪽이 높아 21[MPa](≒ 210[kgf/cm²]) 이상의 유압 장치에서는 맞대기 용접을 자주 합니다.

그림 8-33은 물림 이음이라고 하는 방법으로, 슬리브를 파이프 외경에 파고들게 해서 시일하는 방법입니다. 그림 중의 커팅 에지가 파이프의 외경 쪽에 파고

들어 메탈 시일 부분에서 이음 본체와 슬리브가 면접촉을 하여 기름을 시일합니다. 유압 시일의 확실성에서는 용접 방식에는 떨어지지만 시공에 있어서는 용접 기술이 불필요하고 간단히 할 수 있는 메릿으로 $7[\mathrm{MPa}](\fallingdotseq 70[\mathrm{kgf}/\mathrm{cm}^2])$ 이하의 저압이나, 고압의 경우에도 파이프 지름이 작은 경우에 자주 채용됩니다.

어떤 방법도 파이프의 두께는 그대로 이용하고 있으므로 관용 테이퍼 나사 가공하여 접속하는 것보다 고압용이라고 할 수 있습니다.

(3) 구리관·알루미늄관

구리관은 열전도율이 크고 물이나 공기에 대하여 내식성이 좋으므로 열교환기나 공기압 배관에 사용됩니다. 그러나 작동유에 대해서는 산화·열화를 촉진하는 요인을 갖고 있기 때문에 유압에서는 될 수 있는대로 사용하지 않는 편이 좋습니다.

알루미늄관은 경량이라는 점에서 항공기용 유압 배관으로서 사용되고 있습니다.

(4) 스테인레스 강관

녹슬기 어려운 특징에서 화학적 분위기가 나쁜 부분에 사용되고 있습니다. 또 난연성 작동유는 화학적 성분으로부터 부식을 일으키기 쉬우므로 부식 방지 대책의 하나로서 스테인레스 강관이 사용되는 일도 있습니다.

8·6·2 플렉시블 호스와 용도

가정에서 사용되는 비닐 호스는 압력적으로는 겨우 $0.5[\mathrm{MPa}](\fallingdotseq 5[\mathrm{kgf}/\mathrm{cm}^2])$밖에 견디지 못하는데, 유압용의 것은 $21[\mathrm{MPa}](\fallingdotseq 210[\mathrm{kgf}/\mathrm{cm}^2])$에서 $42[\mathrm{MPa}](\fallingdotseq 420[\mathrm{kgf}/\mathrm{cm}^2])$ 수준의 것까지 만들어지고 있습니다. 그 구조를 **그림 8-34**에 표시합니다.

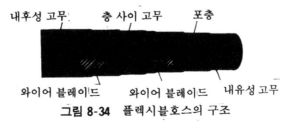

그림 8-34 플렉시블호스의 구조

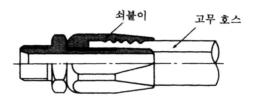

쇠붙이   고무 호스

그림 8-35   플렉시블 호스용 쇠붙이

고무만으로는 고압의 기름에 견딜 수 없으므로 와이어층으로 보강합니다. 그림 8-34의 예에서는 그 와이어층을 2층으로 하여 보강하고 있습니다. 고무 호스 그대로는 연결할 수가 없으므로 **그림 8-35**의 철물을 호스 양끝에 붙입니다. 이 철물 부분은 대부분이 조이는 구조로 되어 있어 강도적으로는 제일 약한 부분입니다. 그 때문에 이 부분에 무리한 힘이 작용하지 않는 방법으로 사용합니다. 고무 호스는 JIS에 규정되어, 사용 고무 호스의 내·외경, 최소 굽힘 반지름, 파괴 압력 등이 정해져 있습니다. **표 8-5**에 정리하여 표시하는데, 특히 최소 굽힘 반지름에는 주의하여 규정값보다 작게 하지 않는 것입니다. 고무 호스의 바른 부착 방법의 예를 **그림 8-36**에 표시합니다. 참고로 하기 바랍니다.

표 8-5   고무 호스의 규정 압력 단위[MPa] ([kgf/cm²])

굽힘 반지름 단위[mm]

호칭기호	최대충격압력	시험압력	최소파괴시험압력	최소굽힘반지름
PA5	26.5(265)	42.0(420)	84.0(840)	90
PA6	24.5(245)	39.0(390)	78.0(780)	100
PA8	22.0(220)	35.0(350)	70.0(700)	115
PA9	20.0(200)	32.0(320)	64.0(640)	125
PA12	17.5(175)	28.0(280)	56.0(560)	180
PA15	13.0(130)	21.0(210)	42.0(420)	205
PA19	11.5(115)	18.0(180)	36.0(360)	240
PA25	9.0(90)	14.0(140)	28.0(280)	300

호스는 압력이 작용하면 팽창하고, 길이도 늘어납니다. 호스와 금속이 접촉한 상태에서 사용하고 있으면 호스 외경부가 금속에 반복 스쳐 마모해 버리므로, 다른 기기와 접촉한 사용 방법은 피해야 합니다. 아무래도 그러한 방법으로 사용할 경우에는 **그림 8-37**에 표시한 바와 같은 지지대 붙이의 것을 사용하는 것

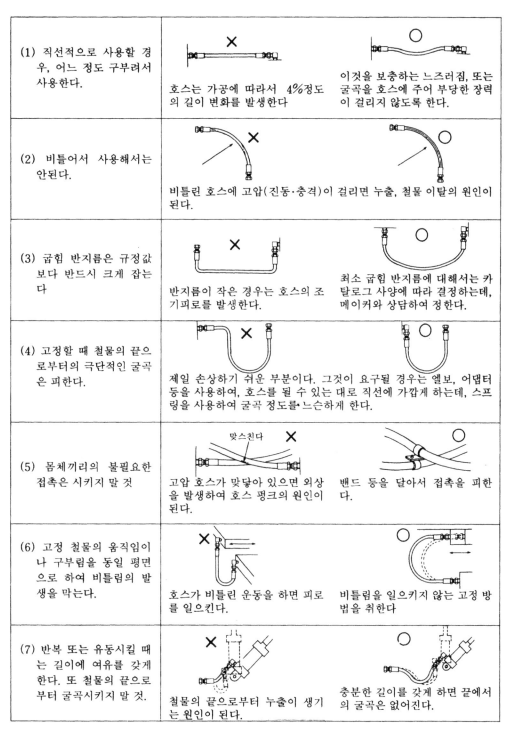

(1) 직선적으로 사용할 경우, 어느 정도 구부려서 사용한다.	호스는 가공에 따라서 4%정도의 길이 변화를 발생한다	이것을 보충하는 느즈러짐, 또는 굴곡을 호스에 주어 부당한 장력이 걸리지 않도록 한다.
(2) 비틀어서 사용해서는 안된다.	비틀린 호스에 고압(진동·충격)이 걸리면 누출, 철물 이탈의 원인이 된다.	
(3) 굽힘 반지름은 규정값보다 반드시 크게 잡는다	반지름이 작은 경우는 호스의 조기피로를 발생한다.	최소 굽힘 반지름에 대해서는 카탈로그 사양에 따라 결정하는데, 메이커와 상담하여 정한다.
(4) 고정할 때 철물의 끝으로부터의 극단적인 굴곡은 피한다.	제일 손상하기 쉬운 부분이다. 그것이 요구될 경우는 엘보, 어댑터 등을 사용하여, 호스를 될 수 있는 대로 직선에 가깝게 하는데, 스프링을 사용하여 굴곡 정도를 느슨하게 한다.	
(5) 몸체끼리의 불필요한 접촉은 시키지 말 것	맞스친다 고압 호스가 맞닿아 있으면 외상을 발생하여 호스 펑크의 원인이 된다.	밴드 등을 달아서 접촉을 피한다.
(6) 고정 철물의 움직임이나 구부림을 동일 평면으로 하여 비틀림의 발생을 막는다.	호스가 비틀린 운동을 하면 피로를 일으킨다.	비틀림을 일으키지 않는 고정 방법을 취한다
(7) 반복 또는 유동시킬 때는 길이에 여유를 갖게 한다. 또 철물의 끝으로부터 굴곡시키지 말 것.	철물의 끝으로부터 누출이 생기는 원인이 된다.	충분한 길이를 갖게 하면 끝에서의 굴곡은 없어진다.

그림 8-36 호스의 바른 부착 방법

그림 8-37 호스의 서포터

입니다. 어느것이나 금속으로 보호하여 외부와의 접촉에 의한 마모를 방지하는
것입니다.

또 고무 호스는 금속제 관과 달리 수지를 기초로 만들어지고 있습니다. 이 때
문에 수명은 강철관과 비교하면 큰 폭으로 짧아집니다. 소모품으로서 생각해 둡
시다.

8·6·3 배관 이음쇠

대형의 유압 장치에서 긴 배관을 해야 하는 곳이나, 파이프를 구부려 사용하
여도 아무래도 연결하지 못하는 곳도 나옵니다. 또, 1군데의 라인에서 2군데의
라인으로 분기하거나, 반대로 합류할 필요가 있는 경우도 있습니다. 그럴 때 배
관과 배관을 연결하기 위해 사용되는 것이 배관 이음쇠입니다. **표 8-6**에 대표적
인 것을 표시합니다.

비틀어 박기형 배관 이음쇠에서도 **그림 8-38**과 같이 테이퍼 나사와 평행 나사
의 것이 있는데, 테이퍼 나사의 것은 시일 테이프나 시일제를 도포하고, 평행 나
사의 것은 O링이나 구리 패킹을 사용하여 누출을 막습니다. 플랜지 접속하는 것

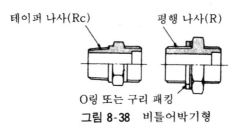

그림 8-38 비틀어박기형

은 **그림 8-39**에 표시한 것과 같이 플랜지에 파이프를 끼워 넣어 용접하고, 볼트
로 접속하게 됩니다. 0.5~2.0[MPa]($\fallingdotseq$5~20[kgf/cm^2])의 저압용 원형 플랜
지와 21[MPa]($\fallingdotseq$210[kgf/cm^2])의 고압용 각형 플랜지가 JIS에 규정되어 있
습니다.

표 8-6 대표적인 배관이음매

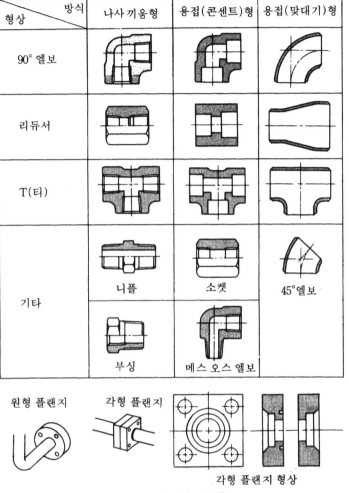

형상 \ 방식	나사 끼움형	용접(콘센트)형	용접(맞대기)형
90° 엘보			
리듀서			
T(티)			
기타	니플	소켓	45° 엘보
	부싱	메스 오스 엘보	

원형 플랜지   각형 플랜지

각형 플랜지 형상

그림 8-39 플랜지형

8·6·4 배관의 선정에 임하여

배관을 선정할 때는 사용 압력과 유량(유속)으로부터 판단합니다. 저압 회로에 고압용 배관을 사용하는 것은 비경제이고, 고압 회로에 저압용 배관을 사용하는 것은 위험합니다. 또 기름이 흐르는 곳에는 반드시 압력 손실이 발생합니다. 압력 손실의 면에서 생각하면, 대구경의 배관으로 하면 좋은 것이지만, 전후를 생각하지 않고 크게 하는 것은 비경제적입니다. 그러므로 압력과 유량의 양쪽에서 생각하고 균형이 잡힌 배관의 선정을 해야 합니다.

(1) 압력에 의한 배관의 선정법

사용 압력에 대하여 강도가 유지되도록 선정하는 것으로, 일반적으로는 다음 식으로 계산합니다.

$$P = \frac{2 \cdot t \cdot \sigma_B}{d \cdot s}$$

여기서, P: 최고 사용 압력[MPa]

σ_B: 배관의 인장강도[N/mm²]

t: 배관의 두께[mm]

s: 안전율

d: 배관의 내경[mm]

중력 단위 사용의 경우

$$P = \frac{200 \cdot t \cdot \sigma_B}{d \cdot s} \quad \sigma_B: \text{인장강도[kgf/mm}^2]$$

---

s의 안전율은 서지 압력, 파손일 경우의 위험도에서 판단하여 결정하는데, 일률적으로 이 값이면 좋다는 것은 아닙니다. 일반적으로는 5~8의 값을 취하고 있습니다. 표 8-7에 배관 재료의 종류와 인장강도(σ_B)를 표시합니다.

표 8-7   배관 재료와 인장강도(σ_B)

관의 종류 / 인장강도	S G P	STPG370	STS370	STPT370
σ_B[N/mm²]	290이상	370이상	370이상	370이상
σ_B[kgf/mm²]	(30이상)	(38이상)	(38이상)	(38이상)

(2) 유량(유속)에 의한 배관의 선정법

기본적으로는 허용 압력 손실로부터 결정하게 됩니다. 배관이 길다든가, 저온 시에도 사용한다든가 하는 개개의 경우를 생각할 수 있으므로 일률적으로 결정할 수 없지만, 목표로서는 다음과 같이 유속[m/s]을 취하고 있습니다.

펌프 흡입 쪽: 0.6~1.5

압력 라인: 3~6

복귀 라인: 1~2

표 8-8   (주1) ( )은 [kgf/cm²]   (주2) ( )안은[kgf/cm²/m]

호칭 지름 (A)	(B)	외경 (mm)	스케줄40 두께 (mm)	최고상압 (MPa)(주1)	정격유량 (ℓ/min)	압력손실 (MPa/m)(주2)	스케줄80 두께 (mm)	최고상압 (MPa)(주1)	정격유량 (ℓ/min)	압력손실 (MPa/m)(주2)	스케줄160 두께 (mm)	최고상압 (MPa)(주1)	정격유량 (ℓ/min)	압력손실 (MPa/m)(주2)
6	1/8	10.5	1.7				2.4	35	5.3	0.092 (0.92)				
8	1/4	13.8	2.2		14.5	0.045 (0.45)	3.0	(350)	10.0	0.05 (0.5)				
10	3/8	17.3	2.3	14	26.6	0.019 (0.19)	3.2	28	11.6	0.026 (0.26)				
15	1/2	21.7	2.8	(140)	42.7	0.014 (0.14)	3.7	(280)	33.6	0.015 (0.15)	4.7	35	25.0	0.02 (0.2)
20	3/4	27.2	2.9		75.6	0.01 (0.10)	3.9	21	61.9	0.011 (0.11)	5.5	(350)	43.2	0.014 (0.14)
25	1	34.0	3.4		122	0.0084 (0.084)	4.5	(210)	102.8	0.0095 0.095	6.4		74.0	0.011 (0.11)
32	1 1/4	42.7	3.6	10.5	208	0.0064 (0.064)	4.9		176	0.007 (0.07)	6.4		147	0.008 (0.08)
40	1 1/2	48.6	3.7	(105)	279	0.0053 (0.053)	5.1	14	241	0.0058 (0.058)	7.1		195	0.0065 (0.065)
50	2	60.5	3.9		458	0.0038 (0.038)	5.5	(140)	403	0.0042 (0.042)	8.7	21	306	0.005 (0.05)
65	2 1/2	76.3	5.2	7	716	0.003 (0.03)	7.0		638	0.0032 (0.032)	9.5	(210)	542	0.0036 (0.036)
80	3	89.1	5.5	(70)	1000	0.0024 (0.024)	7.6	10.5	899	0.0026 (0.026)	11.1		736	0.003 (0.03)
90	3 1/2	101.6	5.7		1340	0.0021 (0.021)	8.1	(105)	1200	0.0022 (0.022)	12.7		956	0.0025 (0.025)
100	4	111.3	6.0		1720	0.0018 (0.018)	8.6		1550	0.0018 (0.018)	13.5		1230	0.0021 (0.021)
120	5	139.8	6.6	5	2640	0.0013 (0.013)	9.5	7	2390	0.0013 (0.013)	15.9	14	1920	0.0016 (0.016)
150	6	165.2	7.1	(50)	3760	0.001 (0.01)	11.0	(70)	3420	0.0011 (0.011)	18.2	(140)	2690	0.0013 (0.013)

1) 최고 상용 압력은 내경 기준으로 찾아 0.25mm를 보면, 안전률을 5, 인장강도 372.4×10⁶[N/m²](3800[kgf/cm²]의 값에 의한 계산값을 사용 압력 구분5, 7, 10.5, 14, 28, 35, 및 42[MPa]에 대응시켰다.

2) 정격 유량 및 압력 손실은 관내 유속 3.5[m/s], 동점도 30[cSt]로 산출한 것이다.

3) 이 표는 JIS G3454를 기본으로 하여, 압력, 유량 등을 고려하여 사용 조건을 선정한 것이다.

이상 2가지의 선정 포인트로부터, 사용 압력, 유속을 각각의 배관 사이즈마다 계산하면 **표 8-8**을 얻을 수 있습니다. 여기서의 최고 사용 압력은 안전율을 5, 유량은 유속 3.5[m/s]로 계산하고 있습니다.

8·6·5 전동기와 펌프의 결합에는 커플링

커플링은 전동기와 펌프를 연결하는 데에 사용됩니다. 보통 체인 커플링이 사용되고 있는데, 그 밖에 기어 커플링, 플랜지 커플링 등이 있습니다.

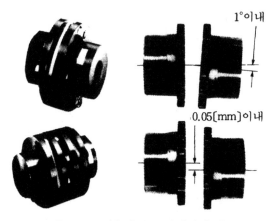

그림 8-40 커플링과 중심내기의 정밀도

커플링과 전동기의 중심 흔들림은 펌프의 소음·진동의 원인이 되고, 수명에도 크게 영향을 미치므로 중심내기는 충분히 주의하여 행할 필요가 있습니다. 중심내기 정밀도는 펌프 메이커에 따라서도 다르지만, 체인 커플링에서는 대략 0.05[mm] 이내, 각도는 1° 이내로 하는 것이 바람직합니다(**그림 8-40**).

그림 8-41 플렉스 커플링

체인 커플링 외에 플렉시블성을 가지게 하기 위해 고무계 재질을 사용한 플렉스 커플링, 자재 이음 기구를 채용한 배필드 커플링 등도 있습니다. 각각 **그림**

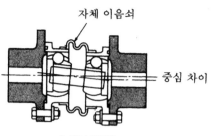

그림 8-42 배필드 커플링

8-41, 42에 표시합니다.

8·7 패킹

기름 누출을 막기 위하여

유압기기에는 기름을 시일하기 위한 시일재와 시일 기구가 내장되어 있습니다. 배관의 항에서도 그 시일 기구에 대하여 다루었는데, 여기서는 패킹이라고 부르는 시일 부품과 그 사용 방법에 대하여 설명합니다. 패킹을 분류하면 다음과 같이 됩니다.

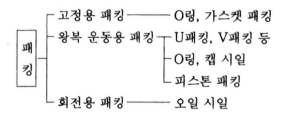

8·7·1 고정용 패킹(O링)

고정용 패킹으로서는 저압 배관용의 일부에 가스켓 패킹이 사용되지만, 대부분이 O링을 사용하고 있습니다. O링은 왕복 운동용 패킹으로서도 사용되는 대단히 편리한 고리 모양의 패킹입니다. 부착 공간도 작고, 가격도 쌀 뿐만 아니라, 사용 압력 범위도 고정용에서 100[MPa]($\fallingdotseq$1000[kgf /cm^2]), 왕복 운동용에서는 35[MPa]($\fallingdotseq$350[kgf /cm^2]) 정도로 넓은 것입니다.

O링은 용도별로 고정용(기호 G)과 운동용(기호 P)이 있고, 각각 계열 치수가 JIS에 규정되어 있는데, 항공기 부품과 같이 조금이라도 소형으로 하기 위한

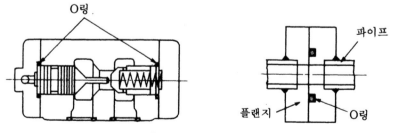

그림 8-43 O링의 사용예

선지름이 작은 계열의 O링이나, 인치계의 O링 등 여러 가지 종류의 것이 만들어 지고 있는 것이 현상입니다. 재질도 많은 종류에 이르러, 용도에 따라서 구분 사용되고 있습니다. **표 8-9**에 중요한 O링 재질과 사용 표준을 표시합니다. 또 **그림 8-43**에 실제의 사용예를 표시합니다.

표 8-9 중요한 O링 재질의 사용 표준

재 질 (DSO/R1629)	경도 (주1) [Hs]	규 격 (JIS B2401)	주 용 도 (액 체)	표준 사용 온도 범위 [℃]	최고사 용온도 [℃]	비 고
니트릴 고무 (NBR)	70 70 90	1종A 2종 1종B	내광물유용 내가솔린용 내광물유용	−35~+80 −30~+80 −35~+80	120	강알카리, 강산에 불가
크로로플레인 고무(CR)	70	3종	내동·식물유, 내약품, 내산용	−30~+80	120	내유성에 문제, 고풀림점유만 가
스틸렌부타디엔 고무(SBR)	70	3종	내동·식물유, 내브레이크유용	−40~+80	120	광유 전반에 불가
불소 고무 (FPM)	70	4종D	내유, 내약품, 내열용	−15~+150	200	내증기성이 좋지 않다
실리콘 고무 (Si)	70	4종C	내열, 내한용	−60~+200	250	내증기성, 내광유성(저풀림점유)가 좋지 않다
에피클로로히드 린 고무(CO)	70	(주2)	내광물유용 (윤활유)	−40~+120	150	강산, 내용제성이 좋지 않다
에틸렌프로빌렌 고무(EPDM)	−	−	내증기, 내수, 내후용	−50~+120	150	광유 전반에 불가
폴리아크릴 고무(ACM)	−	−	내광물유, 동·식 물유, 내오존용	−20~+130	170	내증기성이 좋지 않다
부틸 고무 (IIR)	−	−	내증기, 내후용	−20~+130	150	광유 전반에 불가

(주1) JIS스프링 경도를 표시한다.
(주2) JIS B 2401이 아니고, MIL-R-7362C타입 1

8·7·2 왕복 운동용 패킹

왕복 운동용 패킹은 주로 실린더 피스톤부의 시일, 실린더 로드부의 시일 등

에 사용됩니다. 사용예를 **그림 8-44**(b)에 표시합니다. 또 종류와 용도를 **표 8-10**
에 표시합니다.

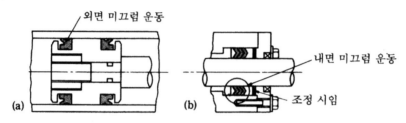

그림 8-44 왕복 운동용 패킹의 사용예

표 8-10 형식별로 본 패킹의 용도와 특징

종류	V패킹	U패킹	캡 시일	O링	피스톤 링
형상					
용도 특징	①내·외면 미끄럼 운동용 ②저·고압용 압력에 따라서 몇장 겹친다 ③미끄럼 운동 저항 큼	①내·외면 미끄럼 운동용 ②저압·고압용 ③미끄럼 운동 저항 작음	①내·외면 미끄럼 운동용 ②저압·고압용 ③미끄럼 운동 저항 작음(재질이 사불소화 에틸렌 수지)	①내·외면 미끄럼 운동용 ②저압·고압용 ③미끄럼 운동 저항 작음	①외면 미끄럼 운동용 ②대개는 고급주물제 ③저압·고압용(누출이 많기 때문에 주의) ④미끄럼 운동 저항 극소

(1) V패킹

V패킹은 사용 압력에 따라서 여러 장을 겹쳐 사용합니다. U패킹과 비해 장착
하는 것만으로는 초기 죔 여유가 없기 때문에 축방향에 기계적으로 죔 여유를
주는 구조로 됩니다. 반대로 말하면, 사용해 가는 동안에 립 부분이 마모하여 긴
박력(緊迫力)이 없어지면 조정 심에 의해 다시 적정한 죔 여유로 하여 사용합니
다.

사용 압력과 V패킹의 사용 매수는 다음과 같이 하고 있습니다.

$5[\text{MPa}](\fallingdotseq 50[\text{kgf}/\text{cm}^2])$까지: 3장

$10[\text{MPa}](\fallingdotseq 100[\text{kgf}/\text{cm}^2])$까지: 4장

$30[\text{MPa}](\fallingdotseq 300[\text{kgf}/\text{cm}^2])$까지: 5장

$50[\text{MPa}](\fallingdotseq 500[\text{kgf}/\text{cm}^2])$까지: 6장

겹치는 매수가 많기 때문에 미끄럼 운동 저항이 커진다는 결점이 있습니다.

(2) U패킹

그림 8-44(a)에 표시한 바와 같이 U패킹은 1장으로 사용하므로 간소하게 할 수 있는 장점이 있습니다. 또 재질도 니트릴 고무만이 아니고 강도가 높은 우레탄 고무의 것도 만들어지고 있어 70[MPa]($\fallingdotseq$700[kgf/cm^2]) 정도까지 사용합니다.

(3) 캡 시일

캡 시일은 재질이 사불화에틸렌 수지(테플론)이므로 미끄럼 운동 저항이 작다는 장점이 있습니다. 일반적으로 O링에서는 미끄럼 운동 저항이 비교적 크기 때문에 마찰계수가 작은 사불화에틸렌 수지제의 캡 시일을 슬라이드 쪽에 사용하여 낮은 미끄럼 운동 저항용 패킹으로서 사용됩니다.

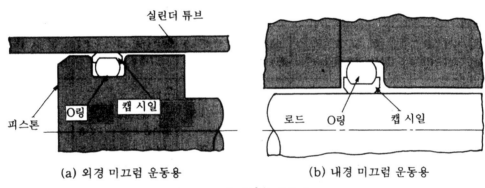

(a) 외경 미끄럼 운동용   (b) 내경 미끄럼 운동용

그림 8-45 캡 시일의 사용예

사불화에틸렌 수지 자체에서는 긴박력을 얻을 수 없가 때문에 **그림 8-45**에 표시한 바와 같이 O링을 병용합니다. 단, 캡 시일과 미끄럼 운동면은 단지 접촉하고 있을 뿐이므로 어쨌든 누출을 0으로는 할 수 없다는 결점은 있습니다.

실린더에서는 저속으로 움지이는 게이트용 실린더나, 서브 밸브로 제어하는 실린더 등에 잘 사용됩니다. 단, 사불화에틸렌 수지는 별로 늘어나지 않기 때문에 일체 홈에 장착할 때는 뜨거운 물로 따뜻하게 하여 장착하고 있습니다. 피스톤부에서는 늘어나면 장착할 수 있으나, 로드측에서는 그것을 할 수 없으므로 분할 홈으로 할 필요가 있습니다.

(4) 피스톤 링

피스톤 링은 고급 주물로 만들어진 것으로, **그림 8-46**에 그 구조를 표시합니다. 금속제이므로 수지제 패킹에 비해 고온에서도 사용할 수 있는 잇점이 있고, 미끄럼 운동 저항도 작아, 특히 고속으로 움직이는 실린더에 적합합니다.

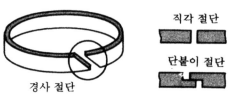

직각 절단

단붙이 절단

경사 절단

이 절단면에서 기름이 빠져나오기 쉽다. 절단면에 의한 기름 누출은 단붙이 절단이 제일 적고 직각 절단이 제일 많다.

그림 8-46 피스톤 링

표 8-11 패킹의 선정 기준

종류	재질 (경도[Hs])	사용 압력 [MPa](kgf/cm²)	사용 속도 범위[mm/s]	사용온도 [℃]	누출(유압 실린더) [mℓ/100m]	내구성(미끄럼 운동 길이[km])
V 패킹	니트릴고무 (90)	천넣은 고무와 병용 35(350)이하	20~300	-20 ~+80	2이하 (50[km]운전 거리에서)체결 방법에 의해서 0으로도 되지만 수명은 짧다.	300이상
	천넣은 고무	50(500)이하. 압력에 의해 장수를 조정	5~1000	-20 ~+100		
U 패킹 스크레이퍼 병용	니트릴고무 (90)	21(210)이하, 14(140)를 넘을 경우는 백업 링 사용	10~1000	-20 ~-80	0.1이하 (운전 거리50[km] 후에)	300이상
	우레탄고무 (90)	35(350)~70(700)		-45 ~+80		300이상(주)
	불소 고무 (90)	14(140)이하, 7(70)를 넘을 경우 백업 링 사용	50~300	-15 ~+150	0.2이하 (운전 거리50[km] 후에)	니트릴 고무 U패킹보다 나쁘다
캡 시일		35(350)이하. 21(210)이상은 형상에 주의	1000이하	-20 ~+80	2이하 (50[km] 운전 거리에)	U패킹과 같은 정도
피스톤 링		전압력 범위, 압력에 의해 장수를 조정	전속도 범위	전온도 범위	내경에 의해서 다르고, 누출은 많다	내구력은 최장

(주) 사용 온도 범위에서 물을 함유한 광유, 물-그라이콜계 작동유에 대해서는 니트릴 고무 U패킹보다 내구성은 나쁘다.

그러나 패킹에 그림과 같이 잘린 곳이 있어 기름 누출이 아무래도 많은 것이 결점입니다. 누출을 적게 하기 위해, 사용 압력에 따라서 사용하는 갯수를 조정하여 사용합니다.

이상의 패킹을 실린더에 사용할 경우의 선정의 목표를 표 8-11에 표시합니다.

8·7·3 패킹의 사용에 임하여

패킹을 선정할 때에 검토할 것은, 사용 압력, 작동유와의 적합성, 사용 온도, 내마모성(수명 또는 교환 기간), 사용 속도를 들 수 있습니다. 대강의 것은 표 8-10을 참조합니다. 여기서는 실제의 사용에 임한 주의 사항에 대하여 설명합니다.

(1) 작동유와의 적합성

고정용·왕복 운동용에 한하지 않고 수지재로 되어 있는 패킹은 아무래도 작동유에 의해서 팽윤하거나 열화합니다. 그 때문에 패킹의 선정에 있어서는, 우선 작동유와의 적합성을 조사할 필요가 있습니다.

표 8-9에 O링에 대하여 각종 재질의 사용 온도 범위와 작동유와의 적합성을 표시했는데, 표 8-12는 일반적인 작동유와의 적합성을 표시한 것입니다. 이것은

표 8-12 작동유와 패킹 재료와의 적합성

작동유의 종류 \ 패킹 재료	니트릴 고무	우레탄 고무	불소 고무	사불화에 틸렌 수지
광유계 작동유	○	○	○	○
물·그라이콜계 작동유	○	×	△	○
W/O에멀진계 작동유	○	△	△	○
O/W에멀전계 작동유	○	△	△	○
인산에스테르계 작동유	×	×	○	○
지방산에스테르계 작동유	△	△	△	○
HWBF(95[%] 이상의 함수유)	○	×	△	○

[비고] ○표는 사용 가, ×는 사용 불가를 표시, △표는 시일 메이커와 상담하는 것이 바람직하다.

온도적으로는 0~60[℃] 범위에서의 적합성을 표시한 것이므로, 이 범위를 **넘는** 경우에는 시일 메이커와 협의를 하는 편이 좋을 것입니다.

(2) 미끄럼 운동면과 패킹의 표면 거칠기

패킹은 대부분이 수지제이므로 미끄럼 운동면의 표면 거칠기가 거칠면 패킹을 **짧은** 기간에 마모시키거나 홈을 내거나 하므로, 미끄럼 운동면의 표면 거칠기는 중요한 것이 됩니다. 고정용과 운동용에서는 필요한 표면 거칠기가 다소 틀립니다. 고정용의 경우는 6S 이하이면 우선 문제는 없습니다.

표 8-13에 운동용 패킹의 미끄럼 운동면 거칠기를 표시합니다.

표 8-13 미끄럼 운동면의 거칠기

구 분	표 면 거 칠 기			
	고 무	천넣은 고무	피스톤 링	기 **타**
피스톤 로드의 패킹 미끄럼 운동면	1.6S	3.2S	3.2S	—
실린더 튜브 내면의 패킹 미끄럼운동면	3.2S, 1.6S*	3.2S	3.2S	1.6S
피스톤의 미끄럼 운동면	3.2S			
부시의 미끄럼 운동면	6.3S			

*O링 또는 X링을 사용한 경우

이와 같이 표면 거칠기를 대단히 높은 정밀도로 할 필요가 있다는 것은, 반대로 말하면 한번 홈이 생기면 위험하다는 것입니다. 그 때문에 조립할 때에 패킹에 홈을 내거나 미끄럼 운동면에 홈을 내지 않도록 주의할 것은 물론, 작동유 중에 먼지 등이 들어가 미끄럼 운동면이나 패킹에 홈을 내지 않도록 작동유의 관리에도 충분히 주의해야 합니다.

(3) 틈새

틈새도 중요한 문제입니다. **그림 8-47**에 틈새와 압력 작용시의 O링의 **상황**, **그림 8-48**에 O링의 경도, 압력, 틈새의 관계를 그래프로 표시합니다. O링이 비어져 나옴 현상을 반복할 경우, 비어져 나옴 부분이 파손하게 되어 시일 기능을 잃어 버린다는, 유압에 있어서 치명적인 트러블이 됩니다. 그림에서도 분명하듯이 고압에서 사용할 경우에는 O링의 경도가 높은 것 또는 사불화에틸렌 수지의 **백업 링**을 병용할 필요가 있습니다.

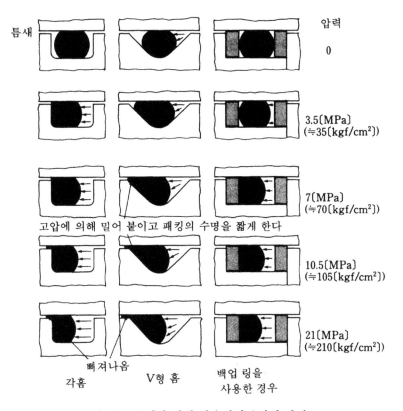

표 8-47 틈새와 압력 작용시의 O링의 상태

그림 8-48은 O링에 대한 값을 그래프로 표시한 것인데, U패킹 등에서도 마찬가지로, 비어져 나옴 현상이 일어나지 않는 틈새는 있으며, 시일 메이커의 카탈로그에는 반드시 기재되어 있으므로 그것을 참고로 하여 틈새를 선정해야 **합니다.** 틈새가 없으면 미끄럼 운동하지 못하므로, 그 값을 사용 압력이나 패킹의 특성을 충분히 검토하여 결정합니다.

특히 주의해야 할 것은 카스켓면에 사용되고 있을 경우에 틈새는 압력 작용시의 볼트의 신장에 의해서 발생하므로 고압 사용시에는 고정 볼트의 신장과 볼트 **체결** 토크에 대하여 검토할 필요가 있습니다(**그림 8-49**). 단, 유압기기의 경우에서는 과도한 체결 토크는 밸브 내부에 변형을 발생시켜, 스풀 밸브 등의 작동 불량의 원인이 되는 수가 있으므로 기기 메이커의 체결 토크의 권장값을 지켜야 **합니다.**

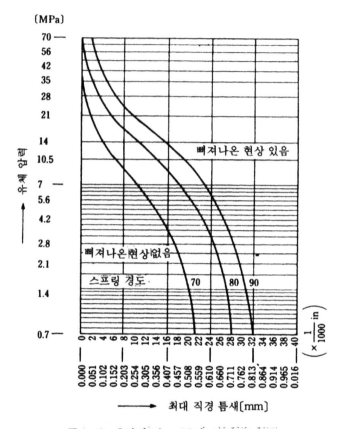

(MPa)

뻐져나온 현상 있음

뻐져나온현상없음

스프링 경도　70　80　90

$\left(\times\dfrac{1}{1000}\text{ in}\right)$

최대 직경 틈새[mm]

표 8-48　O링의 경도, 압력, 틈새의 관계

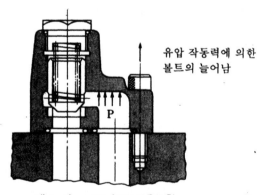

유압 작동력에 의한
볼트의 늘어남

P

표 8-49　고정 볼트의 신장

8·7·4　오일 시일

회전축 주위에서 기름이나 그리스의 누출을 방지하기 위해 오일 시일이 사용

표 8-14 오일 시일의 종류

종 류	기호	비 고	참고도예(주)
스프링 넣은 외주 고무	S	스프링을 사용한 단일 립과 금속 링으로 되어 있고, 외주면이 고무로 덮여 있는 형식의 것	
스프링 넣은 외주 금속	SM	스프링을 사용한 단일 립과 금속 링으로 되어 있고, 외주면이 금속 링으로 구성되어 있는 형식의 것	
스프링 넣은 조립	SA	스프링을 사용한 단일 립과 금속 링으로 되어 있고, 외주면이 금속 링으로 구성되어 있는 조립 형식의 것	
스프링 없는 외주 고무	G	스프링을 사용한 단일 립과 금속 링으로 되어 있고, 외주면이 고무로 덮여 있는 형식의 것	
스프링 없는 외주 금속	GM	스프링을 사용하지 않은 단일 립과 금속 링으로 되어 있고, 외주면이 금속 링으로 구성되어 있는 형식의 것	
스프링 없는 조립	GA	스프링을 사용하지 않은 단일 립과 금속 링으로 되어 있고, 외주면이 금속 링으로 구성되어 있는 조립 형식의 것	
스프링 넣은 외주 고무 먼지막이 붙이	D	스프링을 사용한 단일 링과 금속 링, 및 스프링을 사용하지 않은 먼지막이로 되어 있고, 외주면이 고무로 덮여 있는 형식의 것	
스프링 넣은 외주 금속 먼지막이 붙이	DM	스프링을 사용한 단일링과 금속 링, 및 스프링을 사용하지 않은 먼지막이로 되어 있고, 외주면이 금속 링으로 구성되어 있는 형식의 것	
스프링 넣은 조립 먼지막이 붙이	DA	스프링을 사용한 단일 립과 금속 링, 및 스프링을 사용하지 않은 먼지막이로 되어 있고, 외주면이 금속 링으로 구성되어 있는 조립 형식의 것	

(주) 참고도 예는 각 종류의 일례를 표시한 것이다.

됩니다. 오일 시일의 종류를 표 8-14에 표시합니다. 접촉 압력을 늘리기 위해 스프링을 넣은 것, 외주 부분으로부터의 누출을 방지하기 위해 외주가 고무인 것, 외부로부터의 먼지의 침입을 방지하는 더스트 립을 설치한 것 등, 여러 가지 구조의 오일 시일이 만들어지고 있습니다.

(1) 오일 시일의 사용 조건

오일 시일로 시일할 수 있는 압력은 겨우 $0.03[MPa](\fallingdotseq 0.3[kgf/cm^2])$ 정도로 작아, 우선 압력이 작용할 경우는 사용할 수 없다고 생각하는 편이 좋을 것입니다. 또 사용하고 있어도 기름 누출이 있는 경우에는 사용 조건으로서 다음의 사항을 점검해 봅니다.

① 먼지, 모래, 흙탕물 등이 튀고 있지 않은가

② 오일 시일에 압력이 작용하고 있지 않은가

③ 축 부분의 온도가 $-20[℃]$ 이하, 또는 $120[℃]$ 이상으로 되어 있지 않은가

④ 축의 흔들림은 크지 않은가

⑤ 축 주속이 $15[m/s]$ 이상의 고속은 아닌가

즉 위의 ①~⑤에 해당하지 않는 것이 오일 시일의 사용 조건이 됩니다.

표 8-15 오일 시일용 고무 재료의 종류와 특징

고무의 종류	특 징	허용 온도 범위 [℃]	내 유 성 윤활유 일반 광물 유	저 풀림 점 유	그 리 스	작동유 광 유 계	수 성 계	인 산 에 스 테 르 계	연료유
니트릴 고무 (NBR)	내유성, 내열성, 내마모성이 우수하고, 오일 시일용 재료로서 가장 많이 사용되고 있다. 일반 기계에는 대부분의 조건에 사용할 수가 있다.	$-25 \sim 120$	◎	○	◎	◎	◎	×	○
아크릴 고무 (ACM)	니트릴 고무와 똑같이 사용할 수 있고, 내열성은 니트릴 고무보다 우수하다.	$-15 \sim +160$	◎	△	◎	◎	△	×	×
실리콘 고무 (VMQ)	내열성, 내한성에 대단히 우수하다. 그러나 극압 첨가제 들이 기름이나 스핀들유 등에 내성이 없다.	$-60 \sim +220$	○	×	○	△	△	×	×
불소 고무 (FPM)	고무 가운데에서 가장 우수한 내열성, 내유성, 내약품성을 갖고 넓은 사용 범위를 갖고 있다. (단, 저온성은 나쁨)	$-10 \sim +220$	◎	◎	◎	◎	○	◎	◎

◎: 최적   ○: 사용 가   △: 시일 메이커와 상담하는 것이 바람직하다   × : 사용 불가

(2) 사용상의 주의

표 8-15에 오일 시일의 고무 재질과 허용 온도 범위, 내유성의 관계를 표시합니다.

회전축의 재질은 기계 구조용 탄소강이 일반적입니다. 주철에서는 핀홀이 미끄럼 운동면에 있으면 기름 누출의 원인이 되기 때문에 사용되지 않습니다. 열전도율이 나쁜 플라스틱제의 축도 회전축으로서는 사용하지 않는 편이 좋을 것입니다.

회전축의 표면 경도는 높은 편이 좋고, 표면 거칠기는 립의 윤활 때문에 0.8~3.2S가 제일 적합합니다.

9. JIS기호로 짜는 회로와 기기의 선정

한눈에 유압 작동의 짜임새를 알 수 있도록 1장의 도면에 표시한 것을 유압 회로도라고 합니다. 그 유압 회로도는 JIS에 정해진 하나하나의 유압 기호와 그리는 방법의 기본에 따라서 그려지고 있습니다.

그러므로 국내는 물론, 외국의 얼굴도 모르고, 말한 일도 없는 사람이 그린 회로도라도 누구나가 읽을 수 있는 것입니다.

여기서는 JIS기호의 기본과 그것을 사용하여 실제로 회로도를 그리고, 다시 유압기기의 선정에 대하여 간단히 설명합니다.

9·1   JIS기호

편리한 JIS기호

전기에는 기호를 사용하여 그린 배선도가 있습니다. 기계 제도에도 규격과 기호가 있습니다. 도로 표지 등도 기호의 하나라고 할 수 있습니다. 유압에도 전기나 제도 기호와 마찬가지로 JIS에 정해진 기호가 있습니다. 익히는 것은 조금 귀찮을지도 모르지만, 익혀 버리면 대단히 편리한 것입니다. 유압 회로도를 그리기 위해 빼놓지 못할 JIS기호에 대하여 설명합니다.

9·1·1   유압의 JIS기호

유압의 JIS기호는 국제규격(ISO규격)에 거의 준거한 것으로 되어 있으므로 국제적으로 통용하는 기호라고 할 수 있습니다. 일본어를 모르는 외국의 설계자도 JIS기호로 그려진 회로도는 읽을 수가 있고, 반대로 미국이나 독일에서 만들어진 회로도도 우리들은 이해할 수 있도록 되어 있습니다.

그림 9-1과 그림 9-2를 봅시다. 양쪽 모두 같은 것을 표시한 것입니다. 그림 9-1의 쪽이 간단하고 보기 쉬우며, 조금 익숙해지면 프리 핸드로 그릴 것 같습니

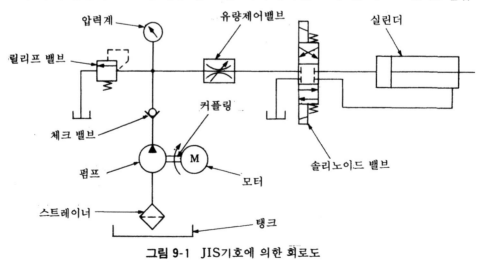

그림 9-1 JIS기호에 의한 회로도

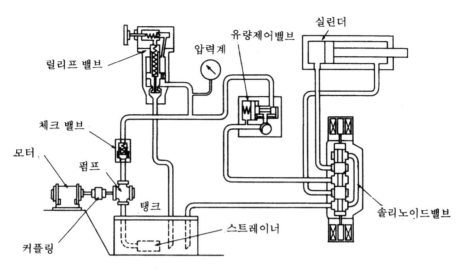

그림 9-2 유압 회로 구조 단면도

다. 그것에 대하여 **그림 9-2**는 프리 핸드로는 아주 어려울 것 같습니다.

회로를 검토할 때에는 그리기도 하고 지우기도 하며, 밸브를 추가하기도 하고 삭제하기도 하여, 몇번이고 다시 그리는 일이 많은 것입니다. 이럴 때에도 JIS 기호는 편리합니다.

9·1·2 우선, 기본이 중요

기호이므로, 우선은 익혀 둡시다. 그러나 의미도 없이 기호화되어 있는 것은 아닙니다. 실제로 작동을 추정할 수 있도록 배려되어 있으므로 기본적인 것을 익히면, 나머지 일은 쉽게 이해할 수 있습니다. **표 9-1**에는 기본 사항과 개개의 기기의 그리는 방법을 정리하여 표시했으므로, 우선은 기본 약속과 함께 이해합

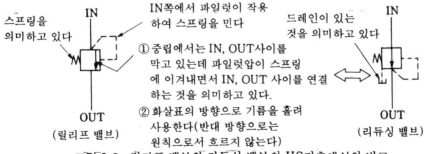

그림 9-3 릴리프 밸브와 리듀싱 밸브의 JIS기호에서의 비교

니다.

그림 **9-3**에 릴리프 밸브와 리듀싱 밸브의 JIS기호를 표시합니다. 파일럿의 안내하고 있는 것은 IN인지 OUT쪽인지, DR(드레인)이 있는지, 중립 상태에서 IN과 OUT이 닫혀 있는 것인지, 열려 있는 것인지를 JIS기호로도 잘 이해하리라 생각합니다.

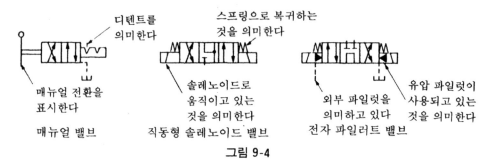

그림 9-4

또 그림 **9-4**에 매뉴얼 밸브, 직동형 솔레노이드 밸브, 전자 파일럿 밸브의 JIS기호를 표시합니다. 중립 상태는 어떻게 되어 있는지, 스프링으로 리턴하는 밸브인 것인지, 외부 파일럿으로 전환하고 있는 것인지 등을 알기 쉽게 표현하고 있는 것을 이해할 수 있을 것입니다.

9·1·3 각종 JIS기호

표 **9-1**의 기본적인 JIS기호에 이어서 표 **9-2~9**에 중복하는 부분도 있지만 각종 JIS기호를 표시해 둡니다.

또 참고로서 권말에 유압 용어를 발췌하여 표시합니다.

표 9-1 JIS 기호(기본)

명 칭	JIS기호	설 명
실선		주관로(복귀관로도 포함), 파일럿 밸브에의 공급 관로, 전기 신호선에 이용한다.
파선		파일럿 조작 관로(내부·외부 모두), 드레인 관로, 필터, 밸브의 과도 위치를 표시하는 데에 사용한다
일점쇄선		2가지 이상의 기능을 가진 유닛을 표시하는 포위선.
원		(1)큰원 : 펌프, 압축기, 전동기 등 에너지 변환 기기. (2)중간원 : 계측기, 회전 이음. (3)작은원 : 역류 방지 밸브, 링크, 롤러 (4)점 : 관로의 접속, 롤러의 축을 표시한다.
정삼각형		유체 에너지의 방향, 유체의 종류, 에너지원의 표시에 사용, (1)은 유압, (2)는 공기압을 표시한다.
화살표		(1)직선 또는 사선 : 직선 운동, 밸브 안의 유체의 경로와 방향, 열흐름의 방향 (2)곡선 : 회전 운동을 표시, 화살표는 축의 자유단에서 본 회전 방향 (3)가변 조작 또는 조정 수단을 표시한다.
그 밖의 기호		(1)전기. (2)폐로 또는 폐쇄 접속구. (3)스프링. (4)교축 (5) 역류 방지 밸브 간략 기호의 밸브 시트를 표시한다.
기름 탱크		(1)관끝을 액 속에 넣지 않을 경우. (2)관끝을 액 속에 넣을 경우, 필터가 붙어 있다. (3)국소 표시 기호로, 왼쪽은 드레인. (4)밀폐식 기름 탱크로, 그림은 3관로의 경우를 표시하고 있다.
스트레이너		탱크에서 펌프로 기름을 빨아 올릴 때에 기름 속의 이물을 제거할 목적으로 펌프의 흡입 쪽에 붙인다.
정용량형 유압 펌프		정용량형 1방향 흐름으로 1방향 회전의 유압 펌프를 표시한다.
가변 용량형 유압 모터		가변 용량형 1방향 흐름, 1방향 회전형의 양축형 유압 모터를 표시한다. 외부 드레인.

표 9-1 (계속)

명 칭	JIS기호	설 명
압력계		○은 테를 표시하고 화살표는 바늘을 표시한다.
4포트 전자 파일럿 전환 밸브	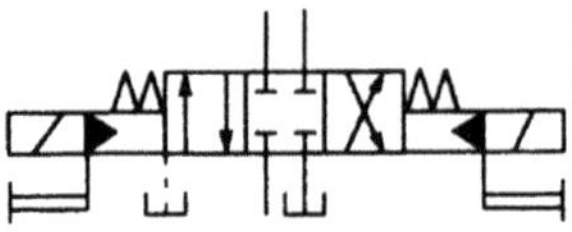	상세 기호는 우측 그림에 나타내는데, 일반적으로 왼쪽 그림과 같이 간략 기호로 표시한다. 그림은 주밸브:3위치·스프링 센터·내부 파일럿을 표시한다. 파일럿 밸브:4포트 3위치·외부 드레인. 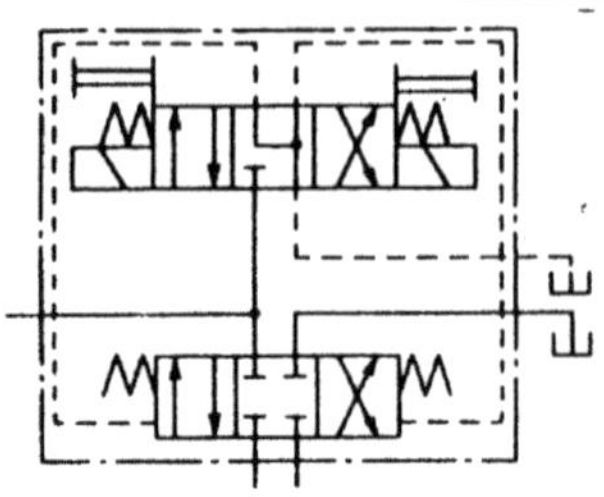
유량 조정 밸브		상세 기호는 오른쪽 그림. 일반적으로 왼쪽 그림의 간략 기호로 표시한다. 간략 기호의 유로의 화살표는 압력의 보상을 표시한다. 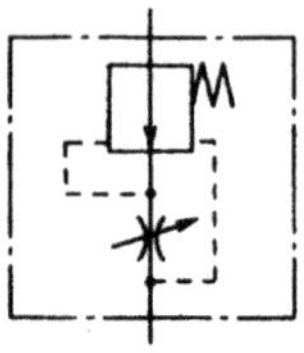
복동 실린더	(1) 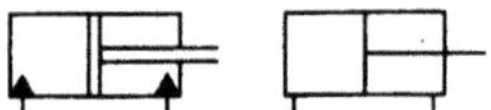 (2) 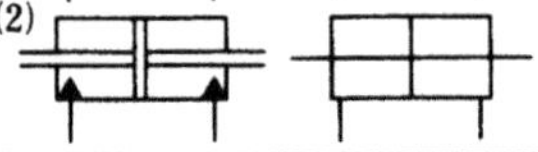	(1)은 한쪽 로드형 복동 실린더. (2)는 양쪽 로드형 복동 실린더를 표시한다. 어느것이고 오른쪽이 일반적으로 사용된다.
관로의 접속		관로가 접속하고 있는 경우를 검정원으로 표시한다.
관로의 교차		접속해 있지 않을 경우
휨관로		고무 호스 등의 휨 관로를 표시한다.
급속 이음	(1) (2) 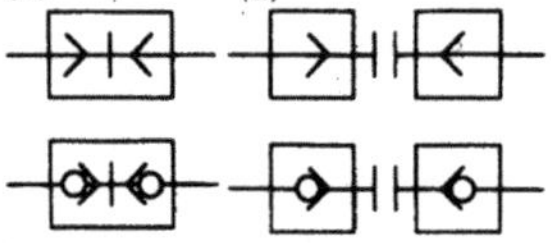	(1)은 접속 상태를 표시, (2)는 뗀 상태를 표시한다. 또 (1)(2) 모두 위그림이 역류 방지 밸브 없음이고, 아래그림은 역류방지 밸브 붙이(셀프 시일 이음)이다.
가변 교축 밸브	상세기호 간략기호 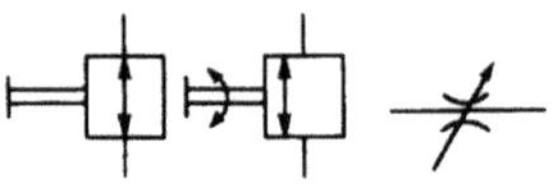	간략 기호는 조작 방법 및 밸브의 상태를 표시하고 있지 않다.
정지 밸브		스톱 밸브

표 9-2 유압 펌프 및 유압 모터

명 칭	JIS기호	설 명
펌프 및 모터		펌프 및 모터의 일반 기호, 왼쪽이 유압 펌프, 오른쪽이 공기압 모터를 표시한다.
유압 펌프		1방향 흐름, 정용량형의 1방향 회전형 유압 펌프를 표시한다.
가변 용량형 유압 모터		기호는 1방향 흐름, 1방향 회전형의 양축 가변 용량형 유압 모터를 표시하고, 외부 드레인으로 조작 기구를 특정하지 않는 경우를 나타낸다.
정용량형 펌프·모터		1방향 흐름으로 1방향 회전형 펌프·모터를 표시한다.
요동형 액추에이터		정각도·그 방향 요동형 액튜에이터를 표시한다. 축의 회전 방향과 흐름 방향과의 관계를 표시하는 화살표의 기입은 임의.
가변 용량형 펌프		1방향 흐름·외부 드레인의 압력 조정 가변 용량형 펌프를 표시한다.
가변 용량형 펌프·모터 (1파일럿 제어)		2방향 흐름·2 방향 회전형으로, 스프링 힘에 의해서 중앙 위치(밀어내기 용적 0)로 복귀하는 방식의 가변 용량형 펌프·모터를 표시하고, 외부 드레인. 신호 m은 M방향으로의 변위를 발생시키는 것을 나타낸다.

표 9-3 압력 제어 밸브

명　칭	JIS 기호	명　칭	JIS 기호
릴리프 밸브		시퀀스 밸브	
파일럿 작동형 릴리프 밸브 (원격조작용 벤트 포트 붙이, 위가 상세 기호, 아래가 간략 기호)	 간략기호	시퀀스 밸브 (보조조작 붙이) (수압 면적비 8:1)	
		파일럿 작동형 시퀀스 밸브	
		무부하 밸브	
전자 밸브 붙이 릴리프 밸브(파일럿 작동형)		카운터 밸런스 밸브	
비례 전자식 릴리프 밸브(파일럿 작동형)		무부하 릴리프 밸브	
감압 밸브		양쪽 방향 릴리프 밸브	
파일럿 작동형 감압 밸브 (외부 드레인)		브레이크 밸브	
릴리프 붙이 감압 밸브			
비례 전자식 릴리프 감압 밸브 (파일럿 작동형)			

표 9-4 유압 제어 밸브

명 칭	JIS기호	명 칭	JIS기호
가변 교축밸브 (왼쪽:상세· 오른쪽:간략)		바이패스형 유량 조정 밸브 (왼쪽:상세기호, 오른쪽:간략 기호)	
스톱 밸브			
디셀러세이션 밸브(롤러에 의한 기계 조작)		역류 방지 밸브 붙이 유량 조정 밸브 (왼쪽:상세 기호, 오른쪽:간략 기호)	
일방향 교축 밸브(가변 교축 붙이)			
시리즈형 유량 조정 밸브 (왼쪽:상세· 오른쪽:간략)		분류 밸브	
시리즈형 유량 조정 밸브 (왼쪽:상세· 오른쪽:간략) 온도 보상 붙이		집류 밸브	

표 9-5 실린더

명 칭	JIS기호	설 명
단동 실린더		밀어내기형 한쪽 로드 실린더를 표시한다. 왼쪽이 상세 기호, 오른쪽이 간략 기호.
단동 실린더 (스프링 붙이)		한쪽 로드형 실린더를 표시한다. (1)스프링 힘으로 로드 밀어내기. (2)스프링 힘으로 로드 끌어 들이기의 단동 실린더. 어느 것이나 왼쪽이 상세 기호이고 오른쪽이 간략 기호, 드레인 쪽은 기름 탱크로 개방.
복동 실린더 (쿳션붙이)		한쪽 로드형·쿳션 조정식으로, 피스톤 면적비 2:1을 표시한다. 상세 기호(왼쪽), 간략 기호(오른쪽).

표 9-5 실린더(계속)

명 칭	JIS 기호	설 명
복동 텔레스코프형 실린더		
공·유 변환기		왼쪽이 단동형, 오른쪽이 연속형.
증압기		압력비 1:2, 2종 유체용 증압기로, 왼쪽이 단동형, 오른쪽이 연속형을 나타낸다.

표 9-6 전환 밸브

명 칭	JIS 기호	명 칭	JIS 기호
2포트 수동 전환 밸브(2위치·폐지 밸브)		4포트 전자 파일럿 전환 밸브(위가 상세기호·아래가 간략 기호)·주밸브 : 3위치·압력 센터(스프링 센터 병용)·파일럿압을 뺌으로써 작동 위치로 전환한다.·파일럿 밸브 : 4포트·3위치·스프링 센터·전자 조작(복동 솔레노이드)·수동 오버라이드 조작붙이·외부 파일럿 내부 드레인	
3포트 전자 전환 밸브(2위치·1과도 위치·전자 조작 스프링 리턴)			
5포트 파일럿 전환 밸브(2위치·2방향 파일럿 조작)			
4포트 전자 전환 밸브		전자 전환 밸브 PA접속 (과도기 블록)	
4포트 전자 파일럿전환 밸브(위가 상세 기호·아래가 간략기호)·주밸브 : 3위치·스프링 센터·내부 파일럿·파일럿 밸브 : 4포트·3위치·스프링 센터·전자 조작(단동솔레노이드)·수동 오버라이드 조작붙이·외부 드레인		전자 전환 밸브 (과도기 클로즈)	

표 9-6 전환 밸브(계속)

명 칭	JIS기호	명 칭	JIS기호
전자 전환 밸브 (과도기 오픈)	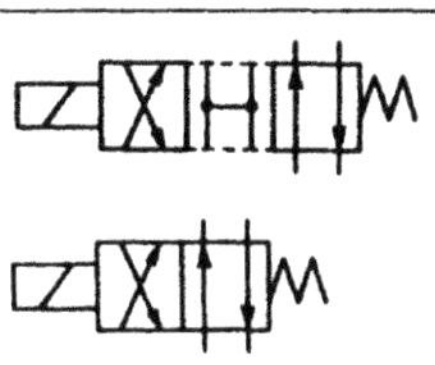	전자 파일럿 전환 밸브 (과도기 세미오픈)	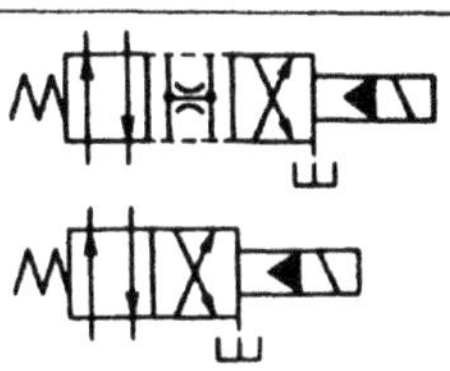
전자 전환 밸브 (올포트 오픈)	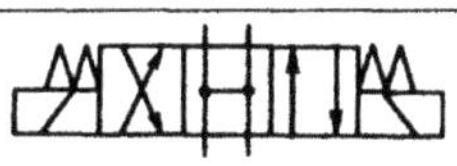	전자 파일럿 (디텐트형) (과도기 블록)	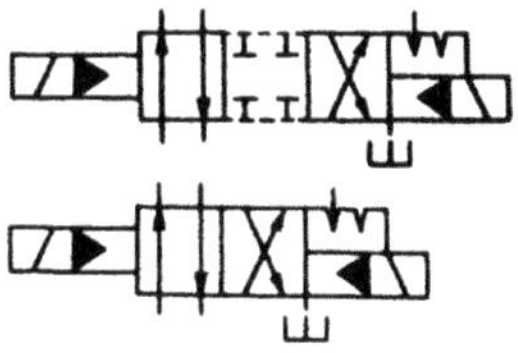
전자 전환 밸브 (올포트 블록)			
전자 전환 밸브 (압력 포트 블록) ABT접속		전자 파일럿 전환밸브 (크로즈드 센터)	
전자 전환 밸브 (탠덤 센터) PT접속		전자 파일럿 전환밸브 (압력포트 블록) ABT접속	
전자 파일럿 전환 밸브 (과도기 블록)		전자 파일럿 전환밸브 (탠덤 센터) PT접속	
전자 파일럿 전환 밸브 (과도기 오픈)		4포트 교축 전환 밸브 위 : 중앙 위 치언더랩 아래 : 중앙 위 치오버랩	
	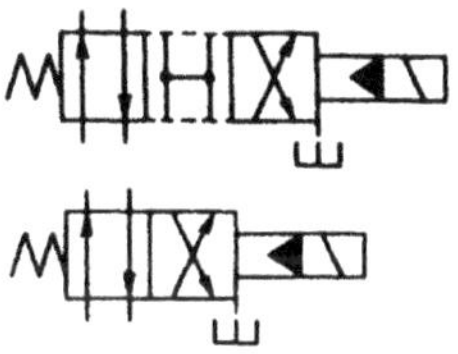	서보 밸브 (대표예)	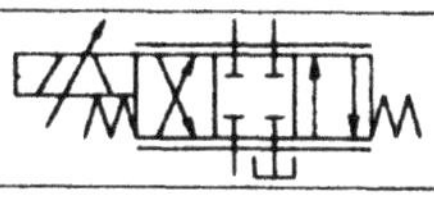

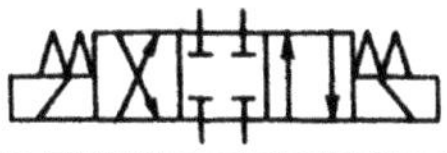

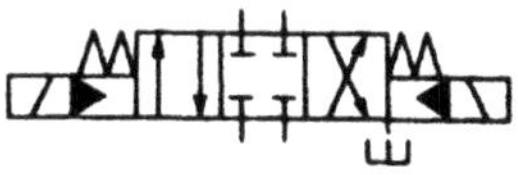

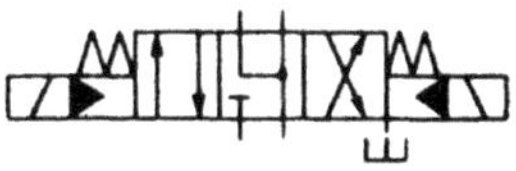

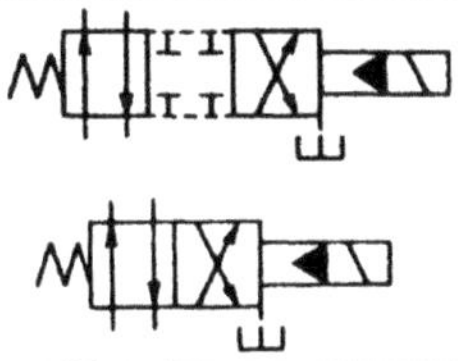

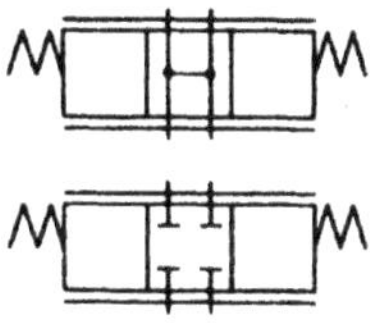

표 9-7 수동(매뉴얼) 방향 제어 밸브

명 칭	JIS기호	명 칭	JIS기호
과도기 닫힘	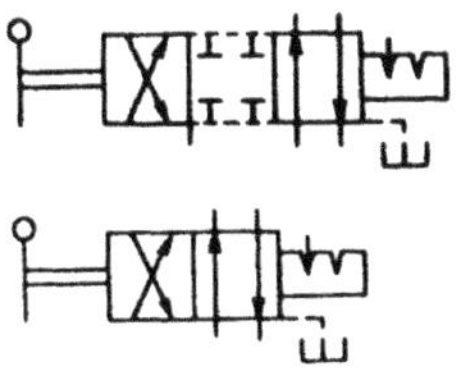	과도기 열림	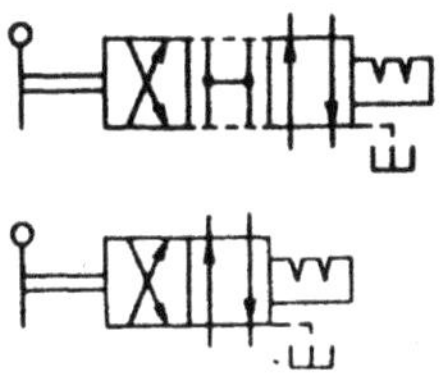

표 9-7 수동(매뉴얼) 방향 제어 밸브(계속)

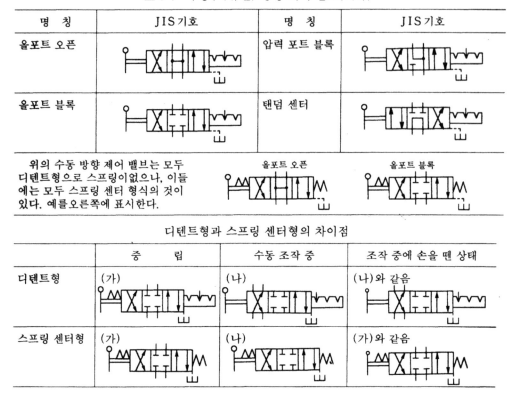

명 칭	JIS기호	명 칭	JIS기호
올포트 오픈		압력 포트 블록	
올포트 블록		탠덤 센터	

위의 수동 방향 제어 밸브는 모두 디텐트형으로 스프링이없으나, 이들 에는 모두 스프링 센터 형식의 것이 있다. 예를오른쪽에 표시한다.

올포트 오픈   올포트 블록

디텐트형과 스프링 센터형의 차이점

	중 립	수동 조작 중	조작 중에 손을 땐 상태
디텐트형	(가)	(나)	(나)와 같음
스프링 센터형	(가)	(나)	(가)와 같음

표 9-8 역류 방지 밸브·셔틀 밸브

명 칭	JIS기호	명 칭	JIS기호
역류 방지 밸브 (체크 밸브) (1)스프링 없음 (2)스프링 붙이 지장이 없는 한 간략 기호를 쓴 다. 또, 스프링 기호는 기능상 필요가 있을 경 우에만 그린다	상세기호 간략기호 (1) (2)	파일럿 조작 역류 방지 밸브 (1) ·파일럿 조작 에 의해 밸브 를 닫는다. (2) ·파일럿 조작 에 의해 밸브 를 연다 ·스프링 붙이	(1) (2)
고압 우선형 셔 틀 밸브 ·고압쪽 입구가 출구에 접속되 어 저압쪽 입 구가 닫힌다	상세 기호 간략 기호	저압 우선형 셔 틀 밸브 ·저압쪽 입구가 저압 우선 출 구에 접속되고 고압쪽 입구가 닫힌다.	간략 기호

표 9-9 그 밖의 관련 기기(액세서리와 동력원)

명 칭	JIS 기호	명 칭	JIS 기호
필터 (1) 일반 기호 (2) 자석 붙이 (3) 눈막힘 표시 기 붙이	(1) (2) (3)	적산 유량계	
		압력 스위치	
		리밋 스위치	
냉각기			
		아날로그 변환 기	
가열기		마그넷 분리기	
온도 조절기		유압원	
		공압원	
압력 표시기		전동기	
압력계 표시		원동기	
차압계		어큐뮬레이터 (일반 기호)	
유면계		어큐뮬레이터	기체식 분동식 스프링식
온도계			
검류기		보조 가스 용기	
유량계			

9·2 기본 회로의 작성

실제로 회로도를 그려 보자

유압 장치를 만들 때 최초로 유압 회로도를 만듭니다. 회로
도에서는 어떠한 일을 어떤 방법으로 제어하는지를 알 수 있
도록 그립니다. 바둑이나 장기에 정석이 있듯이 유압 회로를
그리는 데에도 정석은 있습니다. 이 정석을 어느 정도 이해하
고 나서 기본 회로를 만들도록 하면 틀림도 없고, 능률도 오
릅니다. 그러면, 세로형 실린더를 사용한 프레스 회로를 만들
어 봅시다.

9·2·1 우선은, 실린더와 밸브

유압 회로를 생각해 갈 때, 최종적으로 어떤 일을 시킬 것인지가 제일 중요하
므로, 액추에이터 쪽에서부터 정해 갑니다. 양쪽 로드, 한쪽 로드, 세로형, 가로
형 등의 기본 사항을 정합니다. 다음에, 어떻게 움직이는가를 생각하고 유압 밸
브를 구성해 갑니다. 이때에 움직이는 것만 생각하고, 멈추어 두는 것을 잊는 사
람이 있습니다. 주의해야 합니다.

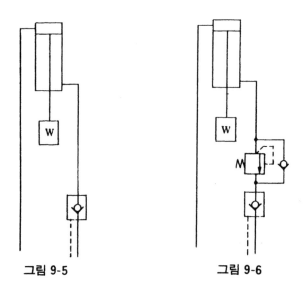

그림 9-5   그림 9-6

그러면 실제로 세로형 실린더를 사용한 프레스 회로를 그려 봅시다. 우선 실린더의 기호를 그리는데, 정지 때에 실린더가 자중으로 강하하면 위험하므로, 절대로 내려가지 않도록 누출이 없는 회로로 하여 파일럿 체크 밸브를 사용하는 것으로 합니다(그림 9-5).

다음에 강하의 동작을 생각하면, 파일럿 체크가 열리면 자중 강하하여 대단히 위험하므로 카운터 밸런스 밸브를 사용하여 자중 강하를 방지하는 것으로 합니다(그림 9-6).

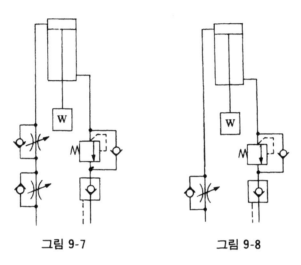

그림 9-7   그림 9-8

프레스 가공할 때에 속도 조정이 필요하면 교축을 넣습니다. 이 때의 정석으로서는 카운터 회로의 교축은 미터인이 좋은 것입니다. 그래서, 실린더 헤드 라인에 미터인 교축을 설치합니다. 당연히 역류하는 경우를 생각하여 체크 붙이로 합니다(그림 9-7). 이것으로 강하 동작은 문제 없으므로 상승 동작을 생각합니다. 상승시에는 아무 일도 하지 않으므로 단지 들어올리면 좋은 것이지만, 역시 속도 조정을 생각하여 교축을 넣는 것으로 합니다. 이때의 교축을 넣는 방법에 정석은 없고, 미터인, 미터아웃의 어느쪽이라도 좋다고 할 수 있지만, 여기서는 미터아웃 회로로 하여 둡시다(그림 9-8).

아직 파일럿 체크의 파일럿이 연결되어 있지 않으므로 가장 확실한 곳에서 안내하는 것을 생각합니다. 강하 동작은 헤드 쪽에 기름을 공급해서 하므로 헤드 쪽 라인으로부터 안내하는데, 정석으로서 가장 압력이 높은 곳으로부터 안내하는 것이 좋은 것입니다. 미터인으로 교축하므로 미터인 교축의 가까운 쪽에서 안내하는 것이 좋은 것을 알 수 있습니다(**그림 9-9**).

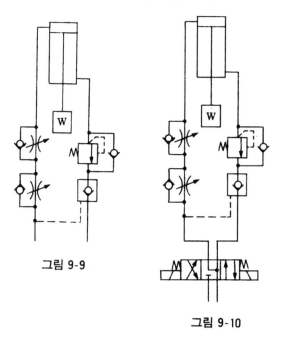

그림 9-9

그림 9-10

다음에 솔레노이드 밸브인데, 파일럿 체크를 확실히 닫게 하기 위해 파일럿압을 확실히 뺄 필요가 있습니다. **그림 9-10**과 같이 파일럿압을 솔레노이드 중립에서, T라인에 접속하는 ABT 접속형을 사용하는 것이 정석입니다.

이것으로 펌프에 기름을 보내 주면 실린더는 움직이게 됩니다.

9·2·2 다음에, 펌프와 탱크

실린더와 밸브에 대해서는, 이것으로 문제 없는 것 같습니다. 다음에 펌프 주위를 생각합니다.

펌프는 **그림 9**-11과 같이 정토출량형 펌프를 사용하고, 전동기로 돌리기로 합니다. 정토출량형 펌프이므로 당연히 릴리프 밸브가 필요합니다. 또 긴급 정지 때의 펌프 역류 방지를 위해 체크 밸브를 설치해 둡니다. 릴리프 밸브는 압력 조정을 하는 것이므로 그것을 확인하는 압력계도 필요하게 됩니다. 더우기 압력계의 보호를 위해 게이지 콕도 동시에 사용합니다. 이것으로 **그림 9-12**까지 되었

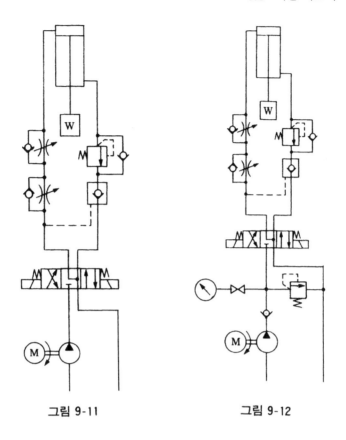

그림 9-11   그림 9-12

습니다.

다음은 탱크 차례입니다. 펌프의 흡입 필터를 설치하여, 탱크에 필요한 유면 계, 작동유를 청정하게 유지하기 위해 마그넷 분리기를 탱크 안에 설치했습니다 (그림 9-13).

9·2·3 쿨러는 필요한가

다음에 생각해야 할 것은 유압 장치의 발열과, 쿨러가 필요한지 어떤지입니다.

그림 9-13에서는, 일을 하지 않을 때에는 펌프 토출량의 전량이 릴리프 세트 압으로 탱크로 도피합니다. 중립 상태가 긴 경우에는 발열이 커지고, 열량 계산 을 하면 쿨러가 필요하게 됩니다. 혹은 일을 하지 않을 때에는 펌프를 무부하 상 태로 하는 쪽이 좋을지도 모릅니다. 전동기의 기동시에 단숨에 릴리프 세트압까

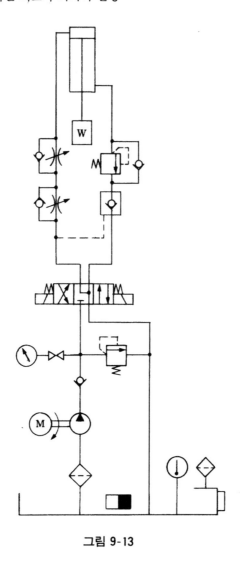

그림 9-13

지 올리는 것도 좋지 않습니다. 이상의 것을 생각하여 릴리프를 솔레노이드 무부하 밸브로 하고, 열량 계산으로부터 가장 기름이 지나는 T라인에 쿨러를 넣었습니다. 이것으로 거의 회로도는 완성했습니다(**그림 9-14**).

　이와 같이 검토하면서 필요한 유압기기를 배치하여 갑니다. 다시, 다 그린 **회**로도를 보고, 잊고 있는 것은 없는지, 빠져 있는 것은 없는지, 몇번이고 실제의 실린더의 움직임을 생각하면서 확인해 가는 것이 중요합니다.

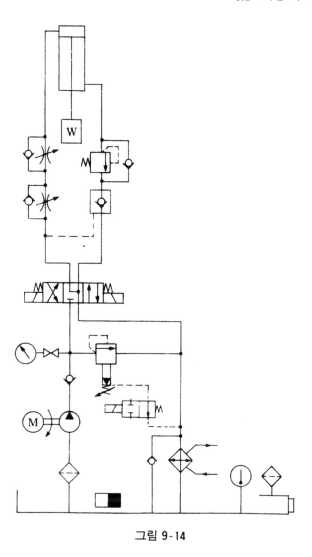

그림 9-14

9·3 기기의 선정

안전하고 적청한 기기의 선정을 위하여

회로도는 되었습니다. 다음은 필요한 출력, 필요한 속도를 얻을 수 있는 기기를 선정하는 것이 됩니다. 상세에 대해서는 "실제편"에서 설명하는데, 안전 제일은 물론이지만, 동시에 에너지 절약, 스페이스 절약, 원가 등도 생각해야 합니다.

9·3·1 어떤 일을 시킬 것인가(전제 조건)

세로형 실린더를 사용한 프레스의 회로도를 완성하고(그림 9-14), 안전하고 적정한 기기를 선정하게 됩니다. 차례로 계산해 가지만, 계산상의 기초가 되는 어떤 일을 시킬 것인가 라는 전제 조건을 다음과 같이 정합니다.

가압력: $206 \times 10^3 [\text{N}] (\fallingdotseq 21 [\text{tf}])$

중량: $9.8 \times 10^3 [\text{N}] (\fallingdotseq 1 [\text{tf}])$

상승 속도: $3 [\text{m/min}]$

하강 속도: $1 [\text{m/min}]$

스트로크: $1 [\text{m}]$

릴리프 압력: $20.6 [\text{MPa}] (\fallingdotseq 210 [\text{kgf/cm}^2])$

9·3·2 실린더 크기의 결정

실린더 출력 F는, $F = (P_C \cdot A_C - P_H \cdot A_H) \times \eta$이었습니다. 계산을 간단히 하기 위해서, $\eta = 1.0$, 헤드쪽 압력 $P_H = 0$으로 해서 계산해 봅니다. 이때 P_C는 실린더 캡 쪽으로 작용하는 압력이므로, 릴리프 밸브의 세트압에서 회로의 압력 손실분을 뺀 값이 됩니다. 압력 손실은 밸브의 크기, 유량, 배관 사이즈나 길이를 결정하고 있지 않으므로 아직 계산할 수 없습니다. 그 때문에 조금 여유를 보면서 대강의 어림을 붙여 놓습니다.

솔레노이드 밸브와 교축 2개의 합계 압력 손실로서 $1.5 [\text{MPa}] (\fallingdotseq 15 [\text{kgf/}$

cm^2]) 정도를 생각해 봅니다. 그렇게 하면 P$_c$=20.6-1.5=19.1[MPa](≒195 [kgf/cm^2])가 됩니다.

실린더 필요 면적 A$_c$는,

$$A_c = \frac{206 \times 10^3 [N]}{19.1 [MPa] \times 100} ≒ 107.8 [cm^2]$$

중력 단위 사용의 경우 $A_c = \dfrac{21000 [kgf]}{195 [kgf/cm^2]} ≒ 107.8 [cm^2]$

표준 실린더 사이즈를 조사하면 φ125가 있습니다.

다음에 로드 지름인데, 밀어서 사용하는데 스트로크가 1[m]인 것과, 출력도 그렇게 크지 않으므로 로드의 면적을 그렇게 크게 할 필요는 없으므로 B계열의 로드를 선정하는 것으로 하여 φ71을 선정합니다.

이것으로 실린더 사이즈 φ125×φ71×1000[mm]가 결정됩니다. 최후로 확인하는 의미에서 실린더의 좌굴에 대하여, 실린더 도표에서 점검합니다.

9·3·3 다음에, 유압 밸브

실린더의 속도로부터 유량을 구해 봅니다. 유량=실린더 속도×실린더 면적으로부터, 상승시 및 하강시의 공급 유량은 다음과 같이 됩니다.

상승시의 공급 유량=$300 \times \dfrac{\pi}{4} \times (12.5^2 - 7.1^2) = 300 \times 83.1 = 24930 [cm^3/min]$

하강시의 공급 유량=$100 \times \dfrac{\pi}{4} \times 12.5^2 = 100 \times 122.7 = 12270 [cm^3/min]$

즉 펌프 토출량은 최저 24.93[l/min] 필요한 것으로 됩니다(최저로 한 것은 실린더 작동시에 솔레노이드 밸브 등의 내부 누출분이 있기 때문이고 펌프 토출량은 실린더에서 계산한 필요 유량에 각 부분의 내부 누출량을 가산할 필요가 있기 때문입니다).

다음에 실린더로부터의 복귀 유량을 계산해 보겠습니다.

상승시의 복귀 유량=$300 \times \dfrac{\pi}{4} \times 12.7 ≒ 37 [l/min]$

하강시의 복귀 유량=$100 \times \dfrac{\pi}{4} \times (12.5^2 - 7.1^2) ≒ 8.31 [l/min]$

이것으로 각각의 밸브를 통과하는 유량을 알았습니다. 메이커의 카탈로그 중에서 이 유량을 제어할 수 있는 밸브를 선정하면 좋게 됩니다. 당연히 압력 손실이 작은 밸브를 선정하는 것이 포인트가 됩니다. 또 배관의 압력 손실도 있는 것을 생각해 두는 것을 잊지 않도록 합니다.

9·3·4 유압 펌프의 크기는

이미 계산한 바와 같이 공급의 최저 유량은 약 25[l/min]이므로, 이 토출량을 21[MPa]($\fallingdotseq$21[kgf/cm^2]) 이상에서 사용하는 펌프를 선정하게 됩니다.

필요한 토출량 자체를 충분히 낼 수 있는 펌프를 제작한다고 하면 시간도 비용도 듭니다. 그러므로 낭비가 될지라도 필요 토출량보다 1등급 큰 펌프를 사용하든가 혹은 허용 범위이면 실린더 속도를 떨어뜨려서 그 계산에 가까운 펌프를 선정하는 것이 실제적이라고 할 수 있습니다.

9·3·5 전동기와 출력은

출력[kW]$=\dfrac{P \cdot Q}{60 \cdot \eta}$의 식을 이용합니다. 펌프 전효율 η는 사용하는 펌프·압력·회전수에 따라서 변하므로 펌프의 성능표를 보고 결정합니다. 여기서는 기어 펌프에 의한 값을 택했습니다.

$$\text{전동기 출력}[kW] = \frac{20.6 \times 25}{60 \times 0.8} = 10.8[kW]$$

중력 단위 사용의 경우 $L = \dfrac{P \cdot Q}{612 \cdot \eta} = \dfrac{210 \times 25}{612 \times 0.8} \fallingdotseq 10.8[kW]$

시판의 전동기에서는 11[kW]의 것이 있으므로 그것을 선정합니다. 또, 전동기의 극수(회전수)는 토출하는 펌프의 회전수로부터 결정합니다.

9·3·6 탱크 용량은

오일 탱크 용량은 펌프 토출량의 3~5배의 것으로 합니다. 펌프 토출량이 25[l/min]이므로 약 125[l]의 용량이 있는 탱크라면 좋을 것입니다.

정확하게는 6장에서 설명한 바와 같이 실린더 출입에 의한 유면의 상하로 스트레이너가 유면 위로 나오지 않도록 생각하고 결정해야 합니다.

이와 같이 계산하면서 정해 가지만, 최초부터 상당한 가정을 갖고 있으므로, 모든 펌프, 밸브, 배관 등을 결정하고 나서 압력 손실을 계산하여, 실린더가 정말로 필요한 출력, 속도를 낼 수가 있는가, 다시 한번 점검하게 됩니다. 또 이번의 계산에서는 헤드 쪽의 압력을 0으로 했으나, 카운터 압력분을 생각하여 다시 계산할 필요가 있습니다.

이상과 같이 각 유압기기를 결정합니다. 이때 시판되는 입수하기 쉬운 유압기기를 사용하도록 생각해 가는 것이 중요합니다. 특별 주문품을 만드는 데는 원가가 높아지고 납기도 걸립니다. 또 고장일 경우도 교환이 간단하지 않아 큰일이므로 메이커의 표준품 가운데에서 선정해 두는 것이 중요합니다.

유 압 용 어
Glossary of Terms for Oil Hydraulics

1. **적용 범위** 이 규격은 항공기용을 제외한 각종 기계의 유압 작동 계통 및 그 구성 부품의 명칭, 형식, 현상, 특성 등에 사용되는 주요한 용어 및 뜻에 관하여 규정한다. 또한, 참고로 대응 영어를 표시한다.

2. **분류** 유압 용어는 다음 다섯으로 분류하여 구분한다.

   (1) 기본 용어

   (2) 유압 펌프에 관한 용어

   (3) 유압 모터 및 유압 실린더에 관한 용어

   (4) 유압 제어 밸브에 관한 용어

   (5) 부속 기기 및 그 밖의 기기에 관한 용어

3. **번호, 용어 및 뜻** 번호, 용어 및 뜻은 다음과 같다.

   비고 1. 용어의 일부는 큰 괄호 〔 〕를 붙였을 경우에는, 큰 괄호 속의 용어를 포함시킨 용어와 큰 괄호 속의 용어를 생략한 용어의 두 가지가 있음을 표시한다.

          2. 2개 이상의 용어를 병기하였을 경우에는, 그의 순위에 따라 우선적으로 사용한다.

          3. 뜻 난의 *표시는 그 용어의 뜻이 유압에 한정됨을 표시한다.

(1) 기본 용어

용 어	뜻	대응 영어(참고)
혼입 공기	액체 속에 아주 작은 기포 상태로 섞여 있는 공기.	entrained air, aeration
공기 혼입	액체에 공기가 아주 작은 기포 상태로 섞여지는 현상 또는 섞여져 있는 상태.	aeration
캐비테이션	*유동하고 있는 액체의 압력이 국부적으로 저하되어, 포화 증기압 또는 공기 분리압에 달하여 증기를 발생시키거나 또는 용해 공기 등이 분리되어 기포를 일으키는 현상. 이것들이 흐르면서 터지게 되면 국부적으로 초고압이 생겨 소음 등을 발생시키는 경우가 많다.	cavitation

용 어	뜻	대응 영어(참고)
채터링	*릴리프 밸브 등으로, 밸브 시트를 두들겨서 비교적 높은 음을 발생시키는 일종의 자력 진동 현상.	chattering, chatter, sing- ing
점핑	*유량 제어 밸브(압력 보상 붙이)에서 유체가 흐르기 시작할 때 등, 유량이 과도적으로 설정 값을 넘어서는 현상.	jumping
유체 고착 현상	스풀 밸브 등으로 내부 흐름의 불균일 등에 따라서, 축에 대한 압력 분포의 평형이 깨져서 스풀 밸브 몸체(또는 슬리브)에 강하게 밀려 고착되어, 그 작동이 불가능하게 되는 현상.	hydraulic lock
디더	스풀 밸브 등으로 마찰 및 고착 현상 등의 영향을 감소시켜서, 그 특성을 개선시키기 위하여 가하는 비교적 높은 주파수의 진동.	dither
유압 평형	기름의 압력에 의하여 힘의 평형을 맞추는 것.	hydraulic balance
디콤프레션	프레스 등으로 유압 실린더의 압력을 천천히 빼어 기계 손상의 원인이 되는 회로의 충격을 작게 하는 것.	decompression
랩	미끄럼 밸브의 랜드부와 포트부 사이의 겹친 상태 또는 그 양.	lap
제로 랩	미끄럼 밸브 등으로 밸브가 중립점에 있을 때, 포트는 닫혀 있고 밸브가 조금이라도 변위하면 포트가 열려 유체가 흐르게 되어 있는 겹친 상태.	zero lap
오버 랩	미끄럼 밸브 등으로 밸브가 중립점으로부터 약간 변위하여 처음으로 포트가 열려 유체가 흐르도록 되어 있는 겹친 상태.	over lap, positive lap
언더 랩	미끄럼 밸브 등에서 밸브가 중립점에 있을 때 이미 포트가 열려 있어 유체가 흐르도록 되어 있는 겹친 상태.	under lap, negative lap
유량	단위 시간에 이동하는 유체의 체적.	flow, rate of flow
토출량	일반적으로 펌프가 단위 시간에 토출시키는 액체의 체적.	delivery, rate of **flow,** flow rate, discharge, dis- charge rate
행정 체적	용적식 펌프 또는 모터의 1회전마다 배제시키는 기하학적 체적.	displacement

용 어	뜻	대응 영어(참고)
드레인	기기의 통로나 관로에서 탱크나 매니폴드 등으로 돌아오는 액체 또는 액체가 돌아오는 현상.	drain
누설	정상 상태로는 흐름을 폐지시킨 장소 또는 흐르는 것이 좋지 않은 장소를 통하는 비교적 적은 양의 흐름.	leakage
제어 흐름	제어된 흐름.	controlled flow
자유 흐름	제어되지 않은 흐름.	free flow
규제 흐름	유량이 미리 설정된 값으로 제어된 흐름. 다만, 펌프의 토출 이외의 것에 사용한다.	metered flow
흐름의 형태	*밸브의 임의의 위치에서 각 포트를 접속시키는 유체 흐름의 경로의 모양.	flow pattern
인터플로우	밸브의 변환 도중에서 과도적으로 생기는 밸브 포트 사이의 흐름.	interflow
커트오프	펌프 출구측 압력이 설정 압력에 가깝게 되었을 때 가변 토출량 제어가 작용하여 유량을 감소시키는 것.	cut-off
풀 커트오프	펌프의 커트오프 상태에서 유량이 0(영)이 되는 것.	full cut-off
압력 강하	흐름에 따르는 유체압의 감소.	pressure drop
배압	유압 회로의 귀로 쪽 또는, 압력 작동면의 배후에 작용하는 압력.	back pressure
압력의 맥동	정상적인 작동 조건에서 발생하는 토출 압력의 변동, 과도적인 압력 변동은 제외한다.	pressure pulsation
서지압[력]	*과도적으로 상승한 압력의 최대값.	surge pressure
크래킹압[력]	체크 밸브 또는 릴리프 밸브 등으로 압력이 상승하여 밸브가 열리기 시작하고, 어떤 일정한 흐름의 양이 확인되는 압력.	cracking pressure
리시트압[력]	체크 밸브 또는 릴리프 밸브 등으로 밸브의 입구 쪽 압력이 강하하여 밸브가 닫히기 시작하여 밸브의 누설량이 어떤 규정된 양까지 감소되었을 때의 압력.	reseat pressure
최소 작동 압력	기구가 작동하기 위한 최소의 압력.	minimum operating pressure

용 어	뜻	대응 영어(참고)
온 유량 최대 압력	펌프가 임의의 일정 회전 속도로 회전하고 있을 때, 가변 토출량 제어가 작동하기 전(커트 오프 개시 직전)의 토출 압력.	maximum full flow pressure
커트인	언로드 밸브 등으로 펌프에 부하를 가하는 것. 그 한계 압력을 커트인 압력(cut-in pressure, reloading pressure)이라 한다.	cut-in, reloading
커트아웃	언로드 밸브 등에서 펌프를 무부하로 하는 것. 그 한계 압력을 커트아웃 압력(cut-out pressure, unloading pressure)이라 한다.	cut-out, unloading
정격 압력	*연속하여 사용할 수 있는 최고 압력.	rated pressure
파괴 시험 압력	*파괴되지 않고 견디어야 하는 시험 압력.	burst pressure
실파괴 압력	*실제로 파괴되는 압력.	actual burst pressure
보증 내압력	정격 압력으로 복귀시켰을 때 성능의 저하를 가져오지 않고 견디어야 하는 압력. 이 압력은 정해진 조건에서의 값이다.	proof pressure
정격 유량	일정한 조건하에서 정해진 보증 유량.	rated flow
정격 회전 속도	*정격 압력으로 연속해서 운전될 수 있는 최고 회전 속도.	rated speed
정격 속도	*정격 압력으로 연속해서 운전될 수 있는 최고 속도.	rated speed
유체 동력	유체가 갖는 동력, 유압으로는 실용상 유량과 압력의 곱으로 표시한다.	fluid power, hydraulic power, hydraulic horse power
유압 회로	각종 유압 기기 등의 요소에 따라서 조립된 유압 장치의 기능의 구성.	oil hydraulic circuit
회로도	기호를 사용하여 회로를 표시한 선도.	graphical diagram, schematic diagram
인력 방식	인력에 의하여 조작하는 방식.	manual control
수동 방식	인력 방식의 일종으로 수동에 의하여 조작하는 방식.	manual control, hand control
파일럿 방식	파일럿 밸브 등에 의하여 유도된 압력에 따른 제어 방식.	pilot control
미터인 방식	액추에이터의 입구 쪽 관로에서 유량을 교축시켜 작동 속도를 조절하는 방식.	meter-in system

용 어	뜻	대응 영어(참고)
미터아웃 방식	액추에이터의 출구 쪽 관로에서 유량을 교축시켜 작동 속도를 조절하는 방식.	meter-out system
블리드오프 방식	액추에이터로 흐르는 유량의 일부를 탱크로 분기함으로써 작동 속도를 조절하는 방식.	bleed-off system
전기-유압[방]식	유압 조작에 솔레노이드 등의 전기적 요소를 조합한 방식.	electro-hydraulic system
관로	작동 유체를 연결하여 주는 역할을 하는 관 또는 그 계통.	line
주관로	흡입 관로, 압력 관로 및 귀환 관로를 포함하는 주요 관로.	main line
바이패스 관로	필요에 따라 유체의 일부 또는 전량을 분기시키는 관로	by-path, by-pass line
드레인 관로	드레인을 귀환 관로 또는 탱크 등으로 연결하는 관로.	drain line
통기 관로	대기로 언제나 개방되어 있는 관로.	vent line
통로	*구성 부품의 내부를 관통하거나, 또는 그의 내부에 있는 유체를 연결하는 기계 가공이나, 주물 뽑기의 유체를 인도하는 연락로.	passage
포트	작동 유체의 통로의 열린 부분.	port
벤트 포트	대기로 개방되어 있는 뽑기 구멍.	vent-port
통로구	대기로 개방되어 있는 구멍.	breather, bleeder
공기 뽑기	유압 회로 중에 폐쇄되어 있는 공기를 뽑기 위한 니들 밸브 또는 가는 관 등.	air-bleeder
조임	흐름의 단면적을 감소시켜, 관로 또는 유체 통로 내에 저항을 갖게 하는 기구. 초크 조임과 오리피스 조임이 있다.	restriction, restrictor
초크	면적을 감소시킨 통로로서, 그의 길이가 단면 치수에 비해서 비교적 긴 경우의 흐름의 조임. 이 경우에 압력 강하는 유체 점도에 따라 크게 영향을 받든다.	choke
오리피스	면적을 감소시킨 통로로서, 그 길이가 단면 치수에 비해서 비교적 짧은 경우의 흐름의 조임. 이 경우에 압력 강하는 유체 점도에 따라 크게 영향을 받지 않는다.	orifice

용 어	뜻	대응 영어(참고)
피스턴	*실린더만을 왕복 운동하면서 유체 압력과 힘을 주고 받음을 실시하기 위한 지름에 비해서 길이가 짧은 기계 부품. 보통 연결봉 또는 피스턴봉과 같이 사용된다.	piston
플런저	*실린더 안을 왕복 운동하면서 유체 압력과 힘을 주고 받음을 실시하기 위한 지름에 비해서 길이가 긴 기계 부품. 보통 연결봉 등을 붙이지 않고 사용된다.	plunger
램	유압 실린더, 어큐뮬레이터 등에 이용되는 플런저.	ram
슬리브	속이 빈 원통형의 구성 부품으로 피스턴 스풀 등을 안내하는 하우징의 안쪽 붙임.	sleeve
슬라이드	*미끄럼면에 접촉되어 이동하여, 유로를 개폐하는 구성 부품.	slide
스풀	원통형 미끄럼면에 내접하여 축방향으로 이동하여 유로를 개폐하는 꼬챙이 모양의 구성 부품.	spool
가스킷	정지 부분에서 사용되는 유체의 누설 방지 부품.	gasket
가스킷 접속	가스킷을 사용하여 기구를 접속시키는 방법.	gasket mounting
패킹	미끄럼면에서 사용되는 유체의 누설 방지 부품.	packing

(2) 유압 펌프에 관한 용어

용 어	뜻	대응 영어(참고)
유압 펌프	유압 회로에 사용되는 펌프.	oil hydraulic pump
용적식 펌프	케이싱과 이것에 내접하는 가동부재 등의 사이에 생기는 밀폐 공간의 이동 또는 변화에 따라서 액체를 흡입 쪽에서 토출 쪽으로 밀어내는 형식의 펌프.	positive displacement pump
터보식 펌프	임펠러를 케이싱 안에서 회전시켜, 액체에 에너지를 주어 액체를 토출시키는 형식의 펌프.	turbo-pump
정용량형 펌프	1회전마다의 이론 토출량이 변화하지 않는 펌프.	fixed displacement pump, fixed delivery pump
가변 용량형 펌프	1회전마다의 이론 토출량이 변화하는 펌프.	variable displacement pump, variable delivery pump

용 어	뜻	대응 영어(참고)
기어 펌프	케이싱 안에서 물리는 2개 이상의 기어에 의해서 액체를 흡입 쪽으로부터 토출 쪽으로 밀어내는 형식의 펌프.	gear pump
외접 기어 펌프	기어가 외접 물림하는 형식의 기어 펌프.	external gear pump
내접 기어 펌프	기어가 내접 물림하는 형식의 기어 펌프.	internal gear pump
베인 펌프	게이싱(캠 링)에 접해 있는 베인을 로터 내에 설치하여 베인 사이에 흡인된 액체를 흡입 쪽으로부터 토출 쪽으로 밀어내는 형식의 펌프.	vane pump
피스턴 펌프, 플런저 펌프	피스턴 또는 플런저를 경사판, 캠, 크랭크 등으로 왕복 운동시켜서, 액체를 흡입 쪽으로부터 토출 쪽으로 밀어내는 형식의 펌프.	piston pump, plunger pump
액셜 피스턴 펌프, 액셜 플런저 펌프	피스턴 또는 플런저의 왕복 운동의 방향이 실린더 블록 중심축에 대하여 거의 평행인 피스턴 펌프(플런저 펌프).	axial piston pump, axial plunger pump
경사축식[액셜] 피스턴 펌프, 경사축식[액셜] 플런저 펌프	구동축과 실린더 중심축이 동일 직선상에 있지 않은 형식의 액셜 피스턴 펌프(액셜 플런저 펌프).	bent axis type axial piston pump, bent axis type axial plunger pump, tilting cylinder block type axial piston pump, tilting cylinder block type axial plunger pump
경사판식[액셜] 피스턴 펌프, 경사판식[액셜] 플런저 펌프	구동축과 실린더 블록 중심축이 동일 직선상에 있는 형식의 액셜 피스턴 펌프.	swash plate type axial piston pump, swash plate type axial plunger pump, cam plate type axial piston pump, cam plate type axial plunger pump
레이디얼 피스턴 펌프, 레이디얼 플런저 펌프	피스턴 또는 플런저의 왕복 운동의 방향이 구동축에 거의 직각인 피스턴 펌프(플런저 펌프)	radial piston pump, radial plunger pump
나사 펌프	케이싱 내에 나사가 달린 로터를 회전시켜, 액체를 흡입 쪽에서 토출 쪽으로 밀어내는 형식의 펌프.	screw pump
복합 펌프	동일 케이싱 속에 2개 이상의 펌프의 작용 요소를 가지며, 부하의 상태에 따라서 각 요소의 운전을 상호 관련시켜 제어하는 기능을 가지는 펌프.	combination pump

용 어	뜻	대응 영어(참고)
더블 펌프	동일 축 상에 2개 펌프 작용 요소를 가지며, 제 각기 독립하여 펌프작용을 하는 형식의 펌프.	double pump
유체 전동 장치	유체를 매개체로 하여 동력을 전달하는 장치.	hydraulic power transmission
유압 전동 장치	유체의 압력 에너지를 이용하는 유체 전동장치. 이것에는 용적식 펌프 및 액추에이터(유압 실린더 또는 용적식 모터)가 사용된다.	hydrostatic power transmission
터보식 유체 전동 장치	주로 유체의 운동 에너지를 이용하는 유체 전동장치. 터보식 펌프 및 터빈이 사용된다.	hydrodynamic power transmission
실린더 블록	여러 개의 피스턴 또는 플런저가 들어가는 하나로 된 부품.	cylinder block
경사판	경사판식 피스턴(또는 플런저) 펌프 또는 모터에 사용되어 피스턴(또는 플런저)의 왕복운동을 규제하기 위한 판.	swash plate, cam plate
캠 링	베인, 레이디얼 피스턴(또는 플런저) 펌프 및 모터에 사용되는 베인, 피스턴 또는 플런저의 왕복 운동을 규제하는 안내 링.	cam ring, guide ring
밸브판	베인, 피스턴(또는 플런저) 펌프 및 모터에 사용되어 액체의 출입을 규제하는 구멍을 가진 판.	valve plate, ports plate, ports valve
압력판	기어, 베인 펌프 및 모터에 사용되어 고압시의 용적효율의 저하를 방지하기 위하여 뒷면에 압력을 작용시키는 구조의 측면 시일부재. 밸브판을 겹치는 경우도 있다.	pressure plate
분배축	피스턴(또는 플런저) 펌프 및 모터에 사용되어 유체의 출입을 규제하는 구멍을 가진 축.	distributor shaft, pintle
스위벨 요크, 실린더 케이싱	가변 용량형의 경사축식 피스턴(또는 플런저) 펌프 또는 모터에 사용되어 실린더 블록의 펌프 또는 모터 축에 대한 경사각을 규제한 부품. 그 내부에 액체 통로를 가지고 있다.	swivel yoke, cylinder casing

(3) 유압 모터 및 유압 실린더에 관한 용어

용 어	뜻	대응 영어(참고)
[유압] 액추에 이터	유체에 에너지를 사용하여 기계적인 일을 하는 기기.	actuator

용 어	뜻	대응 영어(참고)
유압 모터	유압 회로에 사용되어 연속 회전 운동이 가능한 액추에이터.	oil hydraulic motor
용적식 모터	유체의 유입 쪽으로부터 유출 쪽으로의 유동에 따라서, 케이싱과 이것에 내접하는 가동부재와의 사이에 생기는 밀폐 공간을 이동 또는 변화시켜, 연속 회전 운동을 하는 액추에이터.	positive displacement motor
정용량형 모터	1회전마다의 이론 유입량이 변화하지 않는 유압 모터.	fixed displacement motor
가변 용량형 모터	1회전마다의 이론 유입량이 변화하는 유압 모터.	variable displacement motor
기어 모터	유압 액체에 따라서 케이싱 속에서 물리는 2개 이상의 기어가 회전하는 형식의 유압 모터.	gear motor
베인 모터	케이싱(캠 링)에 접해 있는 베인을 모터 속에 설치하여 베인 사이에 유입한 액체에 따라서 로터가 회전하는 형식의 유압 모터.	vane motor
피스턴 모터, 플런저 모터	유입 액체의 압력이 피스턴 또는 플런저 끝면에 작용하여, 그 압력에 따라서 경사판, 캠, 크랭크 등을 거쳐 모터축이 회전하는 형식의 유압 모터.	piston motor, plunger motor
요동형 액추에이터	회전 운동의 각도가 360° 이내로 제한되어 있는 형식의 회전형 왕복 운동을 하는 액추에이터.	rotary actuator, oscillating rotary actuator
유압 실린더	실린더의 힘이 유효 단면적 및 차압에 비례하도록 직선 운동을 하는 액추에이터.	cylinder, (oil) hydraulic cylinder
복동〔유압〕실린더	액체압을 피스턴의 양 쪽에 공급하는 것이 가능한 구조의 유압 실린더.	double acting cylinder
단동〔유압〕실린더	액체압을 피스턴의 한쪽면으로만 공급하는 것이 가능한 구조의 유압 실린더.	single acting cylinder
단일 로드〔유압〕실린더	피스턴의 한쪽 측면에만 로드가 있는 유압 실린더.	single rod cylinder
양 로드〔유압〕실린더	피스턴의 양쪽에 로드가 있는 유압 실린더.	double rod cylinder
피스턴형〔유압〕실린더	피스턴을 주요 부재로 하는 유압 실린더.	piston cylinder
램형〔유압〕실린더	램을 주요 부재로 하는 유압 실린더.	ram cylinder

용 어	뜻	대응 영어(참고)
차동 [유압] 실린더	실린더 양 쪽에 유효 면적의 차를 이용하는 유압 실린더.	differential cylinder
가변 행정 [유압] 실린더	행정을 제한하는 가변의 스토퍼를 갖는 유압 실린더.	adjustable stroke cylinder
쿠션 붙이 [유압] 실린더	충격을 완충하는 기능을 가진 유압 실린더. 보통 실린더의 유출구에서의 유출 유량을 조여 행정 종단의 움직임을 늦추어서, 충격을 방지시키는 목적으로 행정 종단에 자동 조임 기구를 설치한다.	cushioned cylinder
텔레스코프형 [유압] 실린더	긴 작동 행정을 줄 수 있는 다단 튜브 모양의 로드가 있는 유압 실린더.	telescoping cylinder, telescopic cylinder
회전 [이음 붙이 유압] 실린더	회전 이음을 갖추어서 접속 관로에 대하여 상대적으로 회전 운동이 가능한 유압 실린더.	rotating cylinder
실린더 힘(力)	피스턴면에 작용하는 이론 유체의 힘.	cylinder force
실린더 행정	피스턴 로드의 움직이는 길이. 쿠션부의 경우는 그 길이를 포함한다.	cylinder stroke
실린더 튜브	내부에 압력을 유지하고 원통형의 내면을 형성하는 부분. 피스턴형 실린더의 경우에는 그 내면을 피스턴이 지나가는 실린더의 원통.	cylinder tube, cylinder barrel, barrel
서보 액추에이터	제어 계통에 사용되는 서보 밸브와 액추에이터의 결합체.	servo actuator
서보 실린더	최종 제어 위치가 제어 밸브에의 입력 신호의 함수가 되도록 추종 기구를 함께 가지고 있는 실린더.	servo cylinder
압력 변환기	공급하는 유체압과 다른 출력 쪽 유체압을 얻는 기기.	pressure intensifier
증압기	입구쪽 압력을 이에 거의 비례하는 높은 출구 쪽 압력으로 교환하는 기기.	intensifier, booster
압력 전달기	유체압을 같은 압력의 다른 종류의 유체압으로 변환시키는 기기.	air-oil actuator

(4) 유압 제어 밸브에 관한 용어

용 어	뜻	대응 영어(참고)
밸브	유체 계통에서 흐름의 방향, 압력이나 유량을 제어 또는 규제하는 기기.	valve

용 어	뜻	대응 영어(참고)
제어 밸브	흐름의 상태를 변경시켜, 압력 또는 유량을 제어하는 밸브의 총칭.	control valve
압력 제어 밸브	압력을 제어하는 밸브의 총칭.	pressure control valve
유량 제어 밸브	유량을 제어하는 밸브의 총칭.	flow control valve
방향 제어 밸브	흐름의 방향을 제어하는 밸브의 총칭.	directional control valve
릴리프 밸브	회로의 압력이 밸브의 설정값에 달하였을 때 유체의 일부 또는 전량을 빼돌려서 회로내의 압력을 설정값으로 유지시키는 압력 제어 밸브.	relief valve, relief pressure control valve
일정비 릴리프 밸브	주회로의 압력을 파일럿 압력에 대하여 소정의 비율로 조정(파일럿 조작)하는 릴리프 밸브	proportional pressure relief valve
안전 밸브	기기나 관 등의 파괴를 방지하기 위하여 회로의 최고압력을 한정시키는 밸브.	safety valve
감압 밸브	유량 또는 입구쪽 압력에 관계없이 출력쪽 압력을 입구쪽 압력보다 작은 설정 압력으로 조정하는 압력 제어 밸브.	pressure regulator, (pressure) reducing valve, pressure reducing pressure control valve
일정비 감압 밸브	출구쪽 압력을 입구쪽 압력에 대하여 소정의 비율로 감압시켜 주는 밸브.	proportional pressure regulator, proportional pressure reducing valve
일정차 감압 밸브	출구쪽 압력을 입구쪽 압력에 대하여 소정의 차이만큼 감압시켜 주는 밸브.	differential pressure regulator, fixed differential reducing valve
릴리프 붙이 감압 밸브	한쪽 방향의 흐름에는 감압 밸브로 작동하고, 역방향의 흐름에는 그 유입쪽의 압력을 감압 밸브로서의 설정 압력으로 유지시켜 주는 릴리프 밸브로서 작동하는 밸브.	pressure reducing and relieving vavle
언로드 밸브	일정한 조건으로 펌프를 무부하로 하여 주기 위하여 사용되는 밸브. 보기를 들면 계통의 압력이 설정값에 달하면 펌프를 무부하로 하고, 또한 계통 압력이 설정값까지 저하하면 다시 계통으로 압력 유체를 공급하는 압력 제어 밸브.	unloading pressure control valve, unloader
시퀀스 밸브	2개 이상의 분기 회로를 갖는 회로 내에서 그의 작동순서를 회로의 압력 등에 따라서 제어하는 밸브.	sequence valve

용 어	뜻	대응 영어(참고)
카운터 밸런스 밸브	추의 낙하를 방지하기 위하여 배압을 유지시켜 주는 압력 제어 밸브.	counterbalance valve
유량 조정 밸브	배압 또는 부압에 따라서 생긴 압력의 변화에 관계없이 유량을 설정된 값으로 유지시켜 주는 유량 제어 밸브.	pressure compensated flow control valve
온도 보상 붙이 유량 조절 밸브	액체의 온도에 관계없이 유량을 설정된 값으로 유지시켜 주는 유량 조정 밸브.	pressure-temperature compensated flow control valve
드로틀 밸브	조임 작용에 따라서 유량을 규제하는 밸브. 보통 압력보상이 없는 것을 말한다.	flow metering valve, restrictor, throttling valve
분류 밸브	유압원으로부터 2개 이상의 유압 관로로 나누어 흐르게 할 때 각각의 관로의 압력의 크기에 관계없이 일정비율로 유량을 분할시켜서 흐르게 하는 밸브.	flow dividing valve
변환 밸브	2개 이상의 흐름의 형태를 가지며, 2개 이상의 포트가 있는 방향 제어 밸브.	directional control vlave, selector
교환 변환 밸브	밸브의 조작 위치에 따라 유량을 연속적으로 변화시켜 주는 변환 밸브.	throttling valve
체크 밸브	한쪽 방향으로만 유체의 흐름을 가능하도록 하고, 반대 방향으로는 흐름을 저지시키는 밸브.	check valve, directional control check valve
디셀러레이션 밸브	액추에이터를 감속시켜 주기 위하여, 캠 조작 등으로 유량을 서서히 감소시켜 주는 밸브.	deceleration valve
프리필 밸브	대형의 프레스 등의 급속 전진 행정으로서는 탱크에서 유압 실린더로의 흐름을 가능하게 하고, 가압 공정에서는 유압 실린더에서 탱크로의 역류를 방지하고 귀환 공정에서는 자유 흐름이 가능하게 되는 밸브.	prefill valve
셔틀 밸브	1개의 출구와 2개 이상의 입구가 있고, 출구가 최고 압력쪽 입구를 선택하는 기능을 가진 밸브.	shuttle valve
서지 감쇠 밸브	서지 압력을 감쇠시켜 주는 밸브.	surge damping valve
디컴프레션 밸브	디컴프레션을 시켜 주는 밸브.	decompression valve
서보 밸브	전기 그 밖의 입력 신호에 따라 유량 또는 압력을 제어하여 주는 밸브.	servo valve

용 어	뜻	대응 영어(참고)
스풀 밸브	스풀을 사용한 밸브.	spool(type) valve
기계 조작 밸브	캠, 링크 기구 그 밖의 기계적 방법으로 조작되는 밸브.	mechanically operated vavle
캠 조작 밸브	캠에 의해서 조작되는 밸브.	cam operated valve
인력 조작 밸브	인력에 의해서 조작되는 밸브.	manually operated valve
수동 조작 밸브	손으로 조작되는 밸브.	manually operated valve, hand operated valve
페달 조작 밸브	발에 의해서 조작되는 밸브.	pedal operated valve
전자 밸브	전자 조작 밸브 및 전자 파일럿 변환 밸브의 총칭.	solenoid controlled valve
전자 조작 밸브	전자력에 의해서 조작되는 밸브.	solenoid operated valve
파일럿 밸브	다른 밸브 또는 기구 등에서 제어 기구를 조작하기 위하여 보조적으로 사용되는 밸브.	pilot valve
파일럿 〔조작〕 변환 밸브	파일럿으로서 작용시키는 유체 압력에 의해서 조작되는 변환 밸브.	pilot operated directional control valve
전자 파일럿〔조작〕 변환 밸브	전자 조작이 되고 있는 파일럿 밸브가 일체로 조립된 파일럿 변환 밸브.	solenoid controlled pilot operated valve
파일럿 조작 체크 밸브	파일럿으로서 작용되는 유체 압력에 의해서, 그 기능을 변화시키는 것이 가능한 체크 밸브.	pilot operated check valve
밸브의 위치	변환 밸브로서 흐름의 형태를 결정하는 밸브 기구의 위치.	valve position
노말 위치	조작력이 작용하지 않고 있을 때의 밸브 위치. 노말 위치　　　　노말 위치	normal valve position
중립 위치	변환 밸브로서 결정된 중앙의 밸브 위치. 중립 위치　　　　중립 위치	center valve position
오프셋 위치	변환 밸브에서 중심 위치 이외의 밸브 위치. 오프셋 위치 오프셋 위치 중립 위치 오프셋 위치 오프셋 위치 과도적인 위치	offset valve position

용 어	뜻	대응 영어(참고)
디텐트 위치	변환 밸브의 밸브 기구에 작용하는 유지 장치에 따라서 유지되는 밸브의 위치.	detent valve position
2위치 밸브	2개의 밸브 위치가 있는 변환 밸브.	two position valve
3위치 밸브	3개의 밸브 위치가 있는 변환 밸브.	three position valve
노말 클로즈드, 정상 폐쇄	노말 위치에서는 압력 포트가 닫혀 있는 형태. 이러한 형태의 밸브를 노말 클로즈드 밸브 또는 정상 폐쇄 밸브(normally closed valve)라고 한다.	normally closed
노말 오픈, 정상 열림	노말 위치에서는 압력 포트가 출구 포트로 통하여 있는 모양. 이 형태의 밸브를 노말 오픈 밸브 또는 정상 열림 밸브(normally copen valve)라고 한다.	normally open
클로즈드 센터	변환 밸브의 중립 위치에서 모든 포트가 닫혀 있는 흐름의 형태. 이 형태의 밸브를 클로즈드 센터 밸브(closed center valve)라고 한다. 4 포트 3위치 밸브를 예시하면 P포트(압력구), R포트(귀환구), A·B포트(실린더구)가 모두 닫혀 있는 상태.	closed center
오픈 센터	변환 밸브의 중립 위치에서 모든 포트가 서로 통하고 있는 흐름의 형태. 이 형태의 밸브를 오픈 센터 밸브(open center valve)라고 한다.	open center
스프링 리턴 밸브	스프링의 힘에 의하여 노말 위치로 귀환하는 형식의 변환 밸브.	spring return valve
스프링 센터 밸브	스프링의 리턴 밸브의 일종으로서, 노말 위치가 중립 위치인 3위치 변환 밸브.	spring centered valve
스프링 오프셋 밸브	스프링 리턴 밸브의 일종으로 노말 위치가 오프셋 위치에 있는 변환 밸브.	spring offset valve
포트수	밸브와 주관로를 접속시키는 포트수.	number of connections, number of ports

용 어	뜻	대응 영어(참고)
2포트 밸브	2개의 포트가 있는 방향 제어 밸브.	two port connection valve
3포트 밸브	3개의 포트가 있는 방향 제어 밸브.	three port connection valve
4포트 밸브	4개의 포트가 있는 방향 제어 밸브.	four port connection valve
랜드부	스풀의 밸브 작용을 하는 미끄럼면.	land
BR 접속	변환 밸브의 중립 위치에서, B포트는 R포트로 통하고, P포트와 A포트는 닫혀 있는 흐름의 형태. 이 형태의 밸브를 BR 접속 밸브(BR port connection valve)라고 한다. 그 밖의 형식의 밸브는 각각 상통하는 포트 기호를 열기하여 PA(접속) 밸브 등으로 호칭한다.	BR port connection

(5) 부속 기기 및 그 밖의 기기에 관한 용어

용 어	뜻	대응 영어(참고)
어큐뮬레이터	유체를 에너지원으로 사용하기 위하여 가압 상태로 저축하는 용기.	accumulator
블래더형 어큐뮬레이터	가동성의 주머니로서 기체와 액체가 격리되어 있는 어큐뮬레이터.	bladder type hydro-pneumatic accumulator
다이어프램형 어큐뮬레이터	가동성의 다이어프램으로서 기체와 액체가 격리되어 있는 어큐뮬레이터.	diaphragm type hydro-pneumatic accumulator
피스턴형 어큐뮬레이터	실린더내의 피스턴에 의해서 기체와 액체가 격리되어 있는 어큐뮬레이터.	piston type hydro-pneumatic accumulator
직접형 어큐뮬레이터	액체가 압축 기체로 직접 가압되어 있는 어큐뮬레이터.	nonseparator type hydro-pneumatic accumulator
스프링형 어큐뮬레이터	액체가 스프링의 힘으로 가압되어 있는 어큐뮬레이터.	spring type mechanical accumulator
무게형 어큐뮬레이터	액체가 추 등의 무게물에 따라서 중력으로 가압되어 있는 어큐뮬레이터.	weighted type mechanical accumulator
관이음	관로의 접속 또는 기기로의 부착을 위하여 유체 통로에 있는 착탈시킬 수 있는 접속 이음쇠의 총칭.	connector, fitting, joint

용 어	뜻	대응 영어(참고)
플랜지 관이음	플랜지를 사용한 관이음.	flange fitting
플레어 관이음	관(튜브)의 끝을 원뿔형으로 넓힌 구조를 가진 관이음.	flared fitting
플레어리스 관이음	관(튜브)의 끝을 넓히지 않고,. 관과 슬리브와의 꼭끼움 또는 마찰에 따라서 관을 유지하는 관이음.	flareless fitting
스위벨 이음	방향 조절이 가능한 팔굽 모양의 고정 이음.	swivel fitting
돌림 이음, 스위벨 조인트	압력하에서도 돌림이 가능한 관이음.	swivel joint
로터리 조인트	상대적으로 회전하는 배관 또는 기기를 서로 접속시키기 위한 관이음.	rotary joint
급속 이음	호스의 접속용 이음으로서 신속하게 착탈이 가능한 것.	quick disconnect coupling
셀프 시일 관이음	두 이음쇠가 연결되었을 때 자동적으로 열리고, 분리되었을 때 자동적으로 닫히도록 체크 밸브가 끝부분에 내장되어 있는 급속 이음.	self-sealing coupling
필터	유체에서 고형물을 여과 작용에 따라서 제거하는 장치.	filter, strainer
관로용 필터	압력 관로에 사용하는 필터.	line type filter
탱크용 필터	압력 관로 및 통로 관로 이외에 사용하는 필터.	reservoir type filter
통기용 필터	대기로의 통기 관로에 부착된 필터.	vent type filter
유압유	유압기기 등에 사용되는 기름 또는 액체.	hydraulic fluid, hydraulic oil
작동유	*유압 기기 또는 유압 계통에 사용되는 액체.	hydraulic operating fluid, working fluid
난연성[유압]유	잘 타지 않는 유압유로서 화재의 위험을 최대한 예방하는 것.	fire-resistant fluid
유압 유닛	펌프 구동용 전동기, 탱크 및 릴리프 밸브 등으로 구성된 유압원 장치 또는 그 유압원 장치에 제어 밸브도 포함하여 일체로 구성된 유압 장치.	hydraulic(power) unit, (hydraulic) power package
밸브 스탠드	유압원이란, 별도로 밸브, 계기 그 밖의 부속품을 부착하여 일체로 구성된 제어용 스탠드.	valve stand

용 어	뜻	대응 영어(참고)
압력 스위치	유체 압력이 소정의 값에 달하였을 때 전기 접점을 개폐시키는 기기.	pressure switch
서브플레이트	*관로에의 접속구가 한면에 집중되어 있는 가스킷 접속식 제어 밸브를 부착시켜 관과 접속시켜 주는 보조판	subplate
[기름] 탱크	유압 회로의 작동유를 저장하는 용기.	oil tank, reseroir
호스어셈블리	내압성이 있는 호스의 양 끝에 관이음의 접속 이음쇠를 부착시킨 것.	hose-assembly
매니폴드	내부에 배관의 역할을 하는 통로를 형성하여, 외부에 다수의 기구 접속구를 가지고 있는 부착대.	manifold

신편

알고 싶은 유압 (기초편)

2022년 8월 2일 제1판제1인쇄
2022년 8월 8일 제1판제1발행

저 자 不二越油壓硏究그룹
역 자 이 징 구
발행인 나 영 찬

발행처 **기전연구사** ─────────

서울특별시 동대문구 천호대로4길 16(신설동)
전 화 : 2235-0791/2238-7744/2234-9703
FAX : 2252-4559
등 록 : 1974. 5. 13. 제5-12호

정가 22,000원